国家林业和草原局普通高等教育“十三五”规划教材

全国自然资源保护与管理系列教材

# 湿地工程学

张明祥　张振明　主编

中国林業出版社

**图书在版编目(CIP)数据**

湿地工程学 / 张明祥，张振明主编. —北京 ：中国林业出版社，2019.12(2024.1 重印)
国家林业和草原局普通高等教育“十三五”规划教材
全国自然资源保护与管理系列教材
ISBN 978-7-5219-0347-8

Ⅰ.①湿… Ⅱ.①张… ②张… Ⅲ.①沼泽化地-自然资源保护-高等学校-教材 Ⅳ.①P941.78

中国版本图书馆 CIP 数据核字(2019)第 249972 号

**国家林业和草原局普通高等教育“十三五”规划教材**

---

**中国林业出版社教育分社**

**责任编辑**：范立鹏

**电话**：(010)83143626　　**传真**：(010)83143516

---

出版发行　中国林业出版社(100009　北京市西城区德内大街刘海胡同 7 号)
　　E-mail：jiaocaipublic@163.com　　电话：(010)83143500
　　http：//www.forestry.gov.cn/lycb.html
经　　销　新华书店
印　　刷　北京中科印刷有限公司
版　　次　2019 年 11 月第 1 版
印　　次　2024 年 1 月第 2 次印刷
开　　本　850mm×1168mm　1/16
印　　张　11.75
字　　数　280 千字
定　　价　46.00 元

---

# 《湿地工程学》编写人员

**主　　编**　张明祥　张振明

**编写人员**　张明祥　张振明　王　晨
　　　　　　鄢郭馨　马梓文

# 前　言

本书是为适应湿地保护与管理方向本科生必修课的教学需要而编写的，主要目的是帮助学生掌握湿地工程中关于空间划分、湿地工程类别等方面的基本知识，并全面了解本学科国内外发展现状和研究前景。本书内容除了涵盖基础的湿地工程理论，还增加了许多国内湿地建设的具体案例，力求为学生呈现较为完善、具象的湿地工程课程学习内容。

本书共8章，第1章为绪论，概述湿地的定义、湿地功能的重要性以及湿地工程学的发展历程等，简要介绍湿地工程类别、概念；第2章分析不同区域湿地资源的类型与空间分布特征、面临的主要压力与问题、湿地生态系统服务功能，结合自然环境与城市管理因素，提出湿地生态空间规划方案；第3章叙述湿地保护工程相关内容，它与恢复工程都是湿地工程学中的核心部分，保护工程应用生态系统中物种共生与物质循环再生原理、结构和功能协调原则，以理论生态学和应用生态学为理论基础，结合系统工程的最优化方法对湿地进行构建、恢复和调整；第4章介绍湿地恢复工程，从理论、流程以及技术手段的角度介绍在水文、植被、土壤基质、生境等方面的修复工程；第5章和第6章分别叙述了湿地科研监测和科普宣教工程，对湿地内定期监测的重要性、监测标准以及宣教的广泛意义进行介绍；第7章介绍湿地合理利用工程的理论发展和广泛应用；第8章对湿地工程的建设程序、项目建议书的撰写和项目可行性研究内容进行详细介绍。

鉴于作者知识、写作水平的局限性，教材尚有很多不妥或错误之处，希望读者给予我们批评、指正和建议，帮助我们在以后工作中将教材建设得更好。

编者

2019.10

# 目　录

# 第1章 绪论

湿地是地球上水陆相互作用形成的独特生态系统，在保持生物多样性和珍稀物种资源、蓄洪防旱、降解污染、调节气候和控制土壤侵蚀等方面具有重要的功能，被誉为“地球之肾”“生命的摇篮”“文明的发源地”和“物种的基因库”。然而，由于自然因素和人为因素的影响，湿地面积急剧减少、功能退化，带来了一系列的生态问题，从而使得湿地研究成为国际社会普遍关注的热点。

有关湿地的研究起源于近代生态系统研究。在欧洲，最早的湿地研究是日耳曼人在维西河下游将泥炭作为燃料而进行的研究和探索；1901年，爱沙尼亚建立了沼泽试验站；20世纪中叶，苏联进行了沼泽湿地的研究。为了促进国际之间的合作，1968年，在莫斯科建立了国际泥炭学理事会。美国和加拿大则是在20世纪中叶之后开展湿地相关研究。1971年，苏联、加拿大、英国等18个国家在伊朗拉姆萨尔镇，签署了《关于特别是作为水禽栖息地的国际重要湿地公约》(Convention on Wetlands of International Importance Especially as Waterfowl Habitat，简称《湿地公约》或《拉姆萨尔公约》)(图1-1)，自此以后，湿地生态系统的保护开始引起世界各国政府和社会的关注，湿地研究也取得了较快的发展。

图1-1 《湿地公约》标志

## 1.1 湿地的定义

湿地研究首先应明确湿地的定义，湿地的定义是湿地科学理论体系的基石，反映了人们对湿地的形成、性质和功能的认识程度。科学的湿地定义对于湿地鉴别、湿地边界界定、湿地分类、湿地制图、湿地监测和湿地的有效管理等方面都具有指导作用。湿地是介于陆地生态系统和水体生态系统之间的过渡地带，并兼具两种生态系统的某些特征，以往很多人不是把湿地归于陆地生态系统就是将之归于水体生态系统。目前，越来越多的学者认为，湿地既不同于陆地生态系统，也不同于水体生态系统。湿地分布广泛，种类繁多，相互间差别显著，这给湿地定义进行相应的明确分类增添了难度，因此，国际间有关湿地的定义目前尚未统一。

### 1.1.1 湿地的“三要素”

最早关于湿地的定义是1956年由美国鱼类和野生动物保护局(Fish and Wildlife Service, FWS)提出的“39号通报”中的湿地定义：湿地是指被浅水和有时被暂时性或间歇性积水所覆盖的低地，包括草本沼泽(marsh)、木本沼泽(swamp)、藓类沼泽(bog)、湿草甸(wet meadow)、塘沼(pothole)、淤泥沼泽(slough)以及滨河泛滥地(bottom land)，也包括生长挺水植物的浅水湖泊或浅水水体，但河、溪、水库和深水湖泊等稳定水体不包括在内，也不包括那些因淹水历时太短而对湿地土壤和湿地植被的发育几乎毫无作用的水域。该定义列出了湿地的2个基本特征，即湿地水文和湿地植被，强调湿地作为水禽生境的重要性，但将没有发育湿地植被的湿地类型排除在外。

1977年，美国军人工程师协会(The US Army Corps of Engineers, USACE)在《净水法案》第404条款中，将湿地定义为：“地表积水或土壤水饱和的频率和历时很充分，能够供养(在正常情况下确实供养)那些适应于在水饱和土壤(saturated soil)环境下生长的植被的区域。通常湿地包括木本沼泽(swamp)、草本沼泽(marsh)、苔藓泥炭沼泽(bog)，以及其他类似的区域。”虽然该定义还没有正式提出湿地土壤(hydric soil)的概念，但认为没有土壤(水饱和土壤)就不是湿地，湿地植被是湿地的鉴别指标。因此，该定义是从水文、土壤和植被三方面来定义湿地，这3个方面又称为“湿地三要素”。

1979年，美国鱼类和野生动物保护局(FWS)的科学家们经过多年考察研究，在《美国湿地及其深水生境的分类》一书中将湿地定义为：“湿地是处于陆地生态系统和水生生态系统之间的过渡区，通常其地下水位达到或接近地表，或者处于浅水淹覆状态，湿地至少具有以下3种特征之一：①至少是周期性地以水生植物为优势；②基底以排水不良的湿地土壤(hydric soil)为主；③基底为非土壤(nonsoil)，并且在每年生长季的部分时间水浸或水淹。”该定义第一次将“湿地土壤(hydric soil)”的概念引入到美国湿地定义中，此后，“湿地土壤”取代了“水饱和土壤(saturated soil)”成为“湿地三要素”之一。“湿地三要素”被正式提出后，便成为湿地确定的依据，此后的湿地定义都是以“湿地三要素”作为依据，只是侧重点不同。

### 1.1.2 《湿地公约》对湿地的定义

20世纪50年代以来，世界经济快速发展，人们对湿地价值缺乏了解，大面积开发湿地资源，导致湿地面积逐年减小，特别是迁徙水鸟栖息地快速减少甚至在某些地区消失，引起国际社会关注。因此，保护湿地成为一个世界性的问题。1962年，由湿地国际(WI)、世界自然保护联盟(IUCN)和世界自然基金会(WWF)奠基人霍夫曼等科学家倡导成立一个保护和管理湿地的网络。历经8年的艰苦努力，于1971年签署了《湿地公约》，1975年12月21日《湿地公约》正式生效，成为全球第一个政府间多边环境公约。公约要求成员国将至少一块受到保护的湿地列入名录，同时要求成员国对境内所有湿地都做合理使用。

40多年来，《湿地公约》理念已由最初的保护水鸟及其栖息地，发展为保护湿地生态系统和合理利用湿地。目前，《湿地公约》关注的议题包括水资源管理，生物多样性保护和可持续利用，适应和减缓气候变化，提高城镇发展水平，满足区域和地方在水供给和食品安全、能源、人类健康、经济发展等方面的需求等。截至2018年2月，已有169个国家和地区加入，全世界已有2 301块的湿地(面积超过$2.25\times10^{8}hm^{2}$)列入名录。我国于1992年1月3日正式向《湿地公约》保存机构——联合国教育、科学及文化组织(UNESCO)递交了由中国外交部部长钱其琛签字的加入书，同年7月31日加入书正式生效，成为《湿地公约》第67个缔约方。

《湿地公约》对湿地的定义是：“湿地系指天然或人工、永久或暂时之死水或流水、淡水、微咸水或咸水、沼泽地、湿原、泥炭地或水域，包括低潮时不超过6m的海水区。”《湿地公约》第二条第一款还规定：“湿地可包括与湿地毗邻的河岸和海岸地区，以及位于湿地内的岛屿或低潮时水深超过6m的海洋水体，特别是具有水禽生境意义的岛屿与水体。”《湿地公约》中的湿地定义列举了湿地的外延，将陆地上所有的水体、河湖沿岸地区以及海洋中的部分岛屿和深水区域都包含在内，其目的是希望将所有的迁徙水鸟的生境都包含在一个宽泛的管理范围内，而不是考虑它们在自然特征上是否相似。《湿地公约》中的湿地定义未揭示湿地的内涵，因为这个管理范围的内涵实际上是湿地鸟类的生境。《湿地公约》中的湿地定义还提出了滨海湿地下界的6m标准。虽然《湿地公约》中的湿地定义是目前国际上最为通用的湿地定义，但科学家们一致认为该定义是管理的湿地定义，不适合科学研究。

《湿地公约》作为一个世界性的环保组织，在推动全球范围内包括湿地保护在内的各种环保工作中起到了积极作用。到目前为止，湿地公约在保持成员国保护湿地的承诺上是有效的，除保护了许多国际上重要的湿地以外，亦使得政府和公众增加了对湿地重要性的认识，同时也引发了一些重要的科研工作，如编写湿地名册、对重要的湿地作权威性的评述及为湿地保护的决策问题提供基础。

然而，《湿地公约》将一些水体本身以及诸如稻田、鱼塘一类的人工系统也包括在湿地范畴内，这种较为广泛的湿地定义受到了一些批评。《湿地公约》的湿地定义，除了包括从陆地到水体的过渡带外，还包括江河湖泊等水体以及一些以生产为目的的人工系统。这不是湿地的科学定义，其原因在于其没有揭示湿地的科学概念与内涵的实质，内涵与外延还不明确。

实质上，《湿地公约》的湿地定义是个管理定义，它比较具体，具有明显的边界，具有法律的约束力，在湿地管理工作中易于操作。另外，凡签署加入《湿地公约》的缔约国都已经接受这一定义，因此其在国际上具有通用性。根据这个定义，湿地除了过渡带以外，还包括河渠、稻田与虾蟹池等。然而，这种扩大的定义表面上似乎有利于在更广泛的领域内开展湿地研究和保护工作，但在无形中却分散了湿地保护工作的焦点，同时增加了在实践中进行湿地保护的困难。如果按照《湿地公约》对湿地的定义，整个印度次大陆的农田都是湿地，而对这种所谓的“湿地”进行保护是根本不现实的。

《湿地公约》将水体本身及一些人工系统也划分为湿地，对湿地的研究和保护有两方面不利因素。首先，从湿地作为“地球之肾”的功能来说，正是由于其处于过渡带的特殊地理位置，它才能隔断污染物进入江河湖泊这些自然界中扩散性强的系统的途径，并在这些污染物对人类造成危害之前将其消化、分解，而一旦污染物进入江河湖泊，或稻田、鱼塘这类与人类活动有直接联系的系统中，便已经造成了污染。同时，《湿地公约》湿地定义中的人工与天然湿地无论在形式上还是在功能上都不能相提并论。在把天然湿地转化成人工湿地以后，自然湿地原有的、能够改善人类生活环境及为野生动植物提供栖息地或繁殖地等许多功能都会消失。所谓的“人工湿地”，尽管具备湿地的一些特征，但已经是与天然湿地迥然相异的系统。这里需要特别指出的是，所谓“人工湿地”与国际上习惯用的“人工建成的湿地(constructed wetlands)”是两个完全不同的概念，前者是指如水渠、水库、稻田、虾蟹池这样的人工系统，而后者是指在人为因素下建成的“自然”湿地系统，例如，美国为了减少农业对佛罗里达州大沼泽磷的输入，在农田与水系的交界面上，通过修筑堤坝和导流建筑建立了大片的湿地，对农业排水进行预处理。其次，湿地的这种广义定义对湿地保护也是不利的。由于过渡带湿地所处的特殊地理位置，以及它所带来的环境效益很难用金钱来衡量，它在遭受人类活动破坏的过程中首当其冲。过渡带的面积通常比水体面积小得多，当其受到破坏时往往不被人们所重视。所以，《湿地公约》对湿地的定义无形中降低了保护过渡带湿地的意义。

### 1.1.3　我国对湿地的定义

我国学者和湿地主管部门虽接受《湿地公约》中的湿地定义，认为该定义是管理意义上的湿地定义，但不适合科学研究，因而有些学者给出了科学研究意义上的湿地定义。例如，佟凤勤等(1995)认为：湿地是指陆地上常年或季节性积水(水深2m以内，积水期达4个月以上)和过湿的土地，并与在其上生长、栖息的生物种群构成的独特的生态系统。该定义没有将滨海湿地包含在内，虽然给出边界阈值，但“积水期达4个月以上”的标准没有给出理论依据。陆健健(1996)参照《湿地公约》及美国、加拿大和英国等国的湿地定义，将中国湿地定义为：“陆缘为含60%以上湿地植物的植被区；水缘为海平面以下6m的近海区域，包括内陆与外流江河流域中自然的或人工的、咸水或淡水的所有富水区域(枯水期水深2m以上的水域除外)，无论区域内的水是流动的还是静止的、间歇的还是永久的。”该定义是基于湿地边界标准的定义，强调植被和淹水深度在湿地边界界定(或湿地鉴别)中的作用，但是60%的标准没有科学依据，而且还会将没有生长湿地植被和有陆地植被残遗的湿地排除在外，将有湿地植被残遗的区域误判为湿地。该定义是对中国湿地的定义，不是一般的湿地定义，说明作者也认可湿地定义的多样性。

上述研究中有关6m和2m的标准虽为广大学者接受，但普遍缺少科学性的论证。杨永兴(2002)认为湿地的科学定义为：“湿地是一类既不同于水体，又不同于陆地的特殊过渡类型生态系统，为水生、陆生生态系统界面相互延伸扩展重叠的空间区域。湿地应该具有3种突出特征：湿地地表长期或季节性处在过湿或积水状态，地表生长有湿生、沼生、浅水生植物(包括部分喜湿盐生植物)，且具有较高生产力；生活湿生、沼生、浅水生动物和适应该特殊环境的微生物类群；发育水成或半水成土壤，具有明显的潜育化过程。”殷书柏等(2010)从逻辑学的基本原理出发，分析了湿地“科学定义”与“管理定义”的内涵与外延，认为不存在所谓“湿地的管理定义”，只有管理的授权标准及由此授权标准确定的授权管理的范围，不能将管理范围与湿地外延混同；在定义湿地时，也不能将湿地与湿地区、湿地与湿地鸟类生境混同。总体上看，学者们一致认可湿地定义的多样性，新的湿地定义还在不断出现。

### 1.1.4　其他国家对湿地的定义

世界各国的湿地科学家们在接受《湿地公约》中的湿地定义作为管理定义的同时，也都开发了适用于本国具体情况的科学的湿地定义。

1988年，加拿大湿地工作组出版了《加拿大的湿地》，在书中，S. C. Zoltai将湿地定义为："湿地系指被水淹或地下水位接近地表，或浸润时间足以促进湿成和水成过程，并以水成土壤、水生植被和适应潮湿环境的生物活动为标志的土地。Zoltai还首次提出了淡水湿地下界为枯水期水深2m的标准。"在该书中，C. Tarnocai等将湿地定义为："湿地是因水饱和历时足够长、以至于湿成或水成过程占优势的土地，以排水不良的土壤、水生植被和适应湿生环境的多种生物活动为特征。"该定义后来被加拿大的湿地科学家们所接受，是加拿大湿地分类系统的基础，并成为加拿大的官方定义。两个定义相比而言后者的说法更科学，因为具有湿地植被和湿地土壤残遗的陆地有时也会因"淹水或土壤水饱和足够长"而发生湿成或水成过程，但不是以湿成或水成过程为主，按Zoltai的定义应纳入湿地，按Tarnocai等的定义应属于陆地。

英国的湿地定义代表着欧洲的普遍观点，但也不统一。E. Maltby认为，湿地是由水支配其形成、控制其过程和特征的生态系统的集合，即在足够长的时间内足够湿润使得具有特殊适应性的植物或其他生物体发育的地方。J. W. Lloyd等认为，湿地是一个地面受水浸润的地区，具有自由水面，通常是四季存水，但也可以在有限的时间段内没有积水，自然湿地的主要控制因子是气候、地形和地质，人工湿地还有其他控制因子。该定义强调水分条件，但没有区分湿地与水体，也忽视了受地下水浸润的湿地。

1993年，日本学者井一将湿地定义为："湿地的主要特征，首先是潮湿；第二是地下水位高；第三，至少在一年的某段时间内，土壤是处于饱和状态的。"该定义也强调湿地水文，但"潮湿""地下水位高"和"土壤处于饱和状态"没有明确的标准，不能用于区分湿地与非湿地。

俄语没有"湿地"一词，俄罗斯国家湿地组织用组合词"水—沼泽土地"代替"湿地"。俄罗斯普遍采用的是《湿地公约》中的湿地定义，其他湿地定义也都是基于《湿地公约》中的湿地定义。如俄罗斯联邦法《湿地保护和利用法》中的湿地定义是："湿地是指地球表面过度潮湿或者积水的生态系统，是具有自我调节能力的土地，与水体相连或是其一部分，具有特定的水生和半水生植物和动物群落种类特征，并包括沼泽地、泥炭地以及天然或人工、永久或暂时、静止或流动的淡水、半咸水或咸水水域，包括低潮时水深不超过6m的地带。"该定义前面部分强调湿地植被，实际上就是指沼泽，但沼泽并不一定就是水体的一部分或与水体相邻。定义的后面部分又将陆地上所有的水域及水深不超过6m的海域划入湿地，的确体现了"水"和"沼泽土地"的组合。该定义将没有生长湿地植被的湿地排除在外，也没有将水体与湿地区分开来。

《澳大利亚重要湿地名录》(A Directory of Important Wetlands in Australia，DIWA)采用《湿地公约》中的湿地定义，澳大利亚的其他湿地定义也都是基于此。如昆士兰州的湿地定义为："湿地是永久地、周期性地或间歇性地被水淹的土地，无论是静止的或流动的淡水、咸水或盐水，包括低潮时水深小于6m的浅海水域。湿地必须满足以下一种或多种特征：①至少周期性地支持依靠或适应湿润环境下生活的植物或动物的生存，至少在其生命周期的一部分；②基质主要是未排水的、水淹或水饱和历时足够长而在其上层产生厌氧环境的土壤；③如果基质不是土壤时，要求被水淹或水饱和达到一定的历时。”这一定义是对《湿地公约》中的湿地定义和1979年FWS定义的结合。

## 1.2 湿地的重要性

### 1.2.1 湿地的生态功能

**(1)调蓄洪水，补充水源**

湿地是一巨大的水分天然蓄积库，在蓄水、地下水补给和保持水土等方面发挥着重要作用。以中国三江平原为例，沼泽和沼泽化土壤的草根层和泥炭层，孔隙度为72%~93%，饱和持水量为830%~1030%，最大持水量为400%~600%，每公顷沼泽湿地可蓄水约8 100$m^3$，具有良好的蓄水和涵养水源功能。据计算，大小兴安岭、长白山地区泥炭沼泽和潜育沼泽蓄水量总计可达139.63×$10^8 m^3$。

同时，湿地在控制洪水、调节水流方面功能十分显著。我国降水的季节分配和年度分配不均匀，通过天然和人工湿地的调节，储存来自降雨、河流过多的水量，从而避免发生洪水灾害，保证工农业生产有稳定的水源供给。中国科学院研究发现，三江平原沼泽湿地蓄水达38.40×$10^8 m^3$，由于挠力河上游大面积河漫滩湿地的调节作用，能将下游的洪峰值削减50%。此外，湿地土壤的特殊水文物理性质，使得洪水贮存于湿地土壤中或以表面水的形式滞留，是蓄水防洪的天然“海绵”。湿地植被也可减缓洪水流速，洪水在湿地中通过下渗补给地下水、蒸散发提高空气湿度等方式调节径流。三江平原挠力河流域上游宝清水文站与中游菜嘴子站之间发育大面积的沼泽，沼泽率达到32.7%。比较两站的流量过程线可以看出，沼泽的蓄水滞洪作用使菜嘴子站的夏季洪峰流量值减小1/2(相对流量)，并使汛期向后推迟。

**(2)保护生物多样性，丰富物种资源**

湿地蕴藏着丰富的动植物资源，湿地植被具有种类多，生物多样性丰富的特点，就拿我国来说，我国湿地分布于高原平川、丘陵、滩涂多种地域，跨越寒、温、热多种气候带，生境类型多样，生物资源十分丰富。据初步调查统计，全国内陆湿地已知的高等植物有1 548种，高等动物有1 500种；在湿地物种中，淡水鱼类有770多种，鸟类300余种。特别是鸟类在我国和世界都占有重要地位。据资料反映，湿地鸟类有1 244种，其中水禽有257种，占鸟类总数的20.6%，水禽中有游禽15科50属125种；涉禽14科54属132种。其中有不少珍稀种，如黑颈鹤、中华秋沙鸭等。在亚洲57种濒危鸟类中，中国湿地内就有31种，占54%；全世界雁鸭类有166种，中国湿地就有50种，占35%；全世界鹤类有15种，中国有记录的就有9种。此外，还有许多是属于跨国迁徙的鸟类，中国位于东亚—澳大利西亚、印度—中亚迁徙水禽飞行路线中，每年有200种、数百万只迁徙水禽在中国湿地中停歇和繁殖，有的湿地是世界某些鸟类唯一的越冬或迁徙的必经之地，例如，在鄱阳湖越冬的白鹤占世界总数的95%以上，白枕鹤占世界60%，天鹅占世界50%。许多的自然湿地为水生动物、水生植物、多种珍稀濒危野生动物，特别是水禽提供了必需的栖息、迁徙、越冬和繁殖场所，对物种保存和物种多样性保护发挥着重要作用。

**(3)固定二氧化碳，调节区域气候**

湿地生态系统是全球巨大的碳库，储藏在全球湿地泥炭中的碳总量为120~260PgC，储藏在不同类型湿地中的碳约占地球陆地碳总量的15%。湿地由于其特殊的生态特性，在植物生长、促淤造陆等生态过程中积累了大量的无机碳和有机碳，由于湿地环境中，微生物活动弱，土壤吸收和释放$CO_2$十分缓慢，形成了富含有机质的湿地土壤和泥炭层，起到了固定碳的作用。如果湿地遭到破坏，湿地固定碳的功能将大大减弱或消失，对气候将产生重大影响。研究表明，湿地固定了陆地生物圈35%的碳素，是温带森林固碳总量的5倍。湿地作为重要碳库的同时，也向大气中排放$CO_2$、$CH_4$等温室气体，起到重要的碳源功能，特别是湿地开垦或退化改变了湿地原有环境特征，使大量土壤中储存的碳释放到大气中。例如，东北三江平原地区，由于沼泽湿地大面积开垦，现在泥炭库中有机碳储量与20世纪80年代相比减少约35%。

湿地的水分蒸发和植被叶面的水分蒸腾，使得湿地和大气之间不断进行着能量和物质交换，对周边地区的气候调节具有明显的作用。使区域气候条件稳定，对当地农业生产和人民生活产生良好影响。三江平原的原始湿地比开垦后的农田贴地层平均相对湿度高5%~16%。新疆干旱地区的博斯腾湖湿地面积为1 410km$^2$，湿地通过水平方向的热量和水分交换，使博斯腾湖比其他干旱地区气温低1.3~4.3℃，相对湿度增加5%~23%，沙暴日数减少25%。据一些地方的调查，湿地周围的空气湿度比远离湿地地区的空气湿度高5%~20%，降水量相对较大。

**(4)降解污染，净化水质**

湿地生长的湿地植物、微生物也可以通过物理过滤、生物吸收和化学合成与分解等把人类排入湖泊、河流等湿地的有毒有害物质降解和转化为无毒无害甚至有益的物质。同时，湿地有助于减缓水流的速度，当含有毒物质和杂质的流水经过湿地时，流速减慢，有利于毒物和杂质的沉淀和排除，特别是对污水中的营养物(氮、磷、钾)具有很强的去除能力(图1-2)。例如，硝酸盐过多时，湿地中细菌通过反硝化过程，把硝酸盐中的氮转变成氮气分子释放于大气中，排除硝酸盐过多造成的水体富营养化。湿地生态系统在转移和排除营养物方面要比陆地生态系统效率要高许多，利用湿地的这一生态特性，从20世纪70年代起，开始用人工湿地处理污水，到80年代取得迅猛发展，1987年天津市环境保护科学研究所在我国建成了第一个占地0.06km$^2$，处理规模为1 400m$^3$/d的芦苇湿地工程，取得良好的效益。湿地在降解污染和净化水质上的强大功能使其被誉为“地球之肾”。

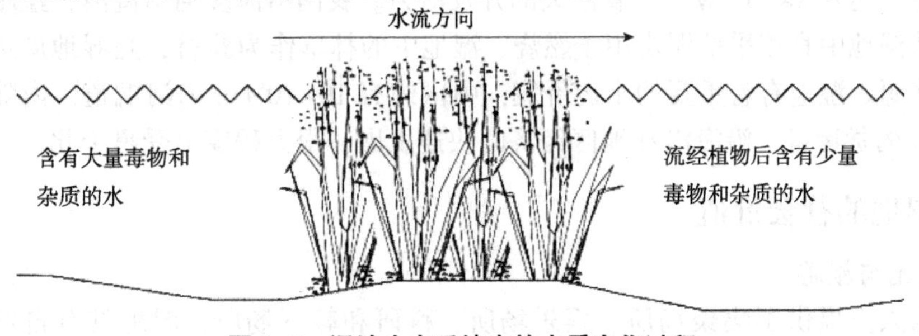


**图1-2 湿地生态系统中的水质净化过程**

**(5)防浪固岸，稳定海岸线**

湿地中生长着多种多样的植物，这些湿地植被可以抵御海浪、台风和风暴的冲击力，防止对海岸的侵蚀，同时它们的根系可以固定、稳定堤岸和海岸，保护沿海工农业生产。例如，印度的泰米尔纳德邦在2004年东南亚海啸中由于外围住宅区红树林的存在而使建筑物损失相对较小；相反，2005年的卡特里娜飓风给美国造成重大损失，与新奥尔良周边湿地大量减少有一定关系。同时，湿地向外流出的淡水限制了海水的回灌从而保证了人们生产生活及生态系统的淡水供应。

### 1.2.2 湿地的经济价值

**(1)提供水资源**

湿地是工农业生产用水和城市生活用水的主要来源。我国众多的沼泽、溪流、河流、池塘、湖泊和水库在储水、输水和供水方面发挥了巨大作用。其他湿地(如泥炭沼泽森林)也可以成为浅水水井的水源。据估算，仅全国湖泊淡水储量即达$225\times10^8m^3$，占淡水总储量的8%。某些湿地通过渗透还可以补充地下蓄水层的水源，对维持周围地下水的水位，保证持续供水具有重要作用。

**(2)提供动植物产品**

湿地生态系统物种丰富，水源充沛，肥力和养分充足，有利于水生动植物和水禽等野生生物生长，使得湿地具有较高的生物生产力。中国鱼产量和水稻产量都居世界第一位，湿地提供的莲子、藕、菱角、芡实及浅海水域的一些鱼、虾、贝、藻类等都是富有营养的副食品，有些湿地动植物还可入药，有许多动植物还是发展轻工业的重要原材料，如芦苇就是重要的造纸原料。湿地动植物资源的利用还间接带动了加工业的发展，中国的农业、渔业、牧业和副业生产在相当程度上要依赖于湿地提供的自然资源。

**(3)提供矿物资源**

湿地中有各种矿砂和盐类资源。可以为人类社会的工业经济的发展提供包括食盐、芒硝、天然碱、石膏等多种工业原料，以及硼、锂等多种稀有金属矿藏。中国一些重要油田，大都分布在湿地区域，湿地的地下油气资源开发利用，在国民经济中的意义重大。

**(4)能源和水运**

湿地能够提供多种能源，其中水电在中国电力供应中占有重要地位，水能资源蕴藏量居世界首位，达$6.8\times10^8kW$，有着巨大的开发潜力。我国沿海多河口港湾，蕴藏着巨大的潮汐能。从湿地中直接采挖泥炭用于燃烧、湿地中的林草作为薪材，是湿地周边农村中重要的能源来源。湿地有着重要的水运价值，中国约有$10\times10^4km$内河航道，内陆水运承担了大约30%的货运量，沿海沿江地区经济的快速发展，很大程度上受惠于此。

### 1.2.3 湿地的社会价值

**(1)观光与旅游**

湿地为人类提供了集聚场所、娱乐场所、科研和教育场所，湿地具有自然观光、旅游、娱乐等美学方面的功能和巨大的景观价值。长期以来，由于湿地特有的资源优势和环境优势，一直以来是人类居住的理想场所，是人类社会文明和进步的发祥地。滇池、太湖、洱海、西湖、漓江、九寨沟等都是著名的风景区，除可创造直接的经济效益外，还具有重要的文化价值。尤其是城市中的水体，在美化环境、调节气候、为居民提供休憩空间方面有着重要的社会效益。

**(2)教育与科研**

湿地生态系统、多样的动植物群落、濒危物种的野生动植物和遗传基因等为教育和科学研究提供对象、材料和实验基地。1970年，袁隆平在海南崖县搜集野生稻资源时，从普遍红芒野生稻群体中发现花粉败育的雄性不育株，通过野生稻杂交培养的水稻新品种“籼型杂交水稻”，具备高产、优质、抗病等特性，水稻产量出现飞跃，仅1976—1998年，杂交水稻累计增产粮食 $3.5\times10^8$t。另外，湿地保留的过去和现在的生物、地理等方面演化进程的信息，在研究环境演化、古地理方面有着十分重要和独特的价值。有些湿地还保留了具有宝贵历史价值的文化遗址，是历史文化研究的重要场所。

湿地与人类的生存、繁衍、发展息息相关，是人类最重要的生存环境之一，享有“地球之肾”和“生命摇篮”之美誉。人类必须与湿地、自然和睦相处，成为同舟共济的伙伴。

## 1.3 湿地工程的产生与发展

湿地是一种重要的资源，是地球三大重要生态系统之一，与人类的生存、繁衍、发展息息相关。但长期以来湿地的价值不为人们所知，无论国内还是国外往往把湿地当做无用之地。湿地成为近代史上遭受人类活动破坏最为严重的生态系统，是继农地、森林、沙漠等之后，人类重视最晚的一种资源。

世界湿地保护经历了湿地过度开垦和破坏、湿地保护与控制利用、湿地全面保护与科学恢复3个阶段。与之对应，世界湿地保护政策经历了鼓励湿地利用、湿地保护与限制使用和湿地零净损失3个阶段。世界湿地的破坏与人类社会经济发展的进程密切相关，不论是发展中国家还是发达国家，都经历了从破坏到保护的过程。例如，尼日尔、乍得、坦桑尼亚等众多发展中国家的湿地面积都减少了50%以上；美国损失了 $8\ 700\times10^4\text{hm}^2$ 的湿地，占54%，主要用于农业生产；葡萄牙西部阿尔嘎福70%的湿地已经转化为工农业用地；从1920年至1980年的60年内菲律宾的红树林损失了 $30\times10^4\text{hm}^2$；荷兰1950年到1985年间湿地损失了55%，法国1990年到1993年损失了67%，德国1950年到1985年损失了57%；农业开垦和商业性开采，使英国的泥炭湿地消失了近84%。湿地的丧失和退化已经严重损害了当地社区的福祉状况，同时也对世界，尤其是旱区发展中国家的发展前景产生了不利的影响。保护湿地已成为世界许多国家进行生态保护与治理的重点。

### 1.3.1 国外湿地工程的开展

自20世纪60年代以来，减缓和阻止自然生态系统的退化萎缩，恢复重建受损的生态系统，越来越受到国际社会的广泛关注和重视。随着人们对湿地重要性的进一步深入了解，湿地保护工作的进展得以大幅加快，而欧、美、日等发达国家对湿地的研究工作开展得较早，并针对湿地丧失和退化的现状开展了一系列的湿地保护和恢复工程。

在18世纪，美国建国之初有超过$88\times10^4km^2$的湿地，1950—1970年湿地减少最为严重，丧失速度为$280\sim360km^2/a$，许多湿地的生态功能大幅降低。美国联邦政府通过法律(如《净水法》)、经济鼓励和控制措施、湿地合作项目和建立国家野生动物保护区等措施保护湿地。近年来施行了较大的湿地保护工程，如佛罗里达州南部大沼泽地的引水恢复和夏威夷珊瑚礁保护区的建立。此外，美国1972年颁布实施的《清洁水法》第404条款规定，任何主体在向美国水域(包括湿地)内排放、挖掘、疏浚或填方物之前，必须获得由陆军工程兵团颁发的许可证。陆军工程兵团首先根据湿地的功能或恢复、新建湿地的面积确定受损湿地所需要的补偿信用数额，然后开发者按照陆军工程兵团的要求，可以在湿地银行购买湿地信用，以其作为对人为破坏湿地的赔偿，用人工湿地来替代天然湿地以维持其蓄洪给水、净化水质、调节气候、维护生物多样性和地下水补给的功能，实现了美国湿地"无净损失"目标。通过补偿湿地和湿地补偿银行，在将被开发的湿地受到任何损害之前进行补偿，对湿地保护起了很大的作用。据美国联邦政府的一份报告显示，到2009年美国受保护和恢复的湿地面积新增$1\ 820\times10^4hm^2$。

在欧洲，一些国家也开展了大量水域生态系统恢复工程，并取得了明显成效，如瑞典、丹麦、荷兰、英国等。1990年由荷兰农业部制定的《自然政策计划》中，"生态系长廊"计划将过去的湿地与水边连锁性复原，建立起南北长达250km的"以湿地为中心的生态系地带"；德国建立了对湿地限制利用的相关补偿机制，中央、区域政府和企业积极参与湿地保护恢复工程项目，实行湖、河同治以大力恢复河流生态，严格控制湖泊及周边地区的开发建设、保护湖滨带、减少面源污染，1979—2010年期间，德国先后实施30多个湿地保护恢复工程，包括伊莎河、奥德河、阿尔河、哈维尔河、莱茵河河流平原开发、埃尔波河中游恢复、埃姆士河流平原农业集约利用等，总面积达到$11.37\times10^4hm^2$。

在亚洲，自1980年首块日本湿地——钏路沼泽被列入《国际重要湿地名录》以后，日本的国际重要湿地数量逐年增加，至2005年，国际重要湿地总数有33个，体现出日本湿地保护的强烈意识。从政府部门、工程建设和管理部门到民间都非常重视水生态系统的保护工作，并积极探索、研究、试验和实践水生态系统的修复(保护)工程，例如，在江户川下游河道内建设的砾间接触氧化法处理污水工程，滋贺县利用生物等措施处理部分来自面源污染的综合净化水质工程和大阪市治理污染河流工程等。在20世纪80年代中期，日本开始认识到生态体系保护、恢复和创造，以及环境净化的重要性，特别是在水环境领域，对于河流整治引进了一些新的理念，即"考虑河流固有的适宜生物生育的良好的环境，同时，要保护和创造出优美的自然景观"。在对一些洪涝灾害频发的主要河道进行综合整治时，往往在河道的两侧增加大量湿地作为蓄洪区，有时将河道"裁弯取直"所得的土地作为蓄洪区。在城市中心地区，这些作为蓄洪区的部分都进行多功能开发，即兼作高尔夫练习场、网球场、停车场、亲水型的休闲广场和驾驶员培训学校等。这样，在保护好湿地的同时，又产生一定的经济效益，条件允许的情况下，还可开展科研工作。

### 1.3.2 我国湿地工程的开展

中国湿地工程建设和开发利用具有数千年的历史，早在春秋战国时期就开始了对湖泊的围垦开发，出现了许多科学利用湿地资源的成功范例。例如，都江堰、京杭大运河、桑基鱼塘等。与世界各国一样，我国对湿地的保护经历了一个从不被认识到认真对待的过程。长期以来人们并没有把湿地作为一个重要生态系统进行保护，只是把它无限地开发利用，导致大量的湿地资源遭到破坏。湿地的丧失和退化已经成为制约我国经济和社会持续发展的巨大障碍。

《湿地公约》规定："如缔约国境内的或列入名录的任何湿地的生态特征由于科技发展、污染和其他人类干扰发生改变或即将改变，各缔约国应尽早相互通告。"这就要求各缔约国有义务对重要湿地的生态特征状况进行监测和评估，并将有变化的监测结果上报湿地公约执行局。自1992年正式签署《湿地公约》以来，中国政府肩负着保护湿地生态环境的责任和义务，湿地保护越来越受到重视。而真正意义的国家层次的湿地保护行动却是始于2000年前后。1998年启动的六大林业重点工程中，湿地保护被列为野生动植物保护与自然保护区建设工程的主要内容之一；2000年，《中国湿地保护行动计划》的制定确定了湿地保护与合理利用的指导思想和行动纲领；2002年，"中国可持续发展林业战略研究"把湿地保护列为十二个重大战略问题之一，进一步明确了湿地保护的指导思想、政策措施和任务目标。我国大规模的湿地保护工程行动始于2003年，由国家林业局等10个部委办共同编制的《全国湿地保护工程规划(2002—2030)》经国务院正式批准发布。该《规划》明确了到2030年我国湿地保护恢复工程中湿地保护地数量、国际重要湿地个数、自然湿地保护率、湿地恢复工程规模的总体目标、"十一五"期间具体目标，以及东北、滨海、黄河中下游、长江中下游、云贵高原、青藏高原、西北干旱、东南和南部等地区的湿地保护、恢复的重点工程措施。2004—2005年国家林业局会同科技部等8个部委编制完成并于2005—2010年正式启动并实施完成了《全国湿地保护工程"十一五"实施规划》；2009—2010年编制完成并于2011—2015年正式启动并实施完成了《全国湿地保护工程"十二五"实施规划》。"十二五"以来，累计安排中央投资91.5亿元用于支持湿地保护。实施了湿地保护工程、中央财政湿地补贴项目1 500多个，开展了湿地生态效益补偿、退耕还湿和湿地保护奖励试点，共新增湿地保护面积超过$200\times10^4hm^2$，恢复湿地$16\times10^4hm^2$，补偿鸟类损害农作物面积$14.73\times10^4hm^2$，完成退耕还湿$3.1\times10^4hm^2$。支持了全国已建或在建的82处湿地自然保护区管理局，444处保护管理站点、445处湿地监测站点、88处野生动物救护站点、157处科普宣教中心的配套建设，以及2 353km保护围栏和2 681km巡护道路的维护与建设；同时在三江平原、松嫩平原、黄河河套平原、长江中下游、沿海等集中连片的退化湿地地区，完成了$16\times10^4hm^2$退化湿地的恢复和$1.77\times10^4hm^2$耕地的退耕还湿工作，湿地恢复面积比"十一五"期间增加了一倍。通过"十二五"规划的实施，在国家示范工程带动下，对经济相对发达地区启动地方财政支持湿地保护恢复项目，起到了很好的示范效果。

2017年3月，国家林业局、国家发展和改革委员会、财政部联合印发了《全国湿地保护"十三五"实施规划》，明确了"十三五"期间各省(自治区、直辖市)湿地保有量任务表，规划总投入176.81亿元。规划主要包括全面保护与恢复湿地、重点工程、可持续利用示范和能力建设4个方面，主要目标是，到2020年，全国湿地面积不低于$0.53\times10^8hm^2$，湿地保护率50%以上，恢复退化湿地$14\times10^4hm^2$，新增湿地面积$20\times10^4hm^2$(含退耕还湿)。此外，会同发改、财政编制印发《退耕还湿实施方案(2016—2020)》，"十三五"期间拟退

耕还湿 $15.67\times10^4hm^2$。这一系列最新的政策文件的出台为我国湿地保护、修复工程的开展提供了有力的保障。

## 1.4 湿地工程的相关概念

### 1.4.1 湿地工程概念及特点

要明确湿地工程的概念，首先应明确生态工程的概念。生态工程是指人类应用生态学和系统学的基本原理和方法，通过系统设计、调控和技术组装，对已被破坏的生态环境进行修复、重建，对造成环境污染和破坏的传统生产方式进行改善、并提高生态系统的生产力，从而促进人类社会和自然环境的和谐发展。

湿地工程(wetland engineering)是指根据生态学、湿地学及生态控制论原理，设计、建造与调控人工湿地和自然湿地生态系统的生产工艺系统。目的在于通过人工湿地建设或自然湿地改良，利用湿地生态系统的供给、调节和支持功能，达到污水净化处理、生物多样性保护、湿地生物质生产与强化湿地生态服务等功能。

湿地工程是生态工程的一个分支。湿地工程所研究与处理的对象，不仅是自然或人工湿地生态系统，而更多的是社会—经济—自然复合生态系统。这一系统是以人的行为为主导，自然环境为依托，资源流动为命脉，社会体制为经络的半人工生态系统。

### 1.4.2 湿地工程基础理论

湿地工程是在生态学原理的指导下，对湿地生态系统进行设计和建设的工程技术，目的是使工程建设的生态效益、社会效益和经济效益达到高度统一。因此，在它设计和建设过程中必须遵循以下原理(表 1-1)。

**表 1-1 湿地工程基础理论**

| 原 理 | 理论基础 | 内 容 | 意 义 | 实 例 |
|---|---|---|---|---|
| 物质循环再生原理 | 物质循环 | 物质能够在湿地生态系统中进行区域小循环和全球地质大循环，循环往复，分层分级利用，从而达到取之不尽、用之不竭的目的 | 避免环境污染及其对系统稳定和发展的影响 | 湿地合理利用工程 |
| 物种多样性原理 | 生态系统的稳定性 | 物种多而繁杂的生态系统具有较高的抵抗力和稳定性。生物多样性程度高，可以为各类生物的生存提供多种机会和条件。众多的生物通过食物链关系相互依存，就可以在有限的资源条件下，产生或容纳更多的生物量，提高系统生产力 | 避免系统结构或功能失衡 | 湿地保护工程、湿地恢复工程 |
| 协调与平衡原理 | 生物与环境的协调与平衡 | 指生物与环境的协调与平衡，需要考虑环境承载力，即指某种环境所能养活的生物种群的数量 | 避免系统的失衡和破坏 | 湿地恢复工程，如富营养化问题 |
| 整体性原理 | 社会、经济、自然复合系统 | 进行生态工程建设时，不但要考虑到自然生态系统的规律，还要考虑到经济和社会等系统的影响力 | 统一协调各种关系，保障系统的平衡与稳定 | 湿地合理利用工程 |

（续）

| 原理 | 理论基础 | 内容 | 意义 | 实例 |
|---|---|---|---|---|
| 系统学和工程学原理 | 系统的结构决定功能原理：分布式优于集中式和环式 | 生态工程需要考虑系统内部不同组分之间的结构，通过改变和优化结构，达到改善系统功能的目的 | 改善和优化系统的结构以改善功能 | 湿地合理利用工程：桑基鱼塘 |
| | 系统整体性原理：整体大于部分 | 系统各组分之间要有适当的比例关系，只有这样才能顺利完成能量、物质、信息等的转换和流通，并且实现总体功能大于各部分之和的效果 | 保持系统很高的生产力 | 湿地合理利用工程：苇田养鱼、蟹 |

## 1.4.3 湿地工程规划

湿地工程规划(wetland engineering planning)是对湿地工程按照一定规则和要求进行统筹协调、利益平衡、目标定位的过程，它是湿地工程设计的依据。湿地工程规划可分为概念规划、总体规划、详细规划(图1-3)。

概念规划(concept planning)是湿地工程规划的一种类型，尤其注重湿地工程建设的战略规划，主要解决湿地工程的目标定位、发展方向、建设模式等重大问题，相对而言比较简略，适用于一些重大工程。随着我国城市规划、景观设计还有环境工程等领域不断关注“可持续发展”这一论题，特别是近几年来“园林城市”“生态城市”“低碳城市”的提出，全国各地对于生态环境问题愈加重视。在湿地工程规划中，低碳概念的融入以及在湿地规划中如何实现低碳发展的要求开始逐步提出。

总体规划(master planning)是在对湿地工程建设区域的资源与环境特点、社会经济条件、现状与问题等综合调查分析的基础上，明确工程建设范围、性质、一定时期内的发展规模与目标，制定湿地保护、湿地恢复、科研、监测等方面的行动计划与措施的过程。

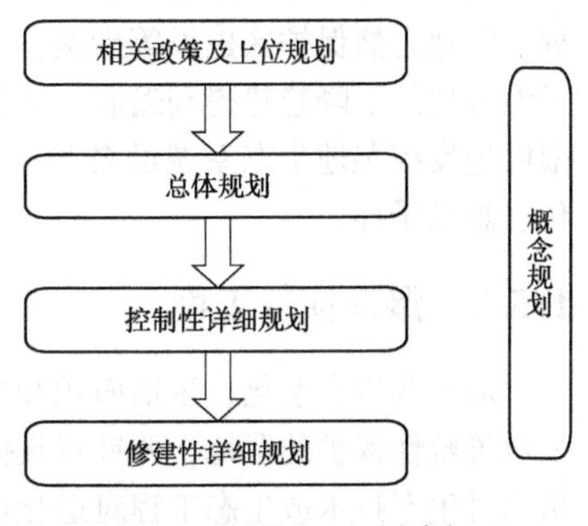

图1-3 湿地工程规划流程

详细规划(detailed planning)是以湿地工程总体规划为依据，对一定时期内工程建设区域内的土地利用、空间环境和各项工程建设所作的具体安排，是按总体规划要求，对局部地区近期需要建设的保护工程、恢复工程、基础设施建设、科研监测、景观建设等作出具体布置的规划。

## 1.4.4 湿地工程设计

湿地工程设计(wetland engineering design)是根据湿地生态系统的特点和法律法规的要求，依据湿地工程规划，对湿地生态建设工程所需的技术、经济、资源、环境等条件进行综合分析、论证，编制湿地建设工程设计文件，提供相关服务的活动。

## 1.5 湿地工程的分类

根据建设目的和主要内容的不同，湿地工程可以划分为：湿地保护工程、湿地恢复工程、湿地科研监测工程、湿地科普宣教工程和湿地的合理利用工程等。

### 1.5.1 湿地保护工程

对目前湿地生态环境保持较好，人为干扰不是很严重的湿地，主要以保护为主，以避免生态进一步恶化。湿地保护工程就是根据湿地生态系统固有的生态规律与外部扰动的反应采取各种调控措施，从而达到系统总体最优的过程。即为了达到预定的保护目的，而组织和使用各种资源的过程。在实际应用过程中，具体可以包括以下方面。

①自然保护区建设：建立自然保护区是抢救性保护湿地最有效的措施，湿地保护以自然保护区建设为主。湿地自然保护区包括以湿地生态系统为保护对象和以湿地珍稀动植物物种为保护对象的湿地自然保护区。其建设主要包括：保护管理工程、宣教工程、科研监测工程、基础设施工程等内容。

②保护小区建设：保护小区是保护自然资源的一种方式。为保护小块重要生境湿地，可建设保护小区，主要建设内容包括征地、杂物清除、隔离带建立、道路建设以及设立设置标本室、科普宣传教育室、永久性界碑、永久性标牌、铁丝网围栏、宣传牌，购置相关仪器设备等。

③自然保护区核心区移民工程：许多生态脆弱区的农牧业生产活动对湿地破坏非常严重，部分重要保护区的核心区，由于人为活动十分频繁，野生动植物及其栖息地得不到有效保护，需要实施移民工程。

在湿地保护工程建设的长期过程中，希望能够通过湿地及其生物多样性的保护与管理、湿地自然保护区建设等措施，全面维护湿地生态系统的生态特性和基本功能，使我国天然湿地的下降趋势得到遏制，使我国的湿地保护和合理利用进入良性循环，保持和最大限度地发挥湿地生态系统的各种功能和效益，实现湿地资源的可持续利用，使其造福当代、惠及子孙。

### 1.5.2 湿地恢复工程

对一些生态恶化，湿地面积和生态功能严重丧失的重要湿地，或目前正受到破坏急需采取抢救性保护的湿地，要针对具体情况，有选择性开展湿地恢复项目。湿地恢复工程是指通过生态技术或生态工程对退化或消失的湿地进行修复或重建，再现退化前的结构和功能，以及相关的物理、化学和生物学特性，使其发挥应有的作用。湿地恢复工程包括湿地的修复、湿地改建以及湿地重建。在实际应用过程中，具体包括以下方面。

①湿地生态补水：湿地生态补水就是要在充分考虑区域水资源承载能力的基础上，兼顾区域内生产、生活、生态用水以及上下游、左右岸用水，采取工程措施，从邻近地区引调地表水向湿地补充水量。工程建设内容包括引水河道综合疏浚和整治，闸站修建和改造，引水渠修建，堤坝修筑和维护等。

②湿地污染控制：湿地面临的另一项重大威胁是生产生活产生的废水、污水污染，如何控制污水排放与减缓水体富营养化过程是湿地保护的重要内容之一。

③湿地生态恢复和综合整治工程：根据湿地退化原因，因地制宜采取相应措施，对功能减弱、生境退化的各类湿地采取以生物措施为主的途径进行生态恢复和修复；对类型改变、功能丧失的湿地采取以工程措施为主的途径进行重建。湿地恢复主要包括退耕(养)还泽(滩)、植被恢复、栖息地恢复和红树林恢复四项工程。

### 1.5.3　湿地科研监测工程

科研监测是了解自然资源与环境状况以及生态过程变化的重要方法和手段，也是保护管理工作的灵魂，湿地科研监测工程可以通过长期监测湿地生态系统的状况、演变方向和速率，指导人们采取必要措施，有效管理和保护湿地，将科学研究的成果充分合理地应用于管理决策。湿地科研监测工程包括了对气象、土壤、植物群落、鸟类等生态组分的监测，也包括对湿地水文、初级生产力、外来物种入侵、湿地开发利用与受威胁状况等生态过程的监测，它们有着规范化的监测指标、标准、方法和手段，为湿地的科研评价和管理提供有力依据。

### 1.5.4　湿地科普宣教工程

湿地科普宣教工程作为一种宣传湿地保护的重要手段，能向公众普及湿地科学知识、弘扬湿地文化、传播湿地恢复与保护技术，最终促进社会环保意识的加强。

湿地科学普及、宣传教育的途径多种多样，包括湿地保护区或者湿地公园等的建设、广播电视、网络报刊等，湿地科普宣教工程则应当是湿地公园的实地宣教。湿地科普宣教的内容组成，包括“湿地相关基础知识和法律法规的宣传、湿地类型和动植物展示、湿地景观和生态特征展示、湿地生态功能展示、湿地文化和生态文化展示、湿地经济价值和休闲游憩价值展示和模拟湿地的展示和体验等。

通过展示湿地景观、生态过程、生态技术，寓教于乐，使人们产生共鸣，潜移默化地影响人们的生态观念，唤醒人们生态意识，呼吁人们保护湿地、保护生态、捍卫家园；另一方面，将新颖的湿地保护理念、优秀的湿地营建技术等通过展示的形式传承下去，促进更多更好的湿地公园的建成，反过来也促进了湿地保护建设理论的丰富，实现良性循环。

### 1.5.5　湿地的合理利用工程

湿地资源的可持续利用是湿地保护的最终目的，因此，有必要实施可持续利用的示范项目，以建立不同类型湿地开发和合理利用成功模式，为湿地资源的保护和可持续利用奠定基础。在维持湿地生态系统自然属性的条件下，应用自然科学与社会科学知识，实施各种湿地利用措施和工程，维持湿地的核心的生态特征。这其中，可以包括发展湿地人工特色养殖种植产业、依托湿地自然人文景观资源，开发生态旅游、综合利用湿地资源，加快发展现代生态经济等方面，将湿地工程与乡村振兴和生态扶贫等国家战略紧密连接在一起。

# 第2章 湿地生态空间区划

## 2.1 湿地生态空间区划原则

**(1) 空间相关性原则**

在空间尺度上，根据不同湿地分布地区的自然条件及服务功能与生态系统的关系，将生态服务功能一致的湿地片区归到一个区域中，并因地制宜地提出以提高生态环境质量为目标的生态保护措施和建设模式。

**(2) 功能主导性原则**

区域湿地生态功能的确定以主导服务功能为主因。湿地生态功能具有综合性、主导性的特点，其分布地理位置、资源面积以及利用程度不同，功能发挥也不同。在具有多种生态系统服务功能的地域，以生态调节功能优先；在具有多种生态调节功能的地域，以主导调节功能优先。

**(3) 区域共轭性原则**

强调每个功能区都是一个连续的地域单元，区域所划分的对象具有独特性，并且在空间上是完整的自然区域。任何一个湿地生态功能区都不存在彼此分离或相互叠加的部分，强调在空间上的毗连与耦合关系。

**(4) 可持续发展原则**

湿地生态空间规划的目的是促进湿地资源的合理利用，科学规划、积极保护、合理利用，避免盲目的资源开发和生态环境破坏，增强区域社会经济发展的生态环境支撑能力，推进区域的可持续发展。

**(5) 管理可行性原则**

湿地生态功能区的划分可使湿地管理者更有效地掌握湿地动态，管理湿地资源。保证生态系统结构和景观完整程度，结合各行政区域社会、经济的发展，确定湿地生态功能区的边界和分区范围，有针对性地实施区划等级，使实施方案合理可行。

## 2.2　湿地生态空间区划的目的及依据

**(1) 区划目的**

①分析不同区域湿地资源空间分布特征、湿地类型与结构、面临的主要压力与问题、湿地生态系统服务功能，结合自然环境与城市管理因素，提出湿地生态空间规划方案。

②整合湿地资源，明确各功能区的湿地生态分布类别及各湿地功能区具体的湿地生态服务功能，提出各区的发展方向、保护对策及控制方案。

③以湿地生态空间规划为基础，强化湿地系统管理思想，为区域产业布局、资源整合利用和城市发展规划提供科学依据，为保障经济、社会和生态环境可持续发展提供决策依据。

**(2) 区划依据**

不同空间区域内湿地生态系统类型不同，各类湿地生态系统也有各自的主体服务功能。通过综合评估水系流域分区、湿地资源分布、湿地保护价值、湿地利用发展方向，以及水源涵养、生物多样性保护、水土保持、文化传播等湿地服务功能的差异性及相关性，确定湿地生态服务功能分区。

## 2.3　湿地生态功能区划

### 2.3.1　全国湿地生态功能区划

生态功能区划(ecological function regionalization)是以区域差异性为基础，通过分析研究区内各生态环境要素、生态环境敏感性要素、生态服务功能重要性分布的相似性和差异性而进行的地理空间分区，从而明确各区域的主导生态功能和环境保护目标，判别出该区域的主要环境问题，为研究区合理的利用生态资源提供理论依据(刘康，2004)。

我国湿地分布广、类型丰富、面积大，从寒温带到热带，从平原到高原山区均有湿地分布，涵盖了《湿地公约》中涉及的所有湿地类型。总的来说，近海与海岸湿地(包括浅海滩涂、河口、海岸湿地、红树林、珊瑚礁和海岛等)主要分布于沿海的 10 个省(自治区、直辖市)和港澳台地区；河流湿地(包括永久性河流的河床、季节性或间歇性河流、洪泛平原)多分布在东部气候湿润多雨的季风区；湖泊湿地主要分布于长江及淮河中下游、黄河及海河下游、蒙新高原、云贵高原、青藏高原和东北平原等地区；沼泽湿地主要分布于东北的三江平原、大小兴安岭、若尔盖高原和海滨、湖滨、河流沿岸等区域。

湿地生态功能区划是制定湿地生态环境保护与建设规划，维护湿地生态安全，合理利用湿地资源，布局工农业生产，以及进行湿地管理的重要依据。按照湿地生态功能的一致性、自然地理特征的差异性、生态功能保育的可行性、区域单元的完整性原则，将中国湿地生态功能初步划分为 8 个区域：东北湿地区、黄河中下游湿地区、长江中下游湿地区、滨海湿地区、东南华南湿地区、云贵高原湿地区、西北干旱湿地区以及青藏高寒湿地区。根据空间相关性、功能主导性、区域共轭性、可持续发展、管理可行性的原则，充分考虑各区主要特点和湿地保护面临的主要问题，对不同的湿地区进行保护和管理。

### 2.3.2 湿地生态功能区划的方法

湿地生态功能区划是在生态系统调查、生态敏感性与生态系统服务功能评价的基础上，明确其空间分布规律，确定不同区域的生态功能，提出全国湿地生态功能区划方案。

**(1) 湿地生态系统空间特征**

我国湿地类型丰富，湿地总面积为 $35.6\times10^4 km^2$，居亚洲第一位、世界第四位，并拥有独特的青藏高原高寒湿地生态系统类型。在自然湿地中，沼泽湿地为 $15.2\times10^4 km^2$，河流湿地为 $6.5\times10^4 km^2$，湖泊湿地为 $13.9\times10^4 km^2$。

**(2) 湿地生态敏感性评价**

生态敏感性是指一定湿地区域发生生态问题的可能性和程度，用来反映人类活动可能造成的生态后果。生态敏感性的评价内容包括水土流失敏感性、沙漠化敏感性、石漠化敏感性、冻融侵蚀敏感性 4 个方面。根据各类生态问题的形成机制和主要影响因素，分析各地域单元的生态敏感性特征，按敏感程度划分为极敏感、高度敏感、中度敏感、低敏感 4 个等级。

**(3) 湿地生态系统服务功能评价**

生态系统服务功能评价的目的是明确湿地生态系统服务功能类型、空间分布与重要性格局及其对国家和区域生态安全的作用。湿地生态系统服务功能分为生态调节功能、产品提供功能、人居保障功能 3 个类型。湿地生态系统服务功能重要性评价是根据湿地生态系统结构、过程与生态系统服务功能的关系，分析湿地生态系统服务功能特征，按其对全国和区域生态安全的重要性程度分为极重要、较重要、中等重要、一般重要 4 个等级。

**(4) 全国生态保护重要性综合特征**

通过综合评估水土流失敏感性、沙漠化敏感性、冻融侵蚀敏感性、石漠化敏感性，确定全国湿地生态系统生态敏感性空间分布。通过综合评估湿地生态系统服务功能重要性，确定全国湿地生态系统服务功能重要性空间分布。综合生态敏感性与服务功能重要性，形成全国湿地生态保护重要性空间分布格局。

## 2.4 湿地生态保护红线

### 2.4.1 湿地生态保护红线的划定范围

我国湿地分布广、类型丰富、面积大，自 1992 年加入《湿地公约》，特别是 2000 年制订《中国湿地保护行动计划》、2003 年公布《全国湿地保护工程规划》以及 2004 年国务院办公厅发布《关于加强湿地保护管理的通知》以来，中央政府和地方政府以及社会各界在天然湿地保护与管理方面开展了许多有益工作，并收到了举世瞩目的保护成效。

但随着我国工农业及城乡经济的快速发展，天然湿地，特别是位于人口密集或人地关系紧张、水资源相对紧缺以及工农业生产分布密集区域，尚未划入自然保护地进行保护的天然湿地，依然面临着湿地土地不断被开垦、占用、破坏、湿地水资源得不到保障而导致的湿地干涸、萎缩甚至消失、湿地环境质量持续下降、湿地生态系统逐渐退化，以及湿地野生动植物资源逐渐枯竭等方面的严重威胁。即使已划入自然保护地体系甚至已建有相应保护管理机构的一些地区的湿地，也并没有完全摆脱面临开垦、开发、污染、退化以及生物多样性遭受破坏的窘迫境地(但新球等，2014)。

党的十八大以来，在我国经济社会快速发展进程中，生态文明建设被推向前所未有的新高度。针对当前的湿地保护形势，中共中央、国务院出台一系列包括湿地保护的决策部署，提出了“到 2020 年，全国湿地面积不低于 8 亿亩”的生态文明建设目标。随着生态保护红线工作的不断推进，湿地生态保护红线划定工作也在全国展开。2015 年，中共中央、国务院印发的《关于加快推进生态文明建设的意见》提出了“科学划定湿地等领域生态红线建立湿地保护制度”的明确要求，并明确此项改革任务由国家林业局牵头落实。2016 年 11 月 1 日中央全面深化改革领导小组第二十九次会议审议通过了《湿地保护修复制度方案》和《意见》。2016 年 11 月 30 日国务院办公厅印发了《湿地保护修复制度方案》(国办发〔2016〕89 号)，明确要求“合理划定纳入生态保护红线的湿地范围，明确湿地名录，并落实到具体湿地地块”(柯善北，2017)。

上述文件的出台为湿地生态保护红线的划定指明了方向。湿地生态保护红线的划定将实现按照湿地生态系统完整性原则和主体功能区定位，优化国土空间开发格局，理顺湿地保护与发展的关系，改善和提高湿地生态系统服务功能，从而构建一个结构完整、功能稳定的湿地生态安全格局，维护国家生态安全。

按照《生态保护红线划定指南》的要求，将分布于下列国家级和省级禁止开发区域中的湿地，以及重要湿地(含滨海湿地)划入湿地生态保护红线。

**(1)国家级和省级禁止开发区域中的湿地**

①国家公园中的湿地；

②湿地自然保护区、其他自然保护区中的湿地；

③省级、国家级湿地公园；

④省级以下湿地公园的湿地保育区和恢复重建区；

⑤饮用水水源地一级保护区中的湿地；

⑥水产种质资源保护区；

⑦森林公园生态保育区和核心景观区中的湿地；

⑧风景名胜区核心景区中的湿地；

⑨地质公园的地质遗迹保护区中的湿地；

⑩世界自然遗产的核心区和缓冲区中的湿地；

⑪其他类型禁止开发区的核心保护区域中的湿地。

对于上述禁止开发区域内的不同功能分区中的湿地，应纳入湿地生态保护红线的范围。

**(2)重要湿地**

除上述禁止开发区域以外，根据湿地生态功能的重要性，将重要湿地(含滨海湿地)纳入湿地生态保护红线范围。主要涵盖：

①国家重要湿地：包括国际重要湿地、已颁布的国家重要湿地、国家级湿地自然保护区和国家湿地公园。

②地方重要湿地：包括省级人民政府颁布名录的省级重要湿地、省级湿地自然保护区、省级湿地公园。

③其他重要湿地：包括水生生物和水鸟的重要栖息地、鱼类的重要产卵场、索饵场、越冬场及洄游通道。

### 2.4.2 湿地生态保护红线的划定程序及方法

**(1)初步划定边界**

湿地自然保护区、国家级湿地公园、省级湿地公园、省级以下湿地公园的湿地保育区和恢复重建区、水产种质资源保护区的核心区、国际重要湿地、已颁布的国家重要湿地、省级人民政府颁布名录的省级重要湿地，按照其边界确定。按照定量与定性相结合的原则，将以上确定的没有明确边界的湿地划定范围与全国湿地资源调查、湿地确权调查的矢量数据相叠加，初步划定湿地生态保护红线的边界。

**(2)现场校验**

将初步划定的湿地生态保护红线的边界进行现场校验，针对不符合实际情况的边界开展现场核查、校验与调整。

**(3)调整边界**

按照《全国湿地资源调查与监测技术规程(试行)》(林湿发〔2008〕265号)的要求，对湿地生态保护红线的边界进行现场调整。

**(4)上下对接**

采取上下结合的方式开展技术对接，广泛征求各市县级政府意见，修改完善后达成一致意见，确定湿地生态保护红线的边界。

**(5)形成划定成果**

在上述工作基础上，编制湿地生态保护红线划定文本、图件、登记表及技术报告，建立台账数据库，形成湿地生态保护红线划定方案。

**(6)开展勘界定标**

根据划定方案确定的湿地生态保护红线分布图，明确红线区块边界走向和实地拐点坐标，详细勘定红线边界。选定界桩位置，完成界桩埋设，测定界桩精确空间坐标，建立界桩数据库，形成湿地生态保护红线勘测定界图，并设立统一规范的标识标牌。

## 2.5 湿地空间结构布局

湿地布局应考虑湿地空间上的均衡、生态特点，以及风向、土地、水源、地形等多方面的因素，最大限度地发挥湿地的功能(崔丽娟，2011)。根据自然地理条件、生态环境特点及湿地资源禀赋，并结合不同区域湿地保护和利用发展方向，将湿地资源空间结构格局归纳总结，形成点线面布局完整的结构，蓝绿空间紧密镶嵌的湿地生态系统空间格局。例如，崔丽娟等(2014)针对北京市湿地现状，结合北京市湿地分布存在的问题等，提出了构建北京市"一芯—三带—六团—多点"的湿地空间结构布局。

"一芯"。位于城市核心区和城市功能拓展区部分区域，是北京市建设最成熟、人口最密集的区域。该区域湿地主要发挥提升城市景观，改善人居环境和生活质量的作用。

"三带"。位于延庆的西北远郊湿地分布带；位于海淀、昌平的西北近郊湿地分布带；位于通州、大兴的东南近郊湿地分布带。"三带"湿地主要促进空气流通，增加空气湿度，沉降外来沙尘，避免灰霾堆积，缓解城市热岛效应，提升北京环境质量。

"六团"。位于延庆、怀柔的白河水源涵养湿地团；位于密云的密云水库水源涵养湿地团；位于门头沟的清水河水源涵养湿地团；位于朝阳、顺义、昌平、通州的温榆河景观休闲湿地团；位于门头沟、丰台、石景山、房山的永定河雨洪调控湿地团；位于房山的大石河—小清河生态廊道湿地团。

"多点"。分布于"一芯—三带—六团"之外的具有一定代表性和重要性的湿地。"多点"位于远郊区县，完善和补充湿地布局，提升北京湿地生态系统的整体功能和综合效益。包括顺义汉石桥湿地、平谷金海湖湿地、怀柔喇叭沟门湿地等生物多样性热点地区，通州潮白河和房山拒马河等。

## 2.6　湿地空间结构区划

### 2.6.1　湿地类型自然保护区区划

湿地类型的自然保护区功能区划是指将保护区内的地质地貌、土壤分布、气候资源分布、水文资源分布、矿产资源分布、森林植被类型、野生动植物分布等信息进行整合，通过自然性、代表性、稀有性、多样性、生境重要性、景观连续性、生态完整性、人类干扰、濒危程度、资源利用等指标进行甄别筛选和权重分析，分析出重要的区分要素，最后通过以主导要素的单要素为功能区划分界线的基础，进行多要素图层叠加，再依据湿地生态系统类型自然保护区功能区划的原则要求进行功能区的划分。

自然保护区功能区划是自然保护区总体规划和建设的重要前提，是科学合理进行高效管理的主要途径。目前，根据我国有关法规和技术规定，自然保护区内划分为核心区、缓冲区、实验区 3 个保护管理层次的功能区，且要求做到近似同心圆式的 3 个环状功能区带的典型模型。

### 2.6.2　湿地公园区划

根据湿地区域内资源特征和分布情况、后期治理措施及利用方式的差异，实施分区保护、恢复和利用。按照区划原则，将公园划分为既相对独立、又相互联系的不同地理单元，明确各单元的建设方向并采取相应的管理措施。根据湿地公园的现状条件及国家级湿地公园建设要求，将湿地公园划分为生态保育区、恢复重建区、宣教展示区、合理利用区和管理服务区 5 个功能区。

**(1)湿地保育区**

主要进行水质和水岸保护、湿地生物资源保护、鸟类栖息地的保护和恢复工程，最大程度地保护湿地生态系统、珍稀鸟类栖息地以及丰富的生物多样性。该区内整体进行封育保护，集中展示和体现湿地公园的自然性、生态性和原生性。

**(2)恢复重建区**

恢复重建区是以湿地生境和物种栖息地的恢复与重建，地带性植被恢复和重建，湿地公园生态用水的安全，以及湿地治理工程为重点，通过退耕还湿、退林还湿、鸟类生境营造工程等方式，恢复原生湿地植被，扩大鸟类活动区域，以及恢复生物多样性。

**(3)宣教展示区**

宣教展示区是充分利用湿地的景观资源和生物资源，结合室内场馆，对公众开展湿地基础知识、湿地生态系统结构和功能、湿地生态文化，以及湿地保护常识等的科普宣传活动，提升其湿地保护意识。

**(4)合理利用区**

充分利用现有的湿地自然资源和景观资源，依托已有的湿地合理利用基础，以市场和游客需求为导向，设置一定湿地植物探索、湿地远足、休闲垂钓、生态养殖等项目，丰富湿地公园产品结构，构建湿地资源合理利用模式，促进湿地公园旅游及相关产业的发展。

**(5)管理服务区**

管理服务区是湿地公园管理、服务能力的保障，也是湿地公园开展日常工作管理机构、服务接待设施、医疗等设施建设集中的区域。根据管理和服务的需要，建立相应的湿地管理和服务体系，配置相应设施设备，为游客提供优质高效的服务。

### 2.6.3 海洋公园区划

海洋公园是由国家批准设立并主导管理，边界清晰，以保护具有国家代表性的大面积海洋生态系统为主要目的，实现海洋资源科学保护和合理利用的特定海洋区域。对海洋公园进行功能分区符合其建设宗旨，也是公园开发和保护利用的一种有效形式，可以有效提高公园建设针对性、科学性。海洋公园总体分为3个功能区：重点保护区、生态与资源恢复区、适度利用区。其中，重点保护区的保护力度最大，适度利用区的开发强度最大，各个功能区又下设多个保护区，有各自的保护和开发目标，最终形成旅游发展与生态保护双向促进的发展模式。

在国家海洋公园的建设过程中，学者们大都借鉴国外生态旅游开发的成功模式，在保护的基础上，对国家海洋公园进行功能分区开发。每个国家海洋公园的功能分区不尽相同，例如，厦门国家海洋公园由重点保护区、生态与资源恢复区、适度利用区、科学实验区等组成；而海陵岛国家海洋公园划分为重点保护区、生态与资源恢复区、适当利用区和预留区组成。在海洋公园研究和建设中，要做到具体问题具体分析，避免功能分区一般化、笼统化，阻碍公园的保护和发展。

### 2.6.4 饮用水水源保护区区划

饮用水水源保护区的区划应考虑水源地的地理位置、水文、气象、地质特征、水动力特征、水域污染特征、污染特征、污染源特征、排水区特征、水源地规模、水量需求、航运资源和需求、社会经济发展规模和环境管理水平等因素。根据《饮用水水源保护区划分技术规范》(HJ 338—2018)，饮用水水源保护区分为两级，即一级保护区、二级保护区。一级保护区是指以取水口(井)为中心，为防止人为活动对取水口的直接污染，确保取水口水质安全而划定需加以严格限制的核心区域。二级保护区是指在一级保护区之外，为防止污染源对饮用水水源水质的直接影响，保证饮用水水源一级保护区水质而划定，需加以严格控制的重点区域。

### 2.6.5　湿地多用途管理区区划

以羊山湿地为例对湿地多用途管理区的功能区划进行简要的介绍。羊山多用途湿地管理区是海口市主要内河的发源地，也是海口市南部重要生态屏障、野生动植物基因库、生命乐园以及火山熔岩湿地自然—文化遗产综合体，记录了海口地区环境演变过程。羊山多用途湿地管理区北临海口市区，南至海口新坡镇，东起海口市龙塘镇，西至海口市石山镇，规划总面积 369.83km²。主要是对羊山火山熔岩湿地自然—文化遗产综合体、羊山湿地的水文与水环境和羊山湿地生物多样性(特别是珍稀濒危特有物种及其生境)进行保护。

羊山湿地多用途管理区划分为水源涵养与蓄洪生态功能区、火山台地湿地农业发展生态功能区、湿地人居环境优化发展生态功能区。以持续改善羊山湿地生态质量为总体目标，以羊山湿地保护、恢复、湿地生态文明建设为主线，通过实施一批重点生态工程，使羊山湿地面积下降的趋势得到遏制，羊山湿地生态结构和功能得到修复。

### 2.6.6　湿地生态示范区区划

以东寨港湿地为例对生态示范区的功能区划进行简要的介绍。东寨港生态示范区东至海口市市界，西至东寨港大道，南至海文高速，北至北港岛，规划面积 219.85km²，主要包括海南东寨港国家级自然保护区、海南海口三江红树林国家湿地公园、下塘湿地、海南北港岛国家级海洋公园等片区。

本着“生态系统的独特性、管理的统一性、保护修复的完整性、利用的统筹性、宣教的关联性”的原则，将东寨港生态示范区划分为 3 个功能区：湿地保护及科普宣教区、生态旅游服务区、生态农业发展区。旨在将东寨港湿地打造成多功能、多效益的国家级生态示范区，世界湿地科普宣教基地，中国红树林研究中心，以及重要的鸟类迁徙驿站。

## 2.7　湿地生态空间区划案例——东营市湿地生态空间区划

### 2.7.1　湿地生态空间结构布局

东营市区域内有三大水系，以黄河为分界线，即中部为黄河水系、黄河以北属海河流域徒骇河—马颊河水系、黄河以南属淮河流域山东半岛沿海诸河水系。根据东营市湿地资源禀赋、湿地生物多样性状况、区域生态环境特征、湿地资源保护与利用方向等，规划构建“一轴一带三网多点”的湿地空间格局，形成“纵横交错蓝色水网、一横一纵生态屏障、星罗棋布点状库塘”交相辉映的景观结构布局。

**(1)"一轴"——黄河湿地生态保护轴**

黄河是中国第二长河，是黄河三角洲地区中心城市——东营市的母亲河，是东营历史文化传承的支撑主脉，也是东营市湿地的主要供给水源。黄河在东营穿城而过，构建起沿岸区域的湿地主轴脉络，形成全市湿地保护与发展基础骨架。对这一重要湿地生态保护轴，要严格落实河长制，全面保护黄河水生态安全。通过河道生态疏浚、生态护岸、污染控制、沿线生态环境治理和防护林带建设，加快湿地公园、湿地保护小区建设，维持黄河湿地生态保护轴的湿地健康和整体生态安全。

**(2)"一带"——滨海湿地资源保护与发展带**

滨海湿地资源保护与发展带是环绕东营市东部及北部的蓝带。加强滨海湿地保护与海洋生态灾害防治，维护湿地的自然特征，控制围垦、污染和基建占用。开展滨海湿地、河口、海湾等典型生态系统保护与修复，实施沿海生态保护带建设，强化自然保护区、湿地公园、海洋特别保护区、湿地保护小区建设，加强退化岸线湿地生态系统综合整治、恢复和重建，优先本区域珍稀物种及其栖息地保护，防控外来有害生物，建立具有良性循环和生态经济增值的湿地生态系统，为"黄蓝"经济区建设提供生态安全屏障。

**(3)"三网"——中心城区生态水网、小清河生态水网和黄河生态水网**

"三网"，即在东营市主要河流流域内形成的蓝色生态水网，即中心城区生态水网、小清河生态水网和黄河生态水网。

中心城区生态水网是由市域内"九横十纵"的城市主干水系和环城水系构成的水生态廊道，将城市内河流、库塘、湖泊贯通一体，形成独具特色的湿地景观资源与城市居住空间有机结合的自然居住和休闲环境。小清河生态水网，主要是由小清河、支脉河和淄河构成的水生态廊道，是东营市南部重要的景观廊道和农业水源地。黄河生态水网，主要是指由引黄水渠、沾利河、马新河、挑河、草桥沟河、黄河故道等构成的水生态廊道，是东营市中北部重要的生态廊道和农业水源地。

加强流域重点生态功能区保护和修复，建设沿河绿色生态廊道，实施防火林带体系建设、沿河重要湿地保护等重大生态修复工程，增强水源涵养、水土保持功能，全面保护和恢复湿地资源，保护野生动植物及生物多样性。建立重要水库、河流闸坝生态水量联合调度机制，大力实施退耕还湿、退养还湿、湿地调水补水、盐碱地治理等工程，改善河湖(库)连通性，提升湿地生态功能。建设一批湿地公园、湿地保护小区、饮用水水源地保护区，遏制自然湿地面积萎缩和重要湿地生态功能退化趋势，提高资源环境承载能力。

**(4)"多点"——分布在"三网"中的星罗棋布的点状湿地**

东营市水库湿地资源多成零星状，分布于全市市域内，是重要的水源地和蓄水库。"多点"即是指分布在"三网"中的星罗棋布的点状湿地，包括湖泊、中型水库、小型水库等。通过饮用水水源保护区、湿地保护小区建设，加强对水资源和野生动植物的保护，促进退化和遭破坏湿地的修复，打造"山水林田湖草"生命共同体，实现人与自然和谐相处。

### 2.7.2 湿地功能区划方案

为了使各湿地生态功能区在名称上能直观准确地体现各区域的主要特点、所处地理空间位置及湿地生态功能，功能区的名称应相互对应，文字定义简明扼要。命名方法：特征地点+服务功能+功能区。特征地点以该湿地片区具体典型的地理位置进行描述；服务功能以该片区主导生态范围功能，包括水源涵养、生物多样性保护等进行描述。

按照空间相关、功能主导、区域共轭、可持续发展及管理可行等规划原则，根据各分区湿地特点、利用方式、面临威胁、发展方向等差异，确定各分区的保护重点及发展方向（表 2-1）。

**表 2-1　东营市湿地功能区划**

| 编号 | 功能区 | 规划面积（$hm^2$） | 比例（%） | 湿地面积（$hm^2$） | 比例（%） |
|---|---|---|---|---|---|
| Ⅰ | 黄河湿地生态保护区 | 79 851. 46 | 7. 76 | 47 910. 68 | 10. 49 |
| Ⅱ | 近海湿地生物多样性保护区 | 269 186. 77 | 17. 09 | 267 448. 18 | 24. 00 |
| Ⅲ | 滩涂湿地保护与发展区 | 175 818. 78 | 26. 16 | 109 624. 36 | 58. 55 |
| Ⅳ | 中心城区湿地修复与利用区 | 49 699. 22 | 4. 83 | 14 511. 56 | 3. 18 |
| Ⅴ | 内陆平原湿地合理利用发展区 | 454 259. 17 | 44. 15 | 17 278. 14 | 3. 78 |
| | 总计 | 1 028 815. 40 | 100. 00 | 456 772. 92 | 100. 00 |

注：规划总面积为东营市市域面积 824 326. 00$hm^2$ 与湿地资源中不属于东营市域范围内的近海与海岸湿地 204 489. 40$hm^2$ 之和。

**（1）黄河湿地生态保护区**

①范围：该功能区包括东营市境内黄河大堤以内的黄河流域区域，至黄河出海口淤泥滩涂区域，全长 138km，规划面积 79 851. 46$hm^2$，湿地面积 47 910. 68$hm^2$。

②湿地资源特征：湿地类型以永久性河流湿地、洪泛平原湿地、草本沼泽及潮间盐水沼泽为主，湿地生态系统多样，是河流水生生物和洄游鱼类重要的栖息、繁殖地。同时由于特殊的地理环境，黄河流域也是我国生态脆弱区分布面积最大、脆弱生态类型最多、生态脆弱性表现最明显的流域之一。

③生态功能：主要发挥水源供给、调节径流、水源涵养、生物多样性保育、水土保持等生态功能。

④主要威胁：一是污染，主要来源于上游、沿河城市群、农业生产等产生的污染是黄河流域内湿地面临的最大威胁因素；二是黄河中下游地区用水量增大导致入海水量减少，对下游三角洲湿地生态系统产生很大影响；三是湿地征占用，主要表现在流域内存在围垦湿地、擅自截流排污等情况，导致洪泛平原湿地萎缩、面源污染严重、水源涵养能力下降等问题；四是黄河尾闾治理工程的海岸堤坝一定程度上在保护油田及城市建设土地的同时，也阻隔了陆海的生态交汇。

⑤保护与发展方向：在该区域内严禁开发建设，以保护黄河水体、维持堤岸生态功能、保护和恢复野生动物栖息生境、控制面源污染为重点。

a. 建立黄河流域湿地保护体系，统筹协调黄河流域水资源保护和水污染防治工作，加大流域工业和生活废污水治理和控制力度。

b. 进一步提高流域中水回用率，加强水土流失、农村及农业等面源的治理。

c. 加强水资源生态调度，在水资源开发利用中要严格执行计划用水制度，建立流域生态保护协同机制和水生态补偿机制，提高引水和蓄水能力，保持生态的良性循环。

d. 加强黄河土著鱼类和珍稀濒危鱼类及栖息地保护。

e. 合理规划和安排周边城镇生活、生产和生态用水，严格控制在黄河流域建设高耗水、重污染项目，实施取水、耗水和退水的动态管理，重点监控存在重大污染风险的行业和企业。

f. 开展湿地可持续利用示范建设工程，依托黄河文化，重点打造黄河生态旅游带。

g. 在黄河河道管理范围内禁止修建围堤、隔堤、阻水渠道、阻水道路等建筑物、构筑物；种植阻碍行洪的林木和高秆作物；弃置矿渣、石渣、煤灰、泥土、垃圾等活动；禁止在堤防和护堤地上进行建房、开渠、打井、挖窖、建坟、存放物料以及开展集市贸易等侵占黄河工程的活动；禁止损坏黄河工程上的防汛设施、远程监控设施、水文监测和测量设施、标志桩以及通信等附属设施；禁止排放、倾倒有毒有害物质以及清洗装储过油类或者有毒污染物的车辆、容器等；禁止在蓄滞洪区内围湖造田。

⑥重点建设工程：重点开展湿地保护区建设、东津湿地公园建设、湿地保护小区建设、水岸带植被恢复、退耕还湿、退养还湿等工程。

**(2)近海湿地生物多样性保护区**

①范围：该功能区包括北起顺江沟向河口区一侧，南至小清河向广饶一侧约400km的海岸线，海水低潮时水深小于6m的浅海水域；规划面积269 186.77hm$^2$，湿地面积267 448.18hm$^2$。

②湿地资源特征：湿地类型以浅海水域与淤泥质海滩为主。沿岸海底较为平坦，近海在黄河及其他河流作用下，含盐度低，含氧量高，有机质多，饵料丰富，适宜多种鱼虾类索饵、繁殖、洄游。

③生态功能：发挥海产品供给、岸带防护、底栖生物多样性维护等生态功能。

④主要威胁：一是现状浅海开发与保护矛盾较为突出，浅海海域的主要用海类型为浅海增养殖用海、港口用海、油气开发用海、科研用海等，浅海湿地生态资源保护没有得到足够的重视，环境污染问题仍然存在；二是过量的近海捕捞，使水产资源严重衰退；三是由于内陆沿海地区的人工养殖与盐田开发的管理措施不完善，淤泥质海滩出现蚀退现象，直接影响沿海滩涂湿地的生态安全；四是外来入侵植物(如互花米草等)发展迅速，现已侵占大面积海岸，对原有的生态系统造成较大破坏。

⑤保护与发展方向：根据自然条件和资源开发利用现状，统筹考虑生态发展与环境保护等因素，对海域使用空间布局进行优化，形成核心保护区、控制开发区和集约开发区合理分布的总体框架。

a. 核心保护区。主要包括黄河三角洲国家级自然保护区和国家级海洋特别保护区的重点保护区；重点保护浅海水域湿地地形地貌及水资源，保护海洋底栖生物栖息地环境；修复和维持滨海湿地底栖动物良好的栖息地生态环境，全面推进海洋生态环境的修复；监测浅海水域动态变化，加强浅海湿地各项生态指标动态监测和跟踪管理；实施互花米草控制工程，减少互花米草对近海湿地生态系统的影响。

b. 控制开发区。主要包括沿海岸线的浅海滩涂和海洋特别保护区的生态与资源恢复区，充分考虑区域生态环境相对脆弱的特点，合理开发海水资源、滩海油田和风能，控制沿岸非涉海工业的建设用海；加大陆源污染物和海洋污染物的控制与治理，严格限制发展重化工业，禁止高耗能、高污染的工业建设；严格执行禁渔期、禁渔区制度，积极开展渔业资源增殖放流，加大海洋特别保护区建设，使海洋渔业资源尽快得到恢复与发展。

c. 集中集约开发区。主要包括东营港北部工业与城镇用海区、东营港南部工业与城镇用海区和东营滨海工业与城镇用海区。加快工业园区生态化改造，推行清洁生产，建设污水处理工程，消减污水排放总量，禁止工业废水直排入海。

⑥重点建设工程：重点开展滨海湿地保护小区建设、海洋特别保护区建设、黄河三角洲湿地保护区建设、海洋牧场建设、有害生物控制、退养还湿/滩、海岸带修复、人工湿地建设、污水处理建设等工程。

**(3)滩涂湿地保护与发展区**

①范围：该功能区位于距海岸线5~12km宽的大面积人工湿地及沼泽湿地，方格状水塘大面积分布在沿海岸地区，主要包括河口区西北部(高潮滩)，河口区东北部、东营区、垦利区东部(中潮滩)。规划面积175 818.78$hm^2$，湿地面积109 624.36$hm^2$。

②湿地资源特征：湿地类型包括水产养殖场、盐田及少量库塘湿地。

③生态功能：发挥水产品供给、生物多样性保育等生态功能。

④主要威胁：一是围垦，自20世纪70年代以来，滨海岸带的沼泽湿地受人类开发占用影响大，水产养殖场、盐田、农业耕地、建筑用地等的开发利用直接占用沿海沼泽湿地，导致自然湿地面积逐年大幅度锐减，水鸟、底栖等湿地生物种类及数量减少，生物多样性显著降低；二是在北端河口区的黄河故道来水量逐年减少，导致黄河口芦苇沼泽湿地功能退化严重；三是油田开发建设过程中缺乏对湿地生态系统的重视，油井、道路、输油管线等建设过程切断了湿地间水文的联系，导致湿地生态系统的破碎和水系循环的紊乱，同时导致湿地的退化和破坏；四是污染，沿海围垦高密度人工养殖以及工农业发展对沿海湿地污染呈加剧之势，入海排污总量增加，近海水域环境质量下降。

⑤保护与发展方向：

a. 全面清理黄河三角洲国家级自然保护区内的违建码头、违建构筑物，加快保护区内退养还湿等恢复工程，在自然保护区外的河口、潮间带等生态保留地开展湿地保护小区建设，加强对保留的沿海滩涂湿地保护，尽力为黑嘴鸥等迁徙候鸟提供迁徙通道。

b. 在重要河口湿地、油田开发区等区域实施退养还湿、植被恢复等工程，开展退化湿地恢复、沿海防护林带建设。

c. 开展沿海滩涂可持续利用示范，制定滩涂湿地保护与利用控制方向，引导合理利用沿海滩涂。可在保护好生态环境前提下，适度发展养殖业，有序发展原盐业，加快发展滨海旅游业，建立统一的管理制度，协调村民、油田职工行为，规范资源合理利用，实现区内资源可持续利用和永续发展。

d. 完善近海水产产业布局与管理，合理优化布局，适当调整养殖品种、养殖方式和养殖结构等，大力发展生态养殖，减轻养殖业对环境的压力。

e. 加强滩涂湿地保护管理力度，严格控制河口湿地及滩涂湿地围垦，同时加强滩涂促淤技术研究及其工程建设，维持滩涂湿地资源的动态平衡。

⑥重点建设工程：重点开展黄河三角洲国家级自然保护区建设、滨海湿地保护小区建设、退养还湿、植被恢复、海岸带恢复、生态养殖、滨海湿地生态环境监测等工程。

**(4) 中心城区湿地修复与利用区**

①范围：该功能区位于东营市中心城区范围，是东营人口活动最为密集、城市有序发展与生态环境保护矛盾较为突出的区域。东西向29km，自西五路至天鹅湖风景区，南北向18km，自德州路至东营南站铁路，规划面积49 699.22$hm^2$，湿地面积14 511.56$hm^2$。

②湿地资源特征：湿地类型以永久性河流湿地、输水河及库塘为主。

③生态功能：城市旅游休闲、蓄洪排涝、人居环境景观构建、水质净化、科普宣教等生态功能。

④主要威胁：一是污染，随着东营市经济规模的增大、城市化进程的加快和人口的自然增长，废污水排放量增加，河道淤积，湿地水质污染，富营养化加剧，严重影响着当地群众的生产、生活；二是人工化痕迹严重，市区内众多河流、引水渠、湿地公园被硬化，严重影响水岸带正常功能的发挥。

⑤保护与发展方向：结合海绵城市、绿色建筑等建设，完善城市水系河网连通，改善城市水环境，增强水城建设的生态功能、经济功能、文化功能，打造水城品牌，提升城市品位。

a. 通过湿地公园和湿地保护小区建设，加强水源水体保护；改造截流、断流河道，增加水系连通性，恢复河流湿地生态功能；打造集湿地生态观光、生态休闲、生态科普、文化体验等功能为一体的湿地生态景观区，为市民提供休闲游憩空间。

b. 结合城市绿地系统，立足“大空间、大绿地、大湿地、大水面”的空间本底条件，适度发展生态旅游业，打造具有东营特色的河海交融、秀美宜居的生态水城。

c. 综合采取“渗、滞、蓄、净、用、排”等措施，科学规划和统筹实施海绵城市建设项目，全面推进市政府雨污管网建设及分流改造，增强城市防洪排涝减灾等综合能力。

d. 在满足城市排洪需求的同时，提倡“多自然型河流”建设的恢复方式，丰富河流自然形态，构建生物友好廊道；连通水网，实施生态补水工程，提升城市中河流的生态功能。

e. 对清风湖、明月湖等市内娱乐休闲湿地斑块，实施岸坡植被恢复等工程，完善湿地生态功能，提升城市景观空间格局；加强湿地宣教设施的建设。

⑥重点建设工程：重点开展湿地公园建设、湿地保护小区建设、饮用水水源保护区建设、人工湿地、生态补水、河/库岸带植被恢复、河道疏浚、控源截污、清水活水等工程。

**(5) 内陆平原湿地合理利用发展区**

①范围：该功能区包括东营市大部分内陆区域，有着黄河三角洲平原地区典型的地形地貌特征，属黄河冲积平原中心腹地，区域内的生态功能以发展高效生态农业与治理盐碱地为主。规划面积454 259.17$hm^2$，湿地面积17 278.14$hm^2$。

②湿地资源特征：湿地类型以永久性河流、输水河及库塘为主。

③生态功能：主要发挥农产品供应、蓄水排涝、水源供给、水源涵养、水土保持等生

态功能。

④主要威胁：一是面源、点源污染严重，主要位于广饶县、东营区、利津县西部（水浇地）、河口区东部（旱地）及沿黄湿地农林区。该区域是东营市重要的农业生产区，耕地的开发利用、化肥农药的使用、各种平原水库的建设、农村生活污染和养殖活动导致水质污染严重；二是土壤盐碱化，主要位于河口区西部及南部、垦利区东部和利津县北部。东营市地形地貌平坦，水网沟渠密布，土地资源较为丰富，但境内多数地区成陆年幼，草甸过程短，潜水位高，盐分易升地表，加之海潮侵袭，土地盐碱化严重；三是沼泽湿地被开垦为人工养殖塘。

⑤保护与发展方向：

a. 实施土地生态整理，落实未利用地评估、规划和开发利用，加强农田水利基本建设，做到旱、涝、盐、碱综合治理，努力扩大有效灌溉和除涝面积。

b. 建设农田林网，推广节水灌溉，封育、改良天然草场，构建新型的湿地高效生态农业开发模式。

c. 严格控制高毒农药、化肥等使用，大力推广水肥一体化、测土配方施肥、标准化生产等农业清洁生产新技术，大力推广农牧林渔多业共生的循环型农业生产方式，全面开展农业面源污染综合防治。

d. 通过划定禁养区、限养区，控制江河、湖泊、水库等水域的养殖容量和养殖密度，实施种养结合循环农业示范工程，推动养殖业废弃物资源化利用、无害化处理。

e. 结合《东营市落实〈水污染防治行动计划〉实施方案》的要求，因地制宜、多方式推进农村生活污水处理设施建设，提高生活污水处理率。对具备截污输送条件的，要加快截污管网的建设，纳入邻近的城镇或工业污水处理厂进行处理。对不具备截污输送条件的、相对集中的村庄建设集中式生活污水处理设施。

f. 增建必要的水利设施，增加区域内人工湿地面积，增加水源涵养与供蓄水能力，改善地方生态环境。

g. 充分利用当地水库众多、湿地景观良好的优势，积极发展湿地生态旅游，建设湿地保护与利用示范工程。

⑥重点建设工程：重点开展饮用水水源保护区建设、湿地公园建设、湿地保护小区建设、水资源调配、河道综合治理、防潮堤建设、蓄水工程、田间节水等工程。

# 第3章 湿地保护工程

随着湿地在经济和环境保护中的重要性日益凸显，湿地生态系统保护受到越来越多的重视。通过开展湿地保护工程，维护湿地生物多样性及湿地生态系统结构功能完整性，特别是要最大限度地保护湿地生态资源和野生动植物资源，从而保持湿地生态系统的原始性、真实性与多样性。

## 3.1 湿地保护工程概述

### 3.1.1 湿地保护工程的定义

湿地保护工程是指根据湿地生态系统固有的生态规律与外部扰动的反应采取各种调控措施，从而达到系统总体最优的过程，也就是为了达到预定的保护目的，而组织和使用各种资源的过程。

一个未受异常自然和人类扰动的湿地，因其物种的多样性、结构的复杂性、功能的综合性和抵抗外力的稳定性，而处于健康状态；当外力扰动超过湿地的自我修复能力时，导致湿地生境恶化、功能退化，进而影响整个生态系统。湿地生态系统环境非常脆弱，易受自然和人为因素干扰发生退化。湿地的不合理开发与开垦，以及工农业和生活污水的污染等，都不同程度地导致了湿地生态环境退化，严重地削弱了湿地资源的潜力和湿地功能的发挥，使得湿地的生产力明显下降，湿地生物多样性面临威胁，湿地保护面临着严重的形势。因此，开展湿地保护工程对于维护湿地生态系统的稳定性尤为重要。

### 3.1.2 湿地保护工程原则

**(1) 完整性原则**

保护工程实施要统筹兼顾，保护的核心和关键就是在于最大限度地保持湿地生态系统的完整性与系统性，使尽量多的生物种群按自己的生态位、代谢类型充分占领各种空间，发挥湿地生态系统的综合功效。

**(2) 综合性原则**

保护工程涉及生态学、地理学、经济学、环境学等多方面的知识，具有高度的综合性。这就要求植物、动物、微生物、土壤和水流组成的湿地系统应按照自我保持和自我设计来发展，而湿地生态系统任何一个子系统的变化都会对别的子系统以至整个生态系统产生影响，在进行某一具体项目的决策时，必须从综合性原则出发，充分考虑各因素间的相互关系，以取得最佳的经济效益和生态效益。

**(3) 地域性原则**

不同区域具有不同的环境背景，地域的差异和特殊性要求在湿地保护工程实施过程中，要因地制宜，具体问题具体分析。由于湿地系统是景观或流域的一部分，因而必须将构建的湿地融入自然的景观当中，而不是独立于景观之外。在对湿地内的整体湿地自然环境资源和湿地生物资源实行全面保护的基础上，对不同的功能区需采用不同的保护措施和手段。

**(4) 协调性原则**

协调性原则是指人与环境、生物与环境、生物与生物、社会经济发展与资源环境以及生态系统与生态系统之间的协调，人类应将自己视为湿地生态系统的一个组成部分而不是独立于湿地之外，在保护过程中应对湿地发展加以引导，以保持设计系统的自然性和持续性，而不是强制改变生态环境现状。

### 3.1.3　湿地保护工程目标

《全国湿地保护工程规划(2002—2030)》是一项以保护湿地生态系统和改善湿地生态功能为主要内容，以湿地保护与恢复工程建设为重点的战略规划。其中明确了我国湿地保护工作的任务目标，对指导开展中长期湿地保护工作具有重要意义。该规划确定我国湿地保护工程的目标是：通过湿地及其生物多样性的保护与管理，湿地自然保护区建设等措施，全面维护湿地生态系统的生态特性和基本功能，使我国天然湿地的下降趋势得到遏制，使我国的湿地保护和合理利用进入良性循环，保持和最大限度地发挥湿地生态系统的各种功能和效益，实现湿地资源的可持续利用，使其造福当代、惠及子孙。

通过开展湿地保护工程，力争到 2030 年，使中国湿地保护区达到 713 个，国际重要湿地达到 80 个，90%以上天然湿地得到有效保护，形成较为完整的湿地保护和管理体系，使中国成为湿地保护和管理的先进国家。全国湿地保护按地域划分为东北湿地区、黄河中下游湿地区、长江中下游湿地区、滨海湿地区、东南华南湿地区、云贵高原湿地区、西北干旱湿地区以及青藏高寒湿地区，共计 8 个湿地保护区域类型。根据因地制宜、分区施策的原则，充分考虑各区主要特点和湿地保护面临的主要问题，在总体布局的基础上，对不同的湿地区设置了不同的建设重点。

## 3.2　湿地保护工程内容

湿地保护工程需要应用生态系统中物种共生与物质循环再生原理、结构和功能协调原则，以理论生态学和应用生态学为理论基础，结合系统工程的最优化方法设计的分层多级利用物质的生产工艺系统，对湿地进行构建、恢复和调整，以利于湿地正常功能的运作和生态系统服务的可持续性，逐步实现湿地管理科学化、保护技术现代化、资源利用合理化、生态建设标准化的目标。

## 3.2.1 湿地保护工程主要方法

### 3.2.1.1 基于生态系统管理的湿地保护工程

生态系统管理起源于传统的林业资源管理和利用过程。湿地生态系统管理的主体是人类，客体是湿地，将主体与客体连接起来的是人类对于湿地生态系统的充分理解与认识。湿地生态系统管理的实施是建立在不同层面上的，有国家层面的、区域层面的和地方层面的。湿地生态系统管理的总目标是湿地生态系统的完整性与资源利用的可持续性，其具体实施方式是运用生态系统方法，进行湿地生态系统的保护、恢复与重建。生态系统管理作为一种全新的管理理念和策略，强调考虑社会、经济、政治、文化因素对生态系统的影响，因此，基于生态系统管理的湿地保护工程对于湿地保护具有重要的实际意义。

在生态系统管理体系下，建立专门的湿地保护管理机构，维护湿地生态系统平衡；实施动态功能区管理，创建湿地信息共享平台，实现湿地资源信息的共享，有利于促进各管理部门的协作；充分发挥各主管部门的优势，使管理部门及时掌握湿地的各种开发活动，并实施有效的监督管理；加强与海洋功能区划、土地利用总体规划、城乡总体规划、环境保护规划、旅游规划等相衔接，明确湿地的功能定位、保护现状，确定保护目标、保护范围、总体布局、重点任务、保障措施和可持续的利用模式。

基于生态系统管理的理念，进行系统的湿地保护工程，既是湿地科学发展的必然结果，也是当前湿地保护与管理的客观需求。湿地生态系统管理效果的好坏，关键在于人类。一方面，人类需要把握湿地系统的性质、特征与时空演化规律；另一方面，人类需要对在多大程度上影响和改造湿地系统做出准确的判断；同时人类还要提高环境意识与生态觉悟，加强对自身行为的约束与规范。按照生态系统的物理、化学和生物学过程，将生命物质与无机环境以及人类活动联系起来，从而营造一个理想的湿地生态环境。

### 3.2.1.2 基于流域管理的湿地保护工程

湿地是由土壤、水、植物、动物等单要素资源构成的综合体，是一个高度动态和复杂的生态系统。水不仅是湿地最重要的资源，也是湿地最基本的特征。所以，保护湿地水资源是湿地保护的重点。湿地是流域的组成部分，对流域健康有着极大的影响作用，因为湿地可以为流域提供许多效益，如去除污染、蓄洪泄涝、防治侵蚀、野生动植物栖息地、地表水排放等。所以，湿地水资源的保护必须从整个流域入手，从地下水的来源、流动方向、格局对湿地的影响和相互关系等方面开展研究和保护工作。

湿地保护工程要考虑整个湿地区域，甚至整个流域，而非仅仅退化区域。应从流域管理的原则，充分考虑集水区或流域内影响湿地生态系统的因子，系统规划设计湿地保护工程项目的建设目标和建设内容。基于流域管理角度考虑，要求做到：将湿地管理列入当地的流域管理规划，对流域内所有湿地进行清查、评估，并排列出分别需要保留、保育和恢复的优先秩序；所有湿地周边要建立有植被的缓冲带，扩展湿地缓冲带并与关键栖息地衔接，并拓展可以保护下游湿地的溪流缓冲带宽度；建议或要求采用能保护湿地的开放空间设计，工程利用天然排水系统；沿湿地缓冲带周边有防护设施，如堤坝、土陇、堑壕等，周边及时固化；禁止用天然湿地处理雨水，尽量不在湿地缓冲带内安排“雨水处理设施”；有效限制向湿地内倾倒行为，监督非法排放口。

湿地流域生态管理是以流域为单元，可以最大限度地控制水土流失，维持土地资源的持续生产能力，提高流域各种资源管理水平。在湿地保护工程实施过程中，要重视发挥湿地的功能，实现湿地资源的可持续利用，解决湿地流域上下游用水的供需矛盾，实现水资源的优化配置，调动区域湿地保护的积极性和主动性，遵循湿地流域分布规律，从流域整体上把握湿地保护问题。

#### 3.2.1.3 基于生态特征的湿地保护工程

湿地生态特征是湿地生态系统组分、生态过程和生态系统服务三大部分在特定时间点的组合。它由生态系统的相应过程、功能、属性和价值相互作用而产生，是某一时间点上某湿地的特点。湿地生态特征变化主要有两个原因：一是自然变化，如植被演替，沉积作用等引起的湿地变化；二是人为作用，即由于人类盲目的生产活动和不合理的管理实践产生的湿地生态变化，因而保持湿地生态特征的良性循环是湿地保护工程的重要内容。

基于生态特征的湿地保护工程是根据生态学原理，人为改变和消除限制生态系统发展的不利因子，使得湿地生态系统健康地发展。湿地的保护过程中应当尽量了解湿地本身的生态平衡构成，从湿地生态系统的整体保护出发，湿地水状况保护包括湿地水文条件的恢复和水环境质量的改善；水文条件保护通常是通过筑坝(抬高水位)、修建引水渠等水利工程来实现；基底保护通常采取改造地形、地貌以及清淤技术等；植被保护包括物种引入技术、种群行为控制技术、种群动态调控技术等。

在实现上述技术的基础上，还需要全方位地监测湿地资源现状，建立以数字化管理平台为基础的信息管理系统和专家预测预报系统，并利用卫星遥感补充。从而建立起布局合理、类型齐全、重点突出、面积适宜的湿地生态保护系统，制定统一的湿地类型保护管理标准。

#### 3.2.1.4 基于问题导向的湿地保护工程

采用基于问题导向的保护方法，通过实地调查、调研、座谈、访问等方法对湿地面临的问题进行分析、归纳，针对该湿地存在的问题，提出相应的对策、规划方案和工程措施。通过分析确定湿地资源存在的问题和管理存在的问题，将分析重点放在能够在日常保护管理中加以改进或完善的方面，最后对分析得出的结论进行排序，将那些严重影响保护管理有效性的、经过人为努力有可能解决的问题排在优先地位。

在实施保护工程过程中，要注意维持功能平衡，即由生态系统的生产、转化、分解的代谢过程和生态系统与周边环境之间物质循环及能量流动关系。不一定解决完成现阶段的问题就会对湿地生态长远发展起着积极的作用，而是解决问题时一定要符合能量流动与物质循环规律，加强对生态保护合理性的论证，确定精确适当的保护目标判定标准，才能从根本上解决湿地保护过程中存在的问题。

### 3.2.2 湿地保护工程技术

#### 3.2.2.1 湿地植物保护工程

湿地植物即是湿地生态系统的生产者，也是湿地其他生物类群生长和代谢所需能量的主要来源，主要包括水生、沼生、盐生以及一些中生的草本植物。开展湿地植物保护对于维持湿地生态系统的完整性、多样性起着决定作用。植物保护工程措施主要包括以下方面。

**(1)设置生态缓冲带**

在沼泽、湖泊、库塘湿地的植被周边，河流湿地两岸应根据需要划建生态缓冲带。在湿地自然植被周围，人为活动频繁处，应采用带刺铁丝网，石、土垒墙，开沟挖壕，竹、木围篱等设置机械围栏，或通过栽植有刺乔木、灌木设置生物围栏，进行围封。自然植被封禁区的周边的主要入口、沟口、河流交叉点、主要交通路口等应树立永久性标示牌。

**(2)天然植被保护**

种植本土的湿地植被，应满足自然为主、人工为辅，因地制宜、适地种植的原则，才能取得好的保护效果。运用生态学原理，充分考虑植物对水位深度的适应关系，对于深水区可种植挺水植物和沉水植物，浅水或是无水区可选择种植一些沼生、中生植物。要合理搭配植物种类，种类不能过于单一，单一种类植被缺乏安全性和稳定性(图 3-1)。此外，可利用湿地自身种源进行天然植被保护，特别是在丰水、枯水周期变化比较明显的湿地系统中会含有大量的一年生植物种子库，通过这些种子库进行植被种植。

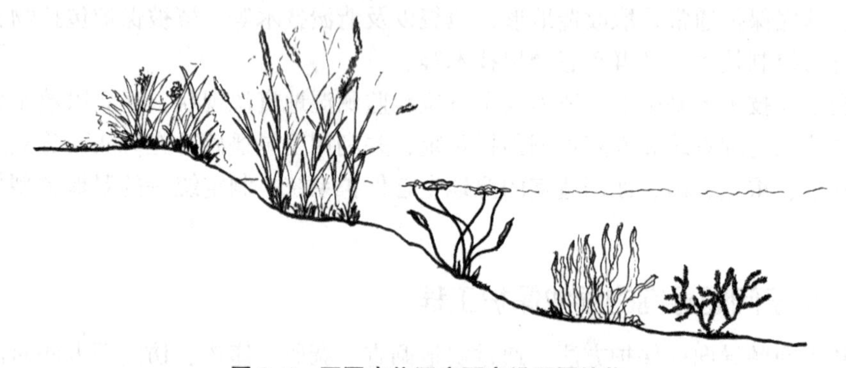

图 3-1 不同水位深度下布设不同植物

**(3)控制外来入侵物种**

湿地植被保护过程中，一般不引进外来植物，以防外来植物入侵。如需要引入外来植物，必须经过严格的论证和检验检疫；对已有外来有害生物，结合栖息地修复进行清除，以减少其对本地植物种群的侵害。

#### 3.2.2.2 湿地动物栖息地保护工程

在整体保护之下，根据物种受胁迫程度、栖息地脆弱性及敏感性，对湿地资源及生物栖息地进行分级分重点保护，达到高效全面保护。加强监测的科学性和可操作性，做到科学保护，及时准确提供湿地内动植物及栖息地的动态变化过程信息。栖息地保护工程措施主要包括以下方面。

**(1)野生动物调查、统计工作**

调查野生动物，特别是鸟类资源现状，掌握主要种类的数量、分布情况和停留时间，并结合相关物种的生理习性，建立生境改良目标数据库，指导栖息地营造工程具体建设内容的制定，有助于了解物种的生态位、生理特征、生态习性、栖息地、科研价值等信息。

**(2)设立水禽栖息地重点保护区域**

根据水禽栖息特点及资源分布图，将鸟类主要栖息区域划为重点保护区域。禁止人员进入重点保护区域内，候鸟主要迁飞季节在重点保护区域周边禁止开展任何可能干扰鸟类栖息的活动。对栖息地进行生境改善，若保护对象的栖息环境破坏较轻，解除破坏因素即可得到改善时，应采取封禁保护改善的方式；当保护对象的栖息环境破坏较严重，通过封禁不能够得到恢复时，应种植湿地内原有的乡土物种。

**(3)设置生态廊道**

湿地内多个核心区或保育区之间应设置生态廊道(图 3-2)。生态廊道的设置应符合下列要求：为了动物交配、繁殖、取食、休息，应周期性地在不同生境类型设置迁移廊道；在不同种群中的个体在不同生境斑块间的廊道，以进行永久的迁入迁出，在基因流动及在当地物种灭绝后重新定植。

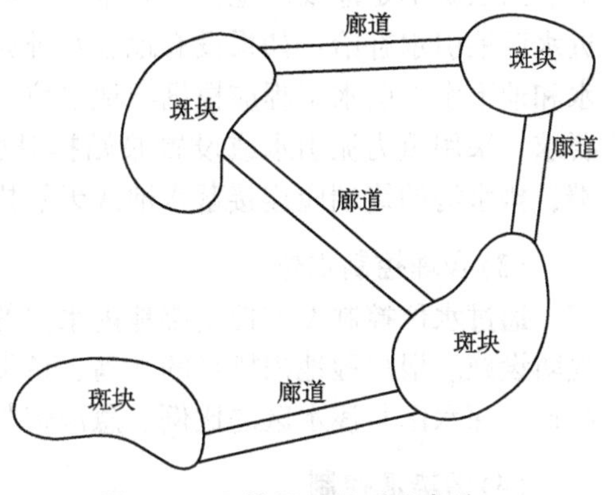

**图 3-2　斑块间设置迁移廊道**

**(4)设置生境岛**

生境岛是被相同介质、高程一致的地物所包围着的一类不连续地段，对于维持和保护湿地生物多样性具有重要意义。生境岛可为天然的，如沼泽地上的一片开敞水域；也可为人工建设的，如残留在湖泊中的一片芦苇荡或者是凸起的岛屿。应根据湿地地形、水文特征、植被类型、栖息的水鸟种类等设计生境岛的形状、大小、空间异质性、高程等。

**(5)控制栖息地相关生产生活活动**

在湖泊、河流、水库、近海与海岸湿地范围内，可以根据本区渔业资源和渔业生产的实际情况设立禁渔区、禁渔期。采用增殖放流的方式向江河、湖泊等公共水域放流水生生物苗种或亲体。在近海与海岸湿地内，用石、木、铁、橡胶、混凝土等多种类型的材料建设人工渔礁，可制成圆桶形、三角形、矩形、多边形等多种形状。

**(6)开展野生动物专业救助**

对湿地公园内遭受自然或人为因素致残、受伤、疫病感染、离群的鸟类个体，在湿地保护管理中心相关部门进行治疗、收容和饲养，并最终放归自然。建立专业野生动物救护站，并配备相关专业技术队伍以及齐全、先进的监测设备和救护设施，对极危物种进行跟踪保护，做好记录、阶段性分析和预测。

#### 3.2.2.3　湿地水生态保护工程

水资源是湿地动植物生长不可缺少的物质基础和生命力源泉，因此，在开展湿地保护工程时，水生态保护工程是最重要的工程之一，是保障其他生态保护工程顺利进行的基础。水生态保护工程主要包括以下措施。

**(1)湿地水源保护措施**

保护湿地水源，需要防止截流，以及防止水源与水体污染，保持湿地自然水量平衡。在湿地的上游区域建设水源涵养林、水土保持工程、污染控制措施等；在湿地周边的农耕区引导种植与水源保护相适应的作物，并控制农药、化肥的施用；在湿地周边的小城镇要建设污水处理厂，因地制宜建设小型污水处理设施或人工湿地；因洪水泛滥影响湿地生态环境安全的，可修建防洪堤、闸和护岸工程，清除河道淤积物和障碍物，进行河道整治。

**(2)保障水系连通**

水系连通性包含两个基本要素：能满足一定需求的保持流动的水流和水流的连接通道。因水源不足危及湿地生态安全时，可利用天然沟渠、人工渠道、提水泵站等措施从邻近水源地引水补给；如果没有地表水补充，湿地补充水源也可采用经净化处理的雨水、中水和地下水。引水工程应根据湿地水位、河(湖)岸地形地质条件、引水高程、引水流量的要求，采用重力流引水或设置泵站提升引水方式。排水沟宜布设在湿地的两端或较低一端，排水沟的终端应连接蓄水池或天然排水道，必要时可填埋排水沟。

**(3)合理控制水位**

通过水位控制设施控制湿地内水位的高低。水位控制设施可包括水坝、水闸、泵站和堤防设施。根据湿地内栖息的水鸟、鱼类、植物等的生境需求，合理地设置湿地内水位的高低、深水区与浅水区的比例、急流带与滞水区的分布等，必要时可拆除水位控制设施。

**(4)污染源控制**

控制污染源包括控制流入湿地的点源和面源污染以及湿地的内源污染。水质污染严重的湿地，宜因地制宜建设沉沙池、人工湿地、稳定塘、人工浮岛等，以净化水质，恢复湿地生态系统健康；在水流较缓的河湾处，种植大量水生植物，净化水体；对湿地河道水生植物实施定期收割，定期清理枯叶，保障水体有效循环流动，促进流域内的循环净化。

**(5)建立水质应急处理预案**

建立水质应急处理预案，当发生突发性水质恶化事件时，能在短期内及时恢复。应急预案包括引水冲污等措施，即通过水利设施调控，引入污染水域上游或者附近的清洁水源冲刷稀释污染水域，以改善水环境质量。通过工程手段引水稀释受污染河道水体，短时间内降低水体的污染负荷，改善水生动植物的生存环境，提升河道水体的自净能力。

## 3.3　湿地保护工程案例

### 3.3.1　辽河三角洲湿地保护工程

辽河三角洲湿地位于辽宁省西南部辽河平原南端，是由辽河、大辽河、大凌河等冲积而成的冲积海积平原，包括辽宁省盘锦市域和营口市区及其老边区的全部。辽河三角洲湿地总面积为314 857hm$^2$，其中天然湿地面积为159 919hm$^2$。辽河三角洲湿地是世界第二大的芦苇湿地，具有巨大的生态环境保护功能、重要的科研价值和较高的经济价值。但由于近年来农药污染、化学污染、油田开发中的油渗漏污染都导致了湿地污染的加剧；湿地景观斑块破碎化现象日益增加，野生生物生存空间随之缩小等问题凸显，为此通过实施湿地保护工程使辽河三角洲湿地生态系统得到了有效保护。

**(1)构建“生态经济”工程**

辽河三角洲湿地以产业结构调整为契机，选择既有经济效益、投资回报率高，又受原料资源约束小、付出环境成本代价低的支柱产业。例如，构建起高效育苇、水面养禽、水中养鱼、水底养蟹的“四位一体”高效立体生态养殖模式；开展芦苇叶蛋白加工、芦苇手工编织等芦苇加工业；开发湿地生态旅游独特的资源基础。从生态学的角度控制企业的规模与数量，运用循环经济的清洁生产技术实现生态工农产业废弃物的资源化、减量化和无害化，将生态产业开发和运营所带来的生态冲击力控制在湿地生态环境承载范围之内。

**(2)构建“保护生物多样性”工程**

辽河三角洲湿地环境的异质性和生物的多样性所形成稳定的食物链使该区域成为众多野生动物的栖息场所和繁衍基地。在重点保护的湿地设置管护点，专业管理人员定期看护；在丹顶鹤和黑嘴鸥集中分布地区建立鸟类投食点，给予足够的食物源；建设野生动物繁殖救护中心，对遇险珍稀野生动物实施救护；对危及生物生长的病虫害，利用生物和人工防治措施代替化学方法，以避免环境污染。

**(3)构建“水资源保护”工程**

保护工程要求根据水资源的分布特点和环境承载力来综合规划水资源的开发利用，通过周边水库调配水源，实行地表水和地下水联合运营的水资源调蓄战略；推广节水型农田生产方式、工业生产方式和居民生活方式；在辽河三角洲流域治理水土流失，减少泥沙淤积量；对有关的城镇污水源、农药化肥污染源、生活垃圾源、工业污染源进行生态化处理和排放控制；建立湿地水文模型，通过系统分析、函数建立、反复检验、多次调试来确定辽河三角洲湿地蓄水的合理量值，以保证相对稳定的既定水容量和良好的水质量，维持湿地环境的生态功能。

## 3.3.2 东平湖湿地保护工程

东平湖湿地位于山东省东平县境内，东接大汶河(东平境内称大清河)，南连柳长河，北通黄河，总面积4 300hm$^2$。大汶河是山东黄河最大的支流，也是东平湖湿地的主要补给水源。从20世纪50年代以来，东平湖湿地开垦面积、围垦湖泊面积逐年增加，更增大了洪涝灾害风险；工业污水以及居民污水排放造成水体富营养化情况；不合理开发占用天然湿地直接造成了东平湖湿地面积消减、功能下降。针对以上问题，在东平湖湿地开展了湿地保护工程。

**(1)湿地植物种植**

在东平湖湿地地势略高的地方种植芦竹、芦苇等形成挺水植物带，在地势低洼处种植莲、菱等形成浮叶植物带，在河道深处配置金鱼藻、毛秆野古草等形成沉水植物带。通过挺水植物带、浮叶植物带和沉水植物带的优化配置，同时运用适当的景观设计，构建一个具有良好经济效益、丰富生物多样性和美丽景观效果的河流入湖口人工湿地。

**(2)湿地水体保护**

将入湖河水通过引水渠引入人工湿地，利用湿地系统中物理、化学和生物的三重协同作用对河水中的污染物进行深度降解和净化。并通过湿地修复保护工程建设实现河流入湖口的生态修复，达到增加生物多样性、防止水土流失、改善气候和涵养水源的目的。此外，积极推进清洁生产，规划建设了专门的工业园区，引导业主由粗放式经营向集约化经营转变，解决了污染排放的问题。

**(3)实施围堰蓄水**

在湿地地势较高，且一般年份水面较小的区域进行围堰蓄水，维持围堰内水位在0.5~1.5m之间。从而保障了对湿地的有效供水，控制了流域内的水量，从而保持了湿地生态系统的稳定性。

### 3.3.3 海口市湿地重要物种及生境保护工程

**(1)确定湿地重点保护物种的原则**

①国家重点保护的野生湿地物种；②海南特有的野生湿地物种；③具有重要科学价值的湿地物种；④具有重要经济、社会价值的物种。

**(2)重点保护的湿地植物及其生境**

根据实地调研及《海南植物志》记述，按照《国家重点保护野生植物名录(第一批)》，海口市分布有国家重点保护植物3种，分别是水菜花、野生稻、水蕨，以及海南省特有物种海南海桑和在国内仅分布在海南省的红榄李、水椰、水角。

①野生稻、水菜花、水蕨：野生稻、水菜花和水蕨，均属于国家Ⅱ级重点保护野生植物。其中，野生稻是水稻育种的宝贵资源，是研究稻种起源、演变及分类的依据；水菜花目前仅分布于我国海南省的琼北地区。

分布区域：羊山地区的羊山水库、白水塘、那央湿地、玉龙泉湿地、潭丰洋、昌旺溪等区域，分布地范围小，面积狭窄。

保护措施：a. 建立湿地公园加强保护。采取就地保护措施，将羊山水库、白水塘、潭丰洋、玉龙泉区域的水菜花等重点野生植物通过湿地公园的形式对其及生境进行保护，并将其列入物种重点监测对象，进行生境调查，实施专项监测，改善和创造其生存发展条件。b. 建立湿地保护小区以加强湿地保护。将那央湿地和昌旺溪湿地区分布的水菜花等重点野生植物以湿地保护小区的形式进行保护。c. 进一步开展野外调查，摸清野生稻等在全市的分布与数量，以便采取相应保护措施。

②海南海桑、红榄李、水椰：目前，水椰、红榄李、海南海桑已列入《中国植物红皮书》，其中海南海桑为海南省特有植物，植物数量极少，对研究盐生植物的区系具有重要的科学价值。

主要分布在海南东寨港红树林国家级自然保护区内。

保护措施：a. 分布在自然保护区内的，应重点加强现有生长地的管理与保护，列入物种重点监测对象，辅助幼苗生长，扩大引种栽培，确保种质资源。b. 加强遗传多样性的研究。通过探讨其适应性、生存力的基础，从而帮助制定科学有效的保护策略和措施。c. 加强海南海桑等重点物种的繁殖生态学研究，以便增加其物种数量。

③水角：水角属凤仙花科、水角属，为多年生水生草本植物。国内仅分布于海南省，对研究凤仙花科植物具有较高的学术研究价值，由于生境变化，其分布范围十分狭小。2014 年 10 月，中国科学院昆明植物研究所的张挺、刘成和亚吉东历时 28d 在海口羊山地区发现珍稀植物——水角，这是水角近 30 年来在国内的首次发现。

分布区域：潭丰洋湿地和昌旺溪湿地片区。

保护措施：a. 加强对其生境保护。以潭丰洋湿地公园和昌旺溪湿地保护小区的形式对其及生境进行保护，并列为重点保护与监测对象，禁止任何形式的非法采集。b. 建议将其列入《海南省重点保护植物名录》。c. 进一步开展野外调查，摸清水角在全市的分布与数量，以便采取相应保护措施。

**(3) 重点保护的湿地动物**

根据实地调研与查阅文献，海口市范围内共有 26 种动物被列入《国家重点保护野生动物名录》，其中，鱼类 1 种、两栖类 1 种、爬行类 2 种、鸟类 22 种。

①鱼类：花鳗鲡，属鳗鲡目鳗鲡科，是一种江河性洄游鱼类，孵化于海中，溯河到淡水内长大，后回到海中产卵。南渡江入海口分布有鳗鲡的产卵场，但由于河流的严重污染和过度捕捞，以及修建拦水坝、水库等阻断了花鳗鲡的正常洄游通道等原因，致使花鳗鲡的资源量急剧下降，所以花鳗鲡是濒危物种，为国家Ⅱ级保护动物，主要分布于南渡江内。

②两栖类：虎纹蛙为海口市内国家Ⅱ级保护动物，主要分布在海口市东南部低山丘陵的水田、沟渠、水库、池塘、沼泽地以及附近的草丛等处。

③爬行类：蟒蛇为国家Ⅰ级保护动物，主要分布于羊山地区的热带雨林中。目前由于过度开发建设导致热带雨林面积逐年减少，再加上人为的过度捕猎，使得蟒蛇数量急剧减少。蜡皮蜥，为鬣蜥科蜡皮蜥属，属国家Ⅱ级重点保护爬行动物。主要栖息于沿海沙岸地带，以昆虫为食物，卵生。由于沿海开发旅游业及沙滩硬质化建设，栖息环境日渐缩小，目前数量已急剧减少。

④鸟类：湿地鸟类的范畴很难从生态学和分类学上简单区分，除涉禽和游禽外，猛禽和攀禽，虽然不在水域中生活，但其中有些种类主要在湿地环境中捕食，如翠鸟科、鸱鸮科的鸟类。海口市有记录的国家Ⅱ级重点保护鸟类 22 种，其中涉禽 3 种、鸣禽 3 种、陆禽 1 种、猛禽 15 种。

a. 涉禽类。海口市分布的涉禽鸟类中，属国家重点保护的有黄嘴白鹭、黑脸琵鹭、白琵鹭 3 种。主要分布在东寨港红树林内。特别是黑脸琵鹭，连续多年在紧邻东寨港红树林保护区的下塘村养殖塘附近监测到(每次为 2 只)。

b. 鸣禽类。在鸣禽类中，属国家Ⅱ级保护鸟类的有鸠鸽科橙胸绿鸠、杜鹃科的褐翅鸦鹃和小鸦鹃 3 种。主要分布在羊山湿地区。

c. 陆禽类。在陆禽类中，属国家Ⅱ级重点保护的鸟类为雉科的红原鸡，主要分布于羊山地区的热带雨林，以及东南部低山丘陵区的橡胶园的防护林带和经济作物区地缘的灌丛中。目前数量较少，主要原因为其栖息地面积减少和过度捕杀。

d. 猛禽类。在猛禽类中，属于国家Ⅱ级重点保护鸟类有15种，分别是鹗科的鹗；鹰科的凤头蜂鹰、黑翅鸢、黑鸢、白腹鹞、褐耳鹰、日本松雀鹰、松雀鹰、雀鹰和普通鵟；隼科的红隼和游隼；鸱鸮科的黄嘴角鸮、领角鸮和斑头鸺鹠。它们主要分布于羊山地区的季雨林、灌草丛。

**(4)重点保护物种保护规划建设内容**

①加强自然保护区、湿地公园、湿地保护小区建设，凡有这些物种分布的区域皆应将其作为主要保护对象加以保护。

②加强物种生活习性和适应环境能力的研究，尽量改善其繁殖或越冬的生态环境。

③加强栖息生境的调查研究和保护，以及这些物种所在地的生物多样性影响评价工作。

④在进行就地保护的同时，对极危物种实施就地、迁地保护。

⑤开展全市生物多样性详查及监测。通过物种资源详细调查和编目，摸清其物种资源本底；开展国家重点保护野生动植物、特有动植物专项调查。

⑥建立全市物种资源数据库。

⑦开展全市生物多样性的常态化评估与监测。

# 第4章

# 湿地恢复工程

## 4.1 湿地恢复的基础理论

湿地的退化主要指由于自然环境的变化，或人类对湿地自然资源过度以及不合理的利用而造成湿地生态系统结构破坏、功能衰退、生物多样性减少、生物生产力下降以及湿地生产潜力衰退、湿地资源逐渐丧失等一系列生态环境恶化的现象。而"恢复"一般意味着将一个目标或对象带回到相似于先前的状态，但并不是原始状态。修复、康复、重建、复原、再生、更新、再造、改进、改良、调整等均可以来解释恢复。与湿地恢复相关的概念有很多，如湿地"修复、重建、复原、更新、再造、改进、改良、调整、补偿"等，但总体上对湿地恢复可以有广义和狭义两个层面上的理解。狭义的理解是严格的科学意义上的理解，认为湿地恢复即为湿地生态恢复，即恢复重建湿地退化前所具有的湿地生态系统结构(水文水质、生境和动植物群落等)和功能(如生物多样性、污染物降解等方面功能)；而湿地恢复广义上的理解则泛指任何有利于湿地生态功能改善，使湿地生态系统服务功能得以提高的措施，如通过相关措施提高湿地保蓄涵养水源、防洪抗旱功能，提升湿地景观及生态旅游价值等方面功能。与狭义的理解相比较，广义的概念尽管也强调湿地生态系统功能的复原，但并不苛求重建湿地退化前所具有的一切自然生态特征，更多强调湿地综合生态系统服务功能的改善和提高。

一般来讲，湿地恢复是指通过生态技术或生态工程对退化或消失的湿地进行修复或重建，再现退化前的结构和功能，以及相关的物理、化学和生物学特性，使其发挥应有的作用。包括湿地修复、湿地改建以及湿地重建(图4-1)。

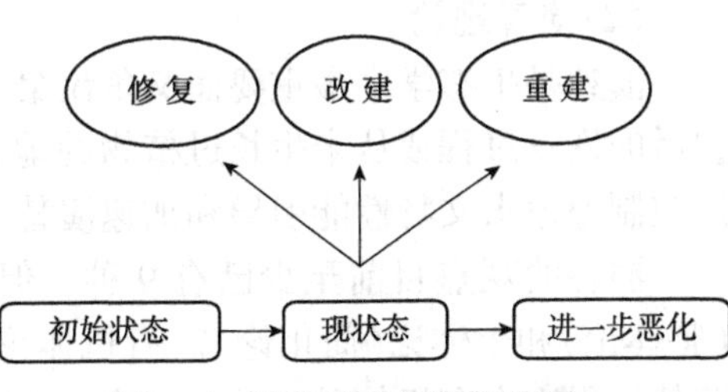

**图4-1　湿地恢复过程示意图**

湿地恢复包括提高地下水位来养护沼泽，改善水禽栖息地；增加湖泊的深度和广度以扩大湖容，增加鱼的产量，增强调蓄功能；迁移湖泊、河流中的富营养沉积物以及有毒物质以净化水质；恢复泛滥平原的结构和功能以利于蓄纳洪水，提供野生生物栖息地以及户外娱乐区。目前的湿地恢复实践主要集中在沼泽、湖泊、河流及河缘湿地的恢复上。

湿地恢复是地理学、生态学、环境科学等众多学科交叉的国际前沿性问题。自20世纪90年代以来，由于恢复生态学的发展，国际上掀起了湿地恢复建设和研究的热潮。美国、加拿大、澳大利亚、德国、英国、瑞典均深入地开展了此类工程建设。目前，各国特别重视湿地退化机制、退化湿地生态恢复与重建和人工湿地构建的理论研究，也加强了退化湿地生态恢复与重建方法、技术和方案的示范推广等方面的探讨。

**(1) 自我设计理论和设计理论**

将自我设计原理用于湿地恢复是由米德莱顿提出并完善的，强调湿地生态系统内部组成要素之间的相互协调及系统整体功能的发挥，并且认为，只要有足够的时间，湿地生态系统将随时间推移根据所处的环境条件合理组织自我，并最终改变其内部组分。例如，在一块退化湿地上，湿地植物的存活及其分布位置取决于外界环境，与湿地植物本身的关系不大。而设计理论则认为，通过恢复工程和湿地植物重建可直接恢复湿地，即把湿地物种的生活史作为湿地植被恢复的重要因子，通过干扰物种生活史的方法可加快湿地植被的恢复(图4-2)，强调了外界因素对湿地恢复过程的影响。

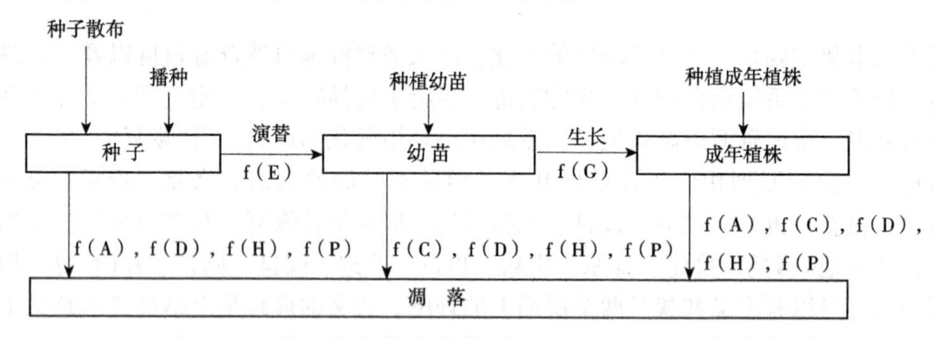


A—年龄；C—竞争；D—干扰；E—环境条件；G—生长；H—啃食；P—疾病。

**图4-2 通过干扰物种的生活史加快湿地恢复的设计理论**

这两种理论不同点在于：自我设计理论把湿地恢复放在生态系统层次考虑，未考虑到缺乏种子库的情况，其恢复的只能是环境决定的群落；而设计理论把湿地恢复放在个体或种群层次上考虑，恢复可能是多种结果。这两种理论均未考虑人类干扰在整个恢复过程中的重要作用。

**(2) 演替理论**

演替是生态学中最重要而又争议最多的基本概念之一，一般认为"演替是植被在受干扰后的恢复过程或从未生长过植物的地点上形成和发展的过程"。在湿地恢复过程中，通过控制湿地水文特性能引导和加速演替的发生。

演替的观点目前至少已有9种，但只有2种与湿地恢复最相关，即演替的有机体论(整体论)和个体论(简化论)。有机体论的代表人物Clements把群落视为超有机体，将其演替过程比作有机体的出生、生长、成熟和死亡。他认为植物演替由一个区域的气候决定，最终会形成共同的稳定顶极。个体论的代表人物Gleason认为植被现象完全依赖于植物个体现象，群落演替只不过是种群动态的总和。上述两种演替观点代表了两个极端，而大多数的生态演替理论反映了介乎其间的某种观点。例如，Egler提出的初始植物区系组成学说认为，演替的途径是由初始期该群落所拥有的植物种类组成决定的，即在演替过程中哪些种的出现将由机遇决定，演替的途径也是难以预测的(图4-3)。事实上，前两种演替理论与自我设计和设计理论在本质上是一回事。利用演替理论指导湿地恢复一般可加快恢复进程，并促进乡土种的恢复。Odum提出了生态系统演替过程中的14个特征，Fisher等在研究了美国亚利桑那的一条溪流的恢复过程后作了比较，他们发现所比较的14个特征中只有半数是相符的。因此，虽然可以用演替理论指导恢复实践，但湿地的恢复与演替过程还是存在差异的。

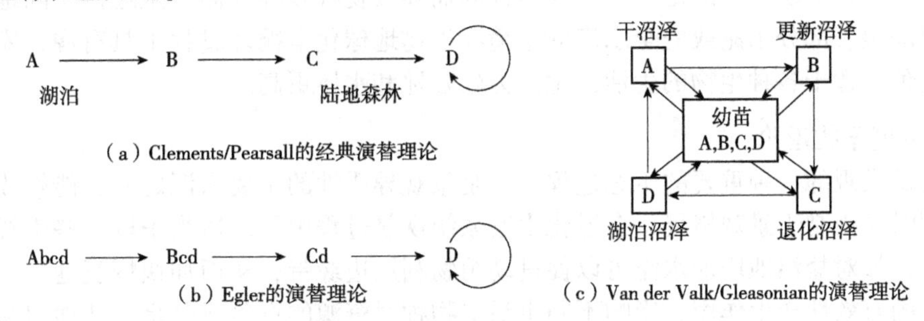


**图4-3 湿地演替的几种理论**

**(3)入侵理论**

在恢复过程中植物入侵是非常明显的，演替的发生即基于较高阶段的物种对前一阶段的群落的入侵。一般，退化后的湿地恢复依赖于植物的建群和扩散能力，以及适宜生境的面积和数量。

Johnstone(1986)提出了入侵窗理论，认为植物入侵的适宜生境由扩散障碍和选择性决定，当移开一个非选择性的障碍时，就产生了一个适宜生境。例如，在湿地中移走某一种植物，就为另一种植物入侵提供了一个临时适宜生境，如果这个新入侵种适于在此生存，它随后会入侵其他的空间。入侵理论能够解释各种入侵方式，在恢复湿地时可人为加以利用。

入侵理论主要讨论外来种或非湿地种对湿地植被的影响，目标种非目标种以及外来种在受损湿地中的定居和扩散等都可用该理论描述。通过引入物种进行湿地植被恢复，会使植物区系变化，同时也将导致湿地优势种发生更替。

外来入侵物种易扩散，其扩散后会对本地生态系统造成结构及功能上的负面影响，通过引种进行植被恢复时，控制外来物种的传播，消除外来物种对本地物种的威胁是至关重要的，因此，在湿地植被恢复与重建过程中应当优先选用本地(乡土)物种。

**(4)河流理论**

位于河流或溪流边的湿地与河流理论紧密相关。河流理论有河流连续体概念(river continuum concept)、系列不连续体概念(serial discontinuity concept，有坝阻断河流时)两种。这两种理论基本上都认为沿着河流不同宽度或长度其结构与功能会发生变化。根据这一理论：在源头或近岸边，生物多样性较高；在河中间或中游因生境异质性高生物多样性最高；在下游因生境缺少变化而生物多样性最低。在进行湿地恢复时，应考虑湿地所处的位置，选择最佳位置恢复湿地生物群落。

**(5)洪水脉冲理论**

洪水脉冲理论认为洪水冲积湿地的生物和物理功能依赖于江河进入湿地的水的动态。

被洪水冲过的湿地上植物种子的传播和萌发、幼苗定居、营养物质的循环，分解过程及沉积过程均受到影响。在湿地恢复时，一方面应考虑洪水的影响；另一方面可利用洪水的作用，加速恢复退化湿地或维持湿地的动态。

**(6)边缘效应理论**

湿地位于水体与陆地的边缘，又常有水位的波动，因而具有明显的边缘效应。边缘效应理论认为两种生境交汇的地方由于异质性高而导致物种多样性高。湿地位于陆地与水体之间，其潮湿、部分水淹或完全水淹的生境在生物地球化学循环过程中具有源、库和转运者三重角色，适于各种生物的生活，生产力较陆地和水体更高。

**(7)中度干扰理论**

干扰是景观的一种重要的生态过程，它是景观异质性的主要来源之一，能够改变景观格局，同时又受制于景观格局，在退化生态系统恢复过程中可以适当采取一些干扰措施以加速恢复，如对盐沼地增加水淹可以促进动植物利用边缘带，从而加快恢复速率。干扰通过对资源的有效性产生作用，影响不同生活史物种对资源的竞争或分享，从而引起群落的非平衡特性。干扰理论和中度干扰假说本质上都说明了在植被恢复过程中一定程度的某些因素的干扰可以促进植被的恢复与重建。

湿地上环境干扰体系的时空尺度比较复杂，Connell(1978)提出的中度干扰理论认为在适度干扰的地方物种丰富度最高，即在一定时空尺度下，有适度干扰时，会形成缀块性的景观，景观中会有不同演替阶段的群落存在，而且各生态系统会保留高生产力、高多样性等演替早期特征，但这一理论应用时的难点在于如何确定中度干扰的强度、频率、持续时间。

## 4.2 湿地恢复的原则

**(1)可行性原则**

湿地恢复工程项目实施时首先必须考虑湿地恢复的可行性。可行性原则包括湿地修复的环境可行性、经济可行性和技术措施可行性。要求在湿地修复过程中实施的技术措施，在实际操作中具有可行性。

可行性是许多计划项目实施时首先必须考虑的原则。通常情况下，湿地恢复的选择在很大程度上由现在的环境条件及空间范围所决定。现时的环境状况是自然界和人类社会长期发展的结果，其内部组成要素之间存在着相互依赖、相互作用的关系，尽管可以在湿地恢复过程中人为创造一些条件，如群落的构建、地形的修整，但只能在退化湿地基础上加以引导，而不是强制管理，只有这样才能使恢复过程具有自然性和持续性。例如，在温暖潮湿的气候条件下，自然恢复速度比较快，而在寒冷和干燥的气候条件下，自然恢复速度比较慢，不同的环境状况，花费的时间也就不同，甚至在恶劣的环境条件下恢复很难进行。此外，一些湿地恢复的愿望是好的，设计也很合理，但操作非常困难，恢复实际上是不可行的。因此，全面评价可行性是湿地恢复成功的保障。

**(2)优先性和稀缺性原则**

尽管任何一个恢复项目的目的都是恢复湿地的动态平衡，并阻止其退化过程，但湿地恢复的优先性并不一样，在实施湿地恢复前必须明确恢复工作的轻重缓急。稀缺性就是指在恢复过程中，要优先考虑针对一些濒临灭绝的动植物种、种群或稀有群落的恢复。

计划一个湿地恢复项目必须从当前最紧迫的任务出发，应该具有针对性。为充分保护区域湿地的生物多样性及湿地功能，在制订恢复计划时应全面了解区域或计划区湿地的广泛信息，了解该区域湿地的保护价值，了解它是否为高价值的保护区，是否为湿地的典型代表类型，是否为候鸟飞行固定路线的重要组成部分等。尽管任何一个恢复项目的目的都是恢复湿地的动态平衡而阻止陆地化过程，但轻重缓急在恢复前必须明确。例如，一些濒临灭绝的动植物种，它们的栖息地恢复就显得非常重要，即所谓的稀缺性和优先性。因为小规模的物种、种群或稀有群落比一般的系统更脆弱更易丧失。但恢复这种类型的湿地难度也就很大，常常会事与愿违。

**(3) 恢复湿地的生态完整性、自然性原则**

以系统的观点设计湿地修复，应按湿地生态系统自身的演替规律，分步骤、分阶段进行，做到循序渐进。湿地修复应在生态系统层次上展开，湿地修复应保证湿地生态系统结构完整性和生态过程完整性。

强调“自然是母，时间为父”的原则。以自然为模板，了解原生状态下自然湿地的基本特征，自然湿地的结构和功能，为湿地修复提供指导。强调与自然合作而进行湿地修复，这样可提供优化的生态服务功能和效益。

**(4) 多样性和因地制宜原则**

多样性是湿地修复的重要目标与内容。湿地的多样性是指其自然形态多样性、生境类型多样性、生物物种多样性、群落结构多样性、生态功能多样性以及景观风貌多样性。通过恢复湿地自然形态和生境类型多样性，实现生物物种、群落结构、生态功能及景观风貌多样性的目标。

不同区域具有不同的自然环境，如气候、水文、地貌、土壤条件等，修复的湿地所在区域的差异性和特殊性，要求在湿地修复时要因地制宜。依据区域的具体情况，采用合适的湿地修复技术。

**(5) 流域管理原则**

湿地恢复设计要考虑整个湿地区域，甚至整个流域，而非仅仅是退化区域。应从流域管理的原则出发，充分考虑集水区或流域内影响工程项目区湿地生态系统的因子，系统规划设计湿地恢复工程项目的建设目标和建设内容。

在制订湿地恢复计划时，应全面了解恢复区的相关信息，包括湿地类型、地理条件、气候特点、经济基础等，充分理解湿地保护对该区域生态和经济价值的影响，突出湿地景观的地域性特征。在湿地恢复过程中，应尽可能维持地带性植被，减少对当地物种群落的破坏。

**(6) 自我维持设计和自然恢复原则**

湿地生态系统的稳定性依赖于系统内部各要素之间，以及系统与环境之间相互关系的协调和统一。包括湿地生态系统在内的自然界，具有强大的自我修复能力，能够自我维持，承受一定的环境压力及变化，其主要生态状况能够在一定的自然变化范围内运转正常。湿地修复应首先强调在减少或去除人为影响情况下，尽可能地利用湿地生态系统的自我修复能力，去实现其结构与功能恢复的目标。对于退化或破坏相对严重，仅靠自我修复难以如期实现恢复目标的湿地，可考虑进行适度的人工干预或辅助，以促进湿地自我修复能力的发挥。

**(7) 美学原则**

湿地具有多种功能和价值，不但表现在提供生态环境功能和提供湿地产品的用途上，也表现在具有美学、旅游和科研价值。因此，在湿地恢复过程中，应注重对美学的追求。美学原则主要包括最大绿色原则和健康原则，体现在湿地的清洁性、独特性、愉悦性、景观协调性、可观赏性等许多方面。

## 4.3 湿地恢复的策略

湿地退化的主要原因在于系统结构的紊乱和功能的减弱与破坏。通过减少内外部干扰，完善系统结构，在合理的管理方式和恢复技术指导下，退化湿地可得到最大程度的恢复。依据湿地恢复的基本理论，考虑湿地类型、恢复目标及退化程度的不同，可采取不同的恢复策略。湿地生态恢复一般包括湿地干扰因子的控制和排除，湿地水文、水质恢复，湿地土壤和基质恢复，湿地植被群落与动物群落的恢复和建立等措施。尽管湿地生态恢复的具体措施多种多样，但从方法论角度出发，可以归结为主动恢复和被动恢复两种模式。

**(1) 被动恢复模式**

即以自然的自我设计为主，即偏重于借助自然生态系统的自我修复能力、自我组织能力进行湿地恢复。湿地恢复的过程就是消除导致湿地退化或丧失的威胁因素，从而通过自然过程恢复湿地的功能和价值。在湿地恢复的初期，以最小的人为干预，即通过去除恢复区域的人为干扰。例如，封围禁牧、禁猎禁捕、禁止砍伐和收割湿地植物、消除点源污染、拆除堤坝围堰等，恢复湿地的水文状况，充分利用当地和邻近区域湿地的种子库，通过植物的自然生长、植被的自然更替，逐步恢复湿地的结构和功能。这种修复方法费用低廉，恢复后的湿地与周围景观协调一致，主要适用于人为干扰较小、尚存有湿地特征、土壤种子库丰富的修复区域。以最小的代价，恢复重建湿地的自然生态结构和生态过程。自然恢复的优势在于低成本和与周围景观的协调一致。通常自然恢复方法的成功依赖于以下几个因素：稳定的能够获取的水源、最大限度地接近湿地动植物种源地。

西弗吉尼亚小溪湿地的恢复秉持自然恢复为主的理念，在最大限度不对湿地的生态过程进行干预的前提下，辅以拆除湿地内人工安放的给排水管道，并整理湿地地形地貌，恢复自然水系与湿地的连通，并进行长期的定位观测等技术手段，在恢复工程结束一年后，植物多样性、鸟类物种数、鱼类物种数和底栖生物单位面积生物量，几乎与邻近的自然湿地达到一致，并且大部分的物种从原有的自然湿地迁徙到这块人工恢复的湿地内，已经形成了新的栖息地。

自然恢复也可以体现在湿地修复的某一方面。在湖北神农架大九湖亚高山沼泽湿地恢复过程中，其中一大恢复策略即为以自然恢复为主的植被修复。大九湖区域是典型的亚高山喀斯特地貌区，地形起伏变化。这一区域的山间坝子过去森林茂密，但由于漏斗发育，有漏斗的地方地表塌陷、积水，导致林木死亡。只在局部高地林木存活下来，形成典型的疏林景观。在湿地修复过程中，尊重原有疏林景观特色，修筑潜坝蓄水后，平均水深不足 1m。由于没有对其原有的地形和植被格局进行改变，因此原有的疏林在被水淹没后，形成典型的疏林林泽景观，这是大九湖国家湿地公园最有魅力的湿地景观，同时具有重要的生态功能。此外，凸起的土丘露出水面，长满泥炭藓、大金发藓，以及各种小型湿地草本植物，形成典型的亚高山沼泽草丘。那些高大的挺水植物(如香蒲等)，死亡后在亚高山区域分解缓慢，根茎相互纠缠，日久天长形成漂浮在水面上的草排，作为漂浮的营养基质，其上湿地植物又发育起来。由于采取以自然恢复为主的植被修复策略，形成了大九湖疏林沼泽、草排、草丘等亚高山沼泽湿地的典型湿地植被景观。

**(2) 主动恢复模式**

人工促进自然恢复涉及自然干预，即人类直接控制湿地恢复的过程，以恢复、新建或改进湿地生态系统。当一个湿地严重退化，或者只有通过湿地建造和最大程度的改进才能完成预定的目标时，人工促进恢复方法是一个最佳的恢复模式。人工促进恢复方法的设计、监督、建设和花费都是比较可观的。

人工促进恢复方法强调人的积极主动介入，师法自然，以近自然工法，进行微地貌改造，修复湿地的基底结构；通过水流控制设施调节和管理水量、水位变化，恢复湿地水文状况；种植适生植物、构建合理的植被结构；清除外来入侵有害生物，以达到恢复重建的目的。这种恢复方法适用于生态区位特别重要，湿地严重退化，采取退耕还滩或封滩育草恢复重建湿地生态系统较慢的区域，在退耕、封育的基础上还应采取人工种植或补植植物促进湿地恢复重建。

对环境破坏严重的区域，如大部分缓冲区，采取以种植原生植被物种为主的方式恢复植被；对于生态经济区域内，如多数的实验区，在当地群众种植的基础上，采用引导种植模式，营建防护林带，创造良好生态环境为主的方式恢复植被；对于特殊地段，如砖厂周边、季节性水漫沙地、生态景观区域，有针对性地选择合适的植被种类、种植配置方式，通过重建方式，开展植被恢复。

几乎每一个湿地修复项目都会涉及人工促进的恢复方法。例如，在亨梅公园湿地恢复前，位于公园中心的湿地由于沉积物的累积，导致了水位降低和野生生物栖息地破坏，为了将湿地修复还原到 20 世纪 80 年代的状态并且使其保持生态系统结构的稳定性是这次湿地修复工作的重点。恢复工作主要从 5 个方面展开：①使陶粒下垫面保持水量；②实施水位控制工程；③将湿地面积向周围的森林中扩展；④建造 5 个较深的生境塘；⑤建造大量的灌木缓冲带和人工建造的木桩，以更好地恢复生境。水位的控制是保护湿地生物多样性的关键，该湿地在自然条件下有着季节性的水位波动，具体表现为春季水位高而秋季水位低，但这不利于动植物的栖息，因为晚春期间的低水位有利于种子萌发和生物生长，秋末的高水位则保证了动物的栖息地环境，因此，该湿地在水位控制方面做出了一系列措施。例如，运用陶粒保证枯水期有相对稳定的水位，并运用前后塘和管道系统人工调蓄水位。生境营造方面，在自然湿地周边人工建造了 5 个 1m 深的池塘以为水鸟提供适宜的生境，另外在湿地周边以植被和木桩建造了很多庇护所，以及多样性的地形，为两栖爬行类和小型哺乳类提供生境。然后将原有的湿地向周围的林地中扩大，扩大后的范围是原来湿地面积的两倍。

显然，湿地恢复主动模式由于涉及高强度的地形改造和工程施工，花费代价高昂，主要适用于已严重退化、基本丧失自我恢复功能的湿地区域，这些区域如不采取人工主动干预措施则难以达到恢复目标。湿地恢复被动模式则主要适用于人为破坏尚不严重，湿地生境自然恢复机制还没有被完全破坏、仍可恢复并发挥作用的湿地区域。被动方法强调通过促进湿地生境自然更新机制使其自我恢复湿地生态系统功能和结构的完整性，所需花费较少，并且自然恢复的湿地往往具备更为完善的生态功能和更丰富的生物多样性。因此，在具备条件时，湿地恢复应优先采用人为干预较少的被动恢复方法。

## 4.4 湿地恢复的流程

一个成功的湿地恢复项目，关键在于根据湿地恢复的流程，制定可行、合理的湿地恢复方案。具体流程如图 4-4 所示。

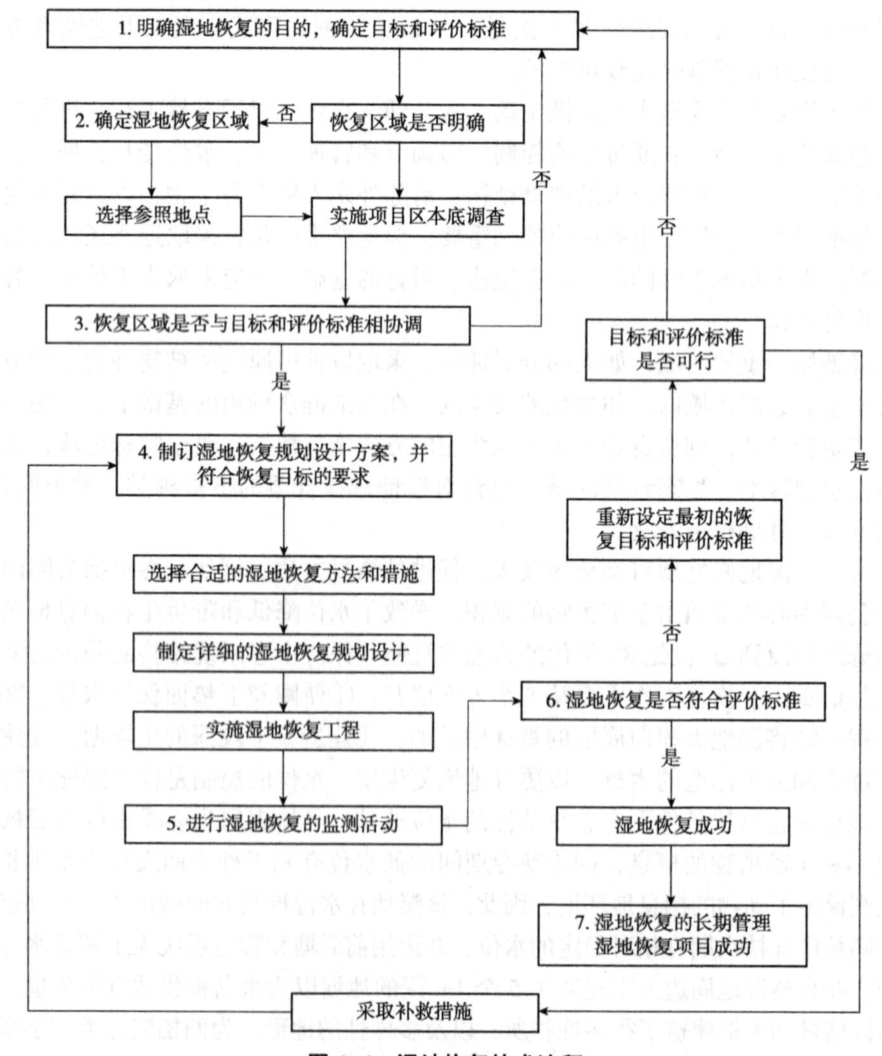


**图 4-4　湿地恢复技术流程**

**(1)明确湿地恢复的目标和恢复标准**

湿地恢复的目标就是对湿地恢复项目预期的结果的陈述，它反映了开展湿地恢复项目的动机。根据不同的地域条件及社会、经济、文化背景要求，湿地恢复的目标也会不同。湿地恢复的目标包括恢复到原来的湿地状态、完全改变湿地状态，或者重新获得一个既包括原有特性，又包括对人类有益的新特性状态等。要制定可以量化或判断每一个具体的实施目标是否达到预期的评价标准，如确定植被盖度和结构、水状况、栖息地类型等所应恢复的程度及指标。

总体来讲，湿地生态恢复的目标是通过适当的生物、工程技术，逐步恢复退化湿地生态系统的结构和功能，以达到自我维持状态，具体包括4个方面：①恢复废弃矿地等极度退化的生境；②提高退化土地的生产力；③减少对湿地景观的干扰；④对现有湿地生态系统进行合理利用和保护，维持其生态功能。

**(2)确定湿地恢复区域**

要在一系列的恢复地点中选择最佳的恢复区域，需要考虑以下4个因素：水文条件、地形地貌条件、土壤条件、生物因素。

①选择参照地点：即在该区域中能代表恢复湿地类型的受干扰最小的湿地，以此来替代恢复区域退化之前的湿地状态。可以通过野外调查、走访、座谈、查找文献等方法获取参照地点的水文、土壤、植物物种、植被类型等方面的信息。

②湿地恢复区域的本底调查：在设计一个恢复项目之前，应对恢复区域进行本底调查和评估，以便了解该区域过去和现在的状况，恢复区域在过去是否属于湿地，如果属于湿地，确定是哪些因素导致了湿地的退化或者丧失，特别是恢复区域过去的水文要素、植被的分布格局、地形地貌、物种对栖息地的需求，恢复区域现在的状况等。在计划制订中，最困难的问题就是对恢复计划区缺乏足够的了解，历史资料不完全，数据也不充分，特别是过去区域的水文要素、植被的分布格局、地形地貌、物种对栖息地的需求、扰动要素以及在湿地区已发生的各种变化等状况了解甚少，给恢复计划的制订带来了难度，因此获取信息就成了制订计划的首要问题。根据目前恢复研究的进展状况，获取信息的途径有湿地考古、植物残体的检验和孢粉分析，土样分析和实验室培育，查阅旧的地形地貌图以及航片，向土地所有者或使用者进行咨询，也可将该区同邻近区域有历史记录的，物理、化学、水文相似的湿地区进行比较以作为研究计划区的参考数据。通常情况下，以上信息获取手段在湿地恢复过程中是同时运用的。

**(3)恢复区域是否与目标、评价标准相协调**

在以上工作的基础上，明确已确定的湿地恢复区域是否与湿地恢复目标、评价湿地恢复是否成功的标准相协调一致。如不一致，则重新考虑制定适宜的湿地恢复的目标和评价标准。

**(4)制定湿地恢复的规划设计方案**

①选择合适的恢复方法与措施：湿地恢复的最佳方法就是尽可能地选用最简单、破坏性最小、最为生态的方法实现恢复目标。在实施更多的人为干预之前应考虑采用自然恢复方法。如果一些自然过程不能采用自然恢复方法，应更多地考虑采用生物工程措施。

②制订详细的湿地恢复规划设计方案：一个成功的湿地恢复项目，在于湿地恢复方案制订的可行性与合理性。首先，明确恢复目标、湿地恢复的评价标准；其次，必须清楚计划恢复区的基本特点，如环境及扰动要素影响的基本特性等；第三，满足恢复目标的湿地恢复方法和措施；第四，时间安排和资金预算；最后，恢复项目长期管理的需求。

③实施湿地恢复工程：按照湿地恢复的建设原则，对湿地生态系统的功能设计、风险评价及恢复与重建指标体系等对策与方法进行全面的规划和研究。在湿地恢复方案实施过程中，要利用新技术和新材料，把湿地的恢复范围从局部扩大到整个流域，最终实现景观水平上的恢复。

**(5)湿地恢复活动的监测**

在湿地保护和管理的各种方法策略中，特别在评价管理行为的成功性方面，监测都起着重要作用。在湿地恢复方案制订以后，应同时完成恢复的监测方案，包括监测方法、监测指标、实施路线、采样频率和强度等。通常情况下，湿地恢复前和恢复后都应开展监测活动。在湿地保护和管理的各种方法策略中，特别在评价管理行为的成功性方面，监测都起着重要作用。在湿地恢复项目计划拟订以后，监测方案的实施路线，采样频率和强度便随之而出。通常情况下，湿地恢复前和恢复后的监测都是必要的。

湿地恢复前监测至少在恢复计划实施的前一年进行。对受扰状态进行恢复前监测可以为恢复提供有效的基础数据。如监测水文状况、水质、生物状况等。因为从时空尺度讲，这种受扰的状态在湿地恢复后将不复存在，取而代之的是全新或改变了的生态类型，因此恢复前的监测也为有效恢复湿地，从恢复强度和恢复的成功性上提供了可用比较的指标，增强了对恢复后湿地生态系统变化的理解。恢复后监测和评价同样是一个关键问题。它能够使管理者和决策者知道何时生态系统已经转换为自我持续性状态或者已达到什么程度，恢复的趋势过程是否有效。如果通过监测发现恢复后的生态系统状态与希望中的状态不相吻合或不能发挥有效的功能，就需要及时予以诊断并采取相应措施。同时，必须保证恢复后监测的持续性。因为许多恢复项目在一个较短时期内已经被判断是很成功的，但往往恢复后的几年里，特别是在没有水文管理的状态下会失去原有的效果。因而恢复后长期的监测对于评价和理解湿地恢复计划的成功或失败是非常重要的。监测应该记录的是恢复后长时期的自我持续状态。大量的事例表明，无脊椎动物或鱼的恢复特别迅速，而植被的恢复可能要花1a以上的时间。这样，恢复后的监测至少在前2~3a内必须是精确的和有强度的，在后面的5~10a或更长的时期里，按低频率继续监测，直到系统进入自然循环状态。

①湿地水要素监测：对于湿地水要素的监测，应首先根据集水区边界确定监测单元，结合恢复区地形地貌、生物空间分布、水流方向和污染源位置等特征确定水样采集点，并依据湿地类型和恢复目标确定监测频率和监测指标。溶解氧、pH值等一些难以长期保存或者理化性质易变的指标可以在野外现场测定，而对于氮、磷等需要通过化学分析间接量化的监测指标可以带回实验室进行化验分析，以进一步指导湿地水环境和水文过程的恢复。有资料报道，在4℃条件下，湿地水质受外界环境条件的影响较小，可以作为水样采集和保存的限制条件。对于湿地水文的监测可以通过在恢复区的入水口和出水口设置永久性监测点，同时在恢复区内部选定若干固定的水文监测点，以便定期进行水文监测。江香

梅等(2009)研究认为，对于水面广阔或形状特殊的湖泊湿地的恢复，可以在水面平稳、受风浪和泄流影响较小的地方安装监测设备，以掌握风壅和动水所形成的水力学参数。随着科学技术的发展，“3S”技术在湿地监测与管理中逐渐得到广泛应用。陕西省已成功运用“3S”技术，结合卫星影像和不同的光谱反射特征，将受污染或水质发生变化的水域与正常水域作了区分，并通过多次调查累积，配合污染源的测定，对污染范围进行了持续追踪，以评估受影响范围及程度。

②湿地土壤监测：湿地恢复区土壤监测主要是针对长期或周期性淹水地带和永久性缺水地带的土壤。研究表明，湿地土壤是矿物磷酸盐的主要富集区。简敏菲等(2005)通过研究鄱阳湖湿地表土中重金属的分布特征发现，铜、锌、铅等重金属元素在湿地表土中的平均含量远远高于相应背景值，且呈正相关关系，表现出一定程度的复合污染。对于湿地土壤的监测，应根据恢复区土壤质量状况，按照湿地恢复效果评价方法和湿地恢复后的管理模式，明确在湿地土壤中积累较多、危害较大、影响范围较广的污染物。在湿地恢复过程中，土壤的采集可以采用多种形式，对于淹水较浅的湿地土壤采集，可以通过铁锹或抓泥斗进行采集，周期性淹水土壤的采集则应考虑水位季节变化对土壤理化性质的影响。

③湿地气象监测：对于湿地气象要素的监测主要包括年平均气温、年积温、降水量和蒸发量、年平均日照时数等。依据湿地恢复区面积大小、敏感性以及保护对象等参数合理确定监测方案，对处于自然保护区、饮用水源地等敏感地带内的湿地恢复区应设置固定气象观测场，小型湿地恢复工程可采用便携式自动气象站。对于获取的气象观测数据，应及时按照气象观测规范要求进行整理，以满足湿地恢复效果评价以及湿地恢复管理等方面的要求。

④湿地生物监测：对于湿地生物的监测，应根据湿地生物生长与分布的特点，根据实地勘查所掌握的信息，确定各代表性水域采样垂线或采样点布设的密度与数量，在布设过程中应尽可能与水质监测的采样垂线保持一致，例如，在激流与缓流水域、城市河段、水源保护区、河流潮间带，或在库塘湿地的水进出口、岸边水域、开阔水域、河湾水域等代表性水域合理布设采样垂线或采样点。监测的项目主要包括群落的物种组成及结构、水体微生物、水生生物的现存量、湿地水体生产力、湿地生物体内污染物的残留量以及湿地污水的毒性 6 个方面。通过对湿地的植被、水鸟等动植物以及土壤、水体中微生物的连续动态监测，一方面可以及时了解和掌握生物栖息地恢复的进程和效果，为制定出科学的管理对策和恢复措施以及工程建设方案的及时调整提供决策依据；另一方面，也可以为科学、客观评价湿地生物及其生境恢复与重建的效果奠定数据基础。

**(6)湿地恢复是否符合评价标准**

根据湿地恢复的监测结果，对照最初设定的湿地恢复的目标和评价标准，判断湿地恢复是否成功。如果不符合最初的评价标准和恢复目标，则需要重新设定恢复目标和评价标准，并判断新的恢复目标和评价标准是否可行。如果其可行，需要采取补救措施，制定和实施新的湿地恢复方案。

评价的内容包括湿地生物及群落、湿地水土理化性质、湿地生态功能与价值、湿地景观格局等 4 个方面(图 4-5)。

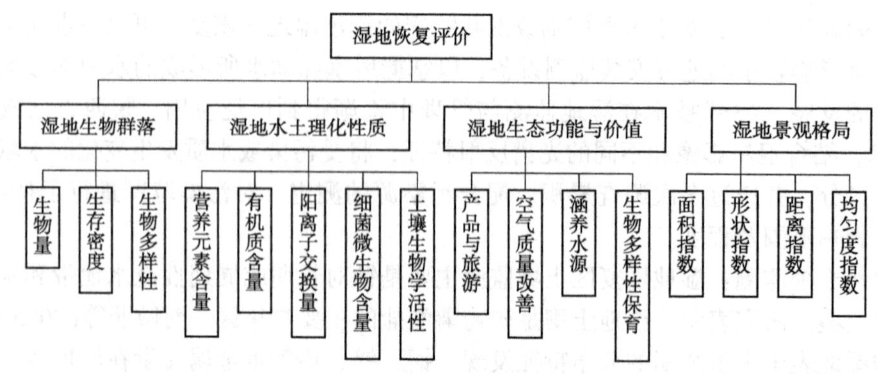


**图 4-5　湿地恢复评价指标体系**

对湿地恢复效果的评价应全面考虑工程技术及经济、社会、生态等多种效益，根据恢复区具体情况建立一套多指标、多层次的综合评价体系。

湿地恢复实施后要每隔一定时间进行恢复效果评价，以确定其是否达到了预期目标，检验退化湿地是否已经恢复到或接近于退化前的自然状态，湿地恢复效果评价以定量评价方法为主，遵循针对性、科学性和通用性的原则，根据湿地恢复类型和评价目标的不同，建立湿地恢复效果评价指标体系、评价方法和评价模型。常用的评价方法包括能值分析法、湿地生态系统健康评价法以及基于"3S"技术的景观变化评价法。

①能值分析法：能值分析是美国著名生态学家奥德姆（H. T. Odum）于 20 世纪 80 年代创立的以能量为核心的系统分析方法，它以太阳能值为统一尺度，对生态经济系统中的各种生态流进行综合分析。能值分析法将不同类别的能量转换为同一客观标准，从而可以进行定量比较，而生态系统与人类社会经济系统的统一，有助于进一步调整生态环境与经济发展的关系，为人类认识世界提供一个重要的度量标准。我国学者运用能值分析方法对生态经济系统的物质、能量以及货币的流动状态进行了系统分析，揭示了区域生态经济问题的本质，并据此提出了优化建议。然而，由于能值分析反映的是物质生产过程中所消耗的太阳能，无法反映生态系统服务功能的稀缺性以及人类对生态系统服务功能的需求大小，因此，其应用受到一定的局限。

②湿地生态系统健康评价法：湿地生态系统健康评价主要是根据野外观测资料，从适宜性、自然性、代表性、稀有性和生存威胁性等多个层次上筛选评价指标，利用多种数学方法建立评价模型，对湿地生态系统中的水、土及生态环境质量现状和发展趋势进行量化分析。目前，常见的评价方法包括主成分分析法、灰色系统理论、微分方法以及模糊数学法等。传统方法采用一般型生态指数和分级型生态指数进行综合评价，但分级往往不够确切。而模糊数学法利用隶属函数来描述系统健康程度，能够清晰地刻画出界线的模糊性，因而得到了广泛应用。对湿地生态系统健康的度量除按照其结构和功能的完整性和稳定性之外，还应充分考虑社会经济特征及人类自身的健康，强调环境变化对经济、社会的影响。湿地生态系统的健康评价指标主要由湿地生物物理特性、社会经济状况、人类健康程度、胁迫及其时空变异性 4 个方面组成。

③景观格局动态变化评价法：景观格局动态变化是景观异质性的具体体现，是各种生态过程在不同尺度上综合作用的结果，它通过在野外调查的基础上，利用辅助地形图等图

件资料，运用遥感图像处理方法对湿地恢复区不同时相的遥感图像进行解译，建立景观分类系统。通过对遥感图像的分类处理，提取出各个时相的基础数据，进而运用景观生态学的方法计算不同时期的景观格局指数，并对不同时期的景观类型进行统计(图4-6)。通过对各个时期景观格局指数的分析，有助于确定湿地恢复区景观格局动态变化的特征和规律，揭示不同湿地类型转化的趋势和强度。

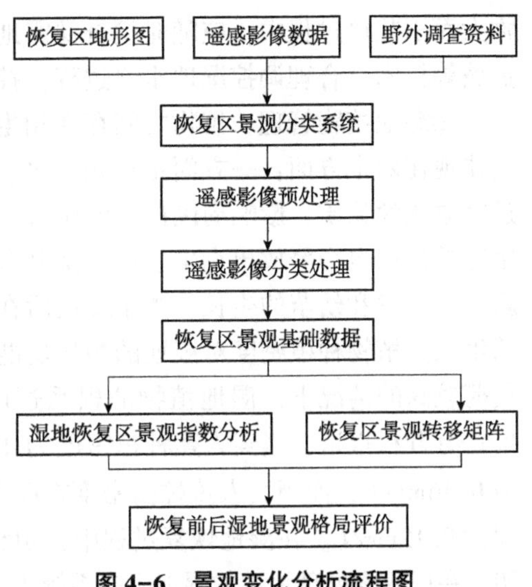


**图4-6　景观变化分析流程图**

**(7)湿地恢复的长期管理**

湿地恢复措施完成后，仅仅是一个成功的湿地恢复项目的开始，还需要对恢复湿地进行长期管理，以便使其发挥预期的生态功能，并使人为影响达到最小化。长期管理通常需要维护现有的各种设施和设备，如水利设施、监测设施等，对生物群落和植被类型的长期管理，解决入侵物种或沉积物过量的问题，解决一些非预期的事件。

①湿地水体管理：a. 水量管理。水是湿地恢复工程的关键因素之一，研究表明，鄱阳湖湿地的类型随水位的不同而有所差异，高水位时以湖泊为主体，水位低时表现为以沼泽、草洲为主的湖泊、河道、沼泽、洲滩等湿地景观。水位的改变会影响湿地生态系统中生物的生存以及生物群落的结构组成。在芦苇沼泽的恢复实验中，10~30cm深的长期淹水能够抑制其他竞争植物，从而使得以1枝/m$^2$密度定植的芦苇能够形成纯斑块。周进等研究发现，在湿地植物群落结构中，芦苇分布高程较高，一般在17.5m以上，常见的是芦苇和南荻共建形成的群落，随着水位上升到18m，仅于堤外坡脚的地方会保存一些狗牙根群落，且湿地植物生态系统的结构较简单。在一些贫营养沼泽的恢复实践中，有些只需要改善其内部的水文条件，另一些则需要在恢复区外围创造过渡区，具体可以通过及时补水、充分利用中水以及雨洪资源、减少地下水开采等措施来实现。例如，为了恢复美国约罗野生动物保护区中的生物栖息地，加州鱼类与野生动物保护局采用了一种复合系统，包括抽水装置、运河和水控制工程。该系统根据规划的水文状况，并模拟约罗盆地当初的自然给水排水情况，为湿地提供给水和排水。b. 污染与富营养化控制。在湿地恢复初期，由于人为施工的影响，大部分湿地植被没有完全形成群落空间结构，并且地被植物尚未形成规模，容易出现局部裸露现象，特别是在岸带、人工岛等地势抬高地段，从而导致土壤侵蚀加剧、水土流失严重、塌方等现象频繁发生的同时，降水径流带来的养分又会加剧水体富营养化程度，促使水环境恶化，影响湿地恢复后的景观效果。湿地植物能够吸收和累积水体中的氮、磷等营养元素，其中，千屈菜和芦苇对可溶性磷的去除率可分别达到89.84%和85.01%，对全氮的去除率可分别达到77.64%和86.08%。通过对湿地植物的收割，可以将污染物从湿地中转移出去，有效降低水体中的氮、磷含量，减轻水体的富营养化程度。降雨和径流量大小对水生生物群落的组成和数量具有显著影响，水文过程的陡涨陡落会导致湿地水生生物被冲刷或搁浅，危害湿地植物幼苗种群的正常生长。因此，在湿地植

物大面积栽培过程中，应随时检查裸露地段形成的原因，结合地形改造、基质恢复和岸带护坡等技术，合理调控湿地水文过程，控制水体富营养化进程，改善水环境质量。

②湿地植物管理：植物之间存在相生相克作用。有资料报道，混种植物之间的抑制作用体现在两个方面：一方面是对光、水、营养等环境因素的竞争；另一方面是植物之间通过释放化学物质，影响周围植物的生长。此外，即使是同种植物，其枯枝落叶经水淋或微生物的作用也会释放出克生物质，抑制自身的生长，如宽叶香蒲的枯枝落叶腐烂后会阻碍新芽的萌发和幼苗的生长，芦苇腐烂后在组织器官中富集的乙酸、硫化物会抑制自身植株的生长。植物种植密度对湿地的净化功能有一定影响。吴振斌等(2001)研究表明，在污染负荷较高的情况下，湿地植物的根系过度生长，容易造成湿地床体的堵塞，影响处理效果。有资料报道，当美人蕉种植密度为 49 株/$m^2$ 时，溶解氧最高为 0.75mg/L，出水总磷为 0.16mg/L；而当美人蕉种植密度提高至 54 株/$m^2$ 时，溶解氧最高为 0.70mg/L，出水总磷为 0.12mg/L。在湿地恢复过程中，引种植物时应考虑不同植物之间的混种效应。研究表明，在以污水处理为主的湿地生态系统中，多种植物系统在有机物与营养元素去除方面比单一植物系统有优势。刘超翔等(2003)采用前 1/3 段为芦苇(16 株/$m^2$)、后 2/3 段为茭白(12 株/$m^2$)的处理方式净化农村污水发现，总氮、总磷的平均去除率可分别达 60.6%和 66%，明显优于无植物和单一植物系统。倒伏易导致湿地植物生态功能的丧失，如净化水质、美化景观等，而植物茎叶分布的凌乱使得湿地植物相互挤压和遮盖，由于得不到充足的光照而影响光合作用的进行。秋冬季温度较低，植物进入越冬休眠期，因此，在湿地恢复过程中，特别是小型湿地恢复工程，应提前做好安全越冬的准备工作。湿地植物停止生长或者枯萎后，应及时收割和清理，防止因植物残留而造成的污染物去除率降低。

③有害生物控制：蚊虫滋生是湿地恢复面临的主要问题之一，蚊虫控制是湿地恢复过程中，特别是城市边缘湿地恢复过程中需要考虑的重要环境问题。对蚊虫的防治应根据其生物学特性，通过改造、清理媒介生物的滋生及其栖息环境，形成不利于其生存的环境条件，在具体的工程实践中可采用植物抑制、流水控制以及增加开敞水面等方式控制。美国加利福尼亚 Arcata 的湿地恢复实践表明，食蚊鱼和捕食性孑孓动物(如蜻蜓的幼虫)，能够有效控制蚊虫的数量。外来物种入侵打破了恢复区生态系统正常的结构和功能稳定性，影响生态系统的承载力，对人类社会经济结构以及人类健康造成无法估量的损失。在湿地恢复过程中，应深入研究入侵物种的生态和生理特征，通过采取物理、化学和生物措施进行控制。研究表明，针对入侵物种的限制性生态因子的控制方法比较有效，如对于不耐淹水的物种就应调节水文，延长淹水时间。引入食性专一的天敌也是一种有效的方式，但是，应该对天敌种群的生态风险进行事前预测。不同的控制措施优缺点不同，在湿地恢复实践中，通过不同控制措施的相互整合应用可以取得显著效果。

**(8)湿地恢复的综合评价**

湿地恢复不但包括生态要素的恢复，也包含生态系统的恢复。生态要素包括土壤、水体、动物、植物和微生物，生态系统则包括不同层次、不同尺度规模、不同类型的生态系统。因此，需要对湿地恢复进行综合性评价，以确定其是否达到了预期目标，被损害的湿地是否恢复到或接近于它退化前的自然状态。

## 4.5　湿地恢复的措施

湿地恢复措施是根据湿地恢复方案对恢复区域进行修复、改善和提高的自然过程和活动。根据湿地类型、恢复目标以及退化程度的不同，湿地恢复措施也不相同，湿地恢复措施可分为土壤基质的恢复、植被恢复、栖息地保护与生境改善、湿地生态水管理、湖泊富营养化治理、有害生物防控、火生态控制 7 个方面。

**(1) 土壤基质的恢复**

清除土壤污染物、移走受污染土壤是恢复的基础工作。土壤基质的恢复包括物理、化学和生物恢复 3 种方式：物理恢复是指通过物理方法提高基质的孔隙度、降低基质的容量、改善基质的结构及增加基质保水保肥能力；基质化学恢复是在基质原位上进行的，包括肥力恢复、pH 值改良、污染治理等方式；生物恢复是利用对极端生境条件具有抗逆能力的植物、金属富集植物、固氮微生物、菌根生物等改善湿地基质的理化性质，达到恢复湿地基质的目的，主要有植物改良、微生物改良和土壤动物改良等技术(表 4-1)。

**表 4-1　湿地土壤基质恢复工程建设项目表**

| 项目名称 | 滨海湿地 | | | 沼泽湿地 | 湖泊湿地 | 河流湿地 |
|---|---|---|---|---|---|---|
| | 滩涂湿地 | 红树林 | 河口湿地 | | | |
| 退养还滩(湖) | √ | √ | √ | | √ | √ |
| 退耕还湖(沼) | | | | √ | √ | √ |
| 清除土壤污染物 | √ | √ | √ | √ | √ | √ |
| 补充营养物 | | √ | | | | |
| 移走受污染土壤 | | √ | √ | √ | | |

注：√表示各类湿地建设项目的构成。

**(2) 植被恢复**

湿地植被或水生植物的恢复途径靠种子库、种子传播和植物繁殖体等方式进行(表 4-2)。

①种子库和孢子库：排水不畅的土壤是一个丰富的种子库，与现存植被有很大的相似性。但湿地植被形成种子库的能力有很大不同，因此，种子库的重要性对不同的湿地类型也有所不同。一般来说，丰水枯水周期变化比较明显的湿地系统中会含有大量的一年生植物种子库，人们可以利用这些种子库进行湿地生态系统恢复。

②种子传播：许多湿地植物的种子在水中有浮力，能很好地适于水力传播。种子漂浮时间对水力传播的有效性至关重要，它变动性很大，一般在一周至几年之间。另外，水力作用对种子进行长距离传播很重要。大多数湿地植被种子可以通过洪水冲击的方式到达研究的湿地领域，此结果表明水力传播对湿地恢复点内种子重新分布的重要性。

③植物繁殖体：湿地植物的某一部分有时也可以传播，而后恢复生长。不同苔藓植物的部分被风力传播到沼泽表面，并在上面重新生长。许多湿地植物是由其小的植物部分传播、繁衍的，这些繁殖体对于促进此植物群落的发展尤其重要。

**表 4-2　植被恢复工程建设项目表**

| 建设项目 | | 滨海湿地 | | | 沼泽湿地 | 湖泊湿地 | 河流湿地 |
|---|---|---|---|---|---|---|---|
| | | 滩涂湿地 | 红树林 | 河口湿地 | | | |
| 水生植被 | 水生植被修复 | √ | | √ | √ | √ | √ |
| | 芦苇复壮 | √ | | √ | √ | √ | √ |
| 沼生植被 | 封滩育草 | √ | | √ | | √ | √ |
| | 人工辅助自然恢复 | √ | | √ | √ | √ | √ |
| | 人工种植 | √ | | √ | √ | √ | √ |
| 森林(草原)植被 | 封沙育草 | | | √ | √ | | |
| | 退牧还草 | √ | | √ | √ | | |
| | 人工造林 | | | √ | √ | √ | √ |
| | 封山育林 | | | | √ | √ | √ |
| | 人工辅助自然更新 | | | √ | √ | √ | √ |
| 红树林 | 封滩育林 | | √ | | | | |
| | 人工造林 | | √ | | | | |
| 种苗 | 种源 | √ | √ | √ | | √ | √ |
| | 苗木繁育 | √ | √ | √ | | √ | √ |

注：√表示各类湿地建设项目的构成。

**(3)栖息地保护、建设与生境改善**

湿地生境恢复技术旨在通过各类工程技术措施提高生境的异质性和稳定性，维持物种适宜的栖息环境，包括湿地基质和地形恢复技术、湿地水文恢复技术和湿地岸带恢复技术。在恢复实践中，应根据恢复区物种生活习性和对环境适应能力的大小，改善湿地生境和物种栖息地。例如，在湿地核心地带营造生境岛，并在周边种植植物和放养鱼虾，为鸟类营造良好的栖息和觅食环境。有些鸟类常选择缓坡地带筑巢，通过地形改造、基质恢复等措施为鸟类提供可选择的栖息地，能够有效地改善其种群动态和群落组成(表 4-3)。

**表 4-3　栖息地保护、建设与生境改善工程建设项目表**

| 建设项目 | | 滨海湿地 | | | 沼泽湿地 | 湖泊湿地 | 河流湿地 |
|---|---|---|---|---|---|---|---|
| | | 滩涂湿地 | 红树林 | 河口湿地 | | | |
| 栖息地保护 | 野外投食点 | | | | √ | √ | √ |
| | 隐蔽地、生物墙 | √ | | √ | √ | | √ |
| | 留放枯倒木 | | √ | √ | | | |
| 栖息地建设 | 巢箱、巢台 | √ | | √ | √ | | |
| | 生态廊道 | | | √ | √ | √ | √ |
| | 动物通道 | | | | √ | √ | √ |
| 生境改善 | 生境岛 | √ | | √ | √ | √ | √ |
| | 生态护堤与缓坡 | √ | | √ | √ | √ | √ |
| | 生境改善 | √ | √ | √ | √ | √ | √ |

注：√表示各类湿地建设项目的构成。

**(4) 湿地生态水管理**

水是湿地恢复工程的关键因素之一，特别是在水资源缺乏、人类活动频繁的地区，水源保护是开展各项湿地恢复工程的基础。湿地恢复实施后的水位控制和流量调整是影响恢复效果的重要因素。水位的改变会影响湖泊湿地景观格局的动态变化。同时，水位的改变会影响湿地生态系统中生物的生存以及生物群落的结构组成(表 4-4)。

**表 4-4　湿地生态水管理工程建设项目表**

| 建设项目 | | 滨海湿地 | | | 沼泽湿地 | 湖泊湿地 | 河流湿地 |
|---|---|---|---|---|---|---|---|
| | | 滩涂湿地 | 红树林 | 河口湿地 | | | |
| 湿地水位控制与生态补水 | 水位控制设施(渠、坝、堤、闸) | √ | √ | √ | √ | √ | √ |
| | 围堰蓄水 | √ | | √ | √ | √ | √ |
| | 缓坡水塘(洼) | √ | | √ | √ | √ | √ |
| | 水通道疏浚 | √ | √ | √ | √ | √ | √ |
| | 拆除水坝等控水设施 | √ | √ | √ | √ | √ | √ |
| | 填埋排水沟 | | | | √ | √ | √ |
| | 潮沟 | √ | √ | √ | | | |
| | 引水管道 | √ | √ | √ | √ | √ | √ |
| | 防渗沟 | | | √ | √ | | |
| 水质改善 | 泥沙沉淀池 | | | √ | √ | √ | √ |
| | 污水处理 | | | √ | √ | √ | √ |
| 河流恢复 | 恢复河道原貌 | | | √ | | | √ |
| | 自然堤岸 | | | √ | | √ | √ |

注：√表示各类湿地建设项目的构成。

在上海大莲湖恢复工程实施前，周围没有水系沟通，各水塘彼此间隔，塘内水体交换直接取大莲湖水，水体流动性较差，影响了湿地水体净化功能的发挥，加剧了水质的恶化。通过恢复自然水面及不同水域之间的沟通和联系，提高湿地蓄水功能，促进区内水量平衡，改善区内的水环境。河道、水系沟通，重新挖深并疏浚水系，使得原来小型的斑块鱼塘分割的景观格局，形成彼此连接的水网，并通过闸口与外界河道相连，增强了水体的流动性及与外界的交换。对河道进行疏浚沟通，将金口门港与大莲湖沟通，并在两水系交汇处新建水闸，减轻下游村庄的防洪排涝压力，同时通过大莲湖的水质净化功能，改善内部河网的水环境。通过河网水系恢复，还原江南水乡特色，带动区域生态旅游产业。开挖形成开放性水域，并最终形成面积较大的水塘，岸堤成斜坡形下降。

**(5) 湖泊富营养化治理**

由于水体的营养富集作用，因此淡水湿地中富含营养物质。营养物质含量受水源区来水以及湿地生态系统本身特征的影响。恢复湿地生态系统，需要对湿地系统中的有机物质进行调整，降低湿地生态系统中有机物含量。常用的方法包括清除底泥、恢复湖滨湿地、种植水生植物、收割水生植物。

①清除底泥法：由于营养物质长期积累，使湖泊底部沉积大量营养物质。对于富集营养物质的湿地，除去上层土壤是一种减少营养物含量的有效方法。分离土壤可以带来两方

面的效益：一方面，它相当于在湿地开挖浅水湖，有助于提高湿地蓄水量；另一方面，分离的表土含有大量营养物质，有助于作物的生长。

②恢复湖滨湿地法：水体水质可被自然吸附和吸收过程改善。湿地是公认的营养物质和其他化学物质的处理站，利用人工湿地进行污水处理可以证明这一点。此外，有研究表明：在半自然的湿地中，输入的营养物质可以被储存在泥里，直到达到饱和状态。因此，对于营养物质富集不是十分严重的湿地，可以利用湿地系统本身的吸附作用降低水体中营养物质含量。

③收割水生植物法：收割植被，尤其是除去成熟的植被，会使湿地中养分减少。研究表明，收割植物对湿地系统中降低钾、磷含量有明显的效果，但对氮含量无影响。因为每年通过沉积输入的氮含量和收割季节时输出的氮含量相当。虽然使用收割法降低营养物质耗费时间长，费用高，但它依然是湿地内进行营养物质调整的最有效的方法之一。

**(6)有害生物防控及火生态控制**

有害生物防控包括病虫害防治、有害动植物控制、外来物种控制、疫源疫病监测、血吸虫病防治。

火生态控制包括为改善生境或者防火需要而进行的控制火烧、防火道与生物防火带建设。

## 4.6　湿地恢复的技术

### 4.6.1　水文和水环境恢复技术

**(1)水文连通技术**

①拆除纵横向挡水建构筑物：拆除纵横向挡水建构筑物，贯通修复区内部水系，并使其与周边水系相连，形成沟通完善的水体网络。在相邻接的水体间通过拆除纵向挡水建构筑物，实现水文连通。如拆除河流水坝，实现河流纵向水文连通。在河流、湖泊、水库沿岸，通过拆除堤坝，合理利用洪水脉冲，实现河流侧向的水文连通和生态联系。在滨海盐沼恢复中，运用堤坝开口方式向被围垦土地中重新引入潮汐，并在盐沼潮上带挖掘露出已被填埋的潮沟，以增强潮汐与沼泽的水文联系。

②修建桥涵、水闸、泵站：桥涵是泄水建筑物，其规模决定着通过水量的大小。水闸对水流起着控制作用，水闸建设保证了水体水文连通。泵站则是修建在河流、湖泊或平原水库岸边的泵站建筑物，通过与输水河道、输水管渠相连，实现水体水文连通。选择站址要考虑水源(或承泄区)，包括水流、泥沙等条件。

③修建引水沟渠：以人工挖掘方式修筑以排水和灌溉为主要目的的水道，即沟渠系统，连接水源地(如河流、湖泊、水库)与湿地，增强湿地生态系统内外水体的连通与交换，并发挥多样化的生态水文功能。沟渠系统建设应参考自然河溪河道及河岸生态特征，尽可能生态化。

④疏浚底泥：在河湖湿地，常常由于底泥的大量淤积，造成暂时性或永久性的水文联系中断。对淤积严重的湿地中的水道，需进行合理疏浚(生态疏浚)。生态疏浚必须在保证

具有重要生态功能的底栖系统不受破坏的前提下，精确标定底泥疏浚深度，采用生态疏浚设备，施工期必须避开动植物的繁殖期。

⑤合理利用洪水脉冲：洪水脉冲将河流中的营养物质、植物种子或繁殖体和大量泥沙等带入河流两岸的湿地，促进湿地土壤发育和植被生长，河流与洪泛湿地间的水文动态和物质交换对维持河流水体—河漫滩湿地复合系统具有重要意义。当洪水脉冲被阻隔时，河流与湿地间的水文联系也因此中断，并导致湿地退化。通过控制沉积物下沉以抬高河床、引河水注入河流两岸的沼泽地、在河流两侧挖掘形成较低地形区域等措施，增加河岸湿地的洪泛频率，重建退化河道与河岸湿地间的水文过程。

⑥恢复潮沟：淤泥质河口潮滩湿地和滨海潮坪湿地常被许多分支的沟道——潮沟所切割。潮沟系统在维持潮滩湿地水文连通性、生物多样性及生态系统过程方面具有重要作用。对于潮沟受到破坏的潮滩湿地和红树林湿地，恢复潮沟系统是恢复潮滩湿地水文连通性的重要措施。潮沟恢复包括重建呈树枝状的潮沟系统，通常分2~3级；恢复河曲发育良好的潮沟；恢复具有从潮沟底—潮沟边滩—植被覆盖潮滩的横断面格局，提高潮滩湿地生境异质性，利于底栖动物和鸟类的生存。

**(2)水量恢复技术**

①生态补水：利用河流、人工沟渠、提水泵站等措施引水，实现生态补水。湿地生态补水也可以采用经净化处理的再生水。在湿地缺水区可通过现有沟渠或临时铺设管道引入其他水体的水。利用雨水补给湿地水源是一个资源化、可持续的补水策略，也可将城市雨污分流后的雨水管道通入人工湿地净化，利用自然重力出水流入缺水湿地，进行生态补水。

②修复区域局部深挖：深挖(如在缺水干涸的地面或浅水沼泽中挖掘水塘)创造湿地修复区域局部深水区和各种类型的湿地塘，增加湿地水量。这些湿地塘和深水区有助于湿地在枯水季节不致表面干涸，保障水生生物的生存空间和鸟类的饮水场所。

③围堰蓄水：在由地势差异而形成的湿地中，构建围堰是恢复水量的有效措施。以潜坝围堰，可以保持比湿地原始状态高的水位，形成一定面积的水面，提高蓄水能力。潜坝的高低和宽度依据修复区地形、场地面积和汇水区面积而定，通常砌筑土质潜坝(土埂)。在河流上砌筑潜坝，不能阻断河流的纵向水文连通性。通过围筑陂塘和填堵排水沟(如用麻袋或木制物分级填堵排水沟)、挖掘“泻湖”“牛轭湖”等结构，也可以为湿地蓄积水源。

④牛轭湖：平原河流的河曲发育，随着流水对河面的冲刷与侵蚀，河流弯曲度逐渐增大，由于河流自然截弯取直，河水由取直部位径直流去，原来弯曲的河道被废弃，形成孤立水体，即牛轭湖。参考牛轭湖形态结构及生态功能，在河流湿地恢复中，沿河岸区域，挖掘牛轭湖形态的水湾(函)，起到蓄水、供水作用，保障水生生物的生存空间，发挥污染净化功能。在湖泊、库塘湿地的恢复中，构建牛轭湖也常常起到为水鸟提供生境的重要功能。

⑤阶梯式水泡系统：在河流上，尤其是沟道上游，以及湖岸、库岸缓坡，通过扩挖小水面(水泡、小型浅水塘)，沟通相邻接的小水面(水泡)，构筑阶梯式水泡系统，发挥其在湿地修复中的储水、蓄水、补水生态功能。

⑥雨水收集利用系统：a. 雨水花园。通过人工挖掘形成小面积浅凹绿地，用于汇聚并

吸收来自屋顶或地面的雨水，是湿地修复中可持续的雨洪控制与雨水利用设施。b. 生物滞留塘。在地势较低区域，通过植物、土壤和微生物系统构建蓄渗、净化径流雨水的水塘。生物滞留塘宜分散布置且规模不宜过大，生物滞留塘面积与汇水面积之比一般为5%~10%。生物滞留塘的蓄水层深度应根据植物耐淹性能和土壤渗透性能来确定，一般为200~300mm。c. 生物沟。沿湿地修复区内各级道路两侧，构建种植有植被的地表沟渠，一般为碟形浅沟，可收集、净化、输送和排放径流雨水。d. 生物洼地。人工挖掘形成低洼地，通过土壤改良使洼地基质具有良好渗透性，在洼地池中栽种植物，是湿地修复中控制雨洪、蓄积并补给地下水、净化面源污染的技术措施。

⑦暴雨储留湿地：在重点针对水质净化、防洪、蓄水的河流湿地、湖库湿地修复中，建设暴雨储留湿地。模拟自然暴雨系统的特征和功能，综合利用水塘和湿洼地的蓄水和过滤功能，设计长的处理路线，使暴雨及洪水通过低洼湿地、植物缓冲带和大面积地表缓流的湿地塘系统，使上游来水得到缓冲、滞留，并使水质得到净化。暴雨储留湿地分 3 个部分：a. 湿地塘—浅水沼泽湿地系统。由两个独立的单元组成，即湿地塘和浅水沼泽湿地。b. 延伸带滞洪湿地系统。增加径流雨水暂时储存池，植被带分布沿着延伸带滞洪湿地斜坡边缘从正常塘面高度一直延伸到延伸带滞洪水面的最高处。c. 小型水塘系统。为实现暴雨控制水塘系统的储蓄水、缓流和生物生境等功能，建设 25%~50%的水面，且水深约 50cm，其余 50%~75%的水面区域水深达到 1. 5~2. 5m。

⑧水源涵养林：水是湿地的重要因子，除了上述水源及生态补水措施外，水源涵养林恢复和建设是涵养湿地区域内水的重要措施。在河流第一层山脊、湖泊及水库周边营造水源涵养林，有利于保障湿地区域内的水量和水质。

**(3)水位控制技术**

水位控制主要采取建设生态闸坝、潜坝(通常砌筑土质潜坝，以潜坝围堰，可保持比湿地原始状态高的水位；潜坝高低依据修复区地形和水位控制要求而定)、水闸、原木拦截堰、泵站等措施，按湿地保护需求和栖息动植物适宜水深控制水位。也可利用水控结构控制水位。在沟渠的合适位置安装水控结构进行排水管理，同时也可用来转移和控制水流，其设计要求考虑季节性水位的变化，以优化丰水期排水和枯水期储水的功能。

**(4)水流形态多样化调控技术**

将渠化的河流或笔直的沟渠恢复成自然蜿蜒形态，使水体在更广阔的湿地区域中自由流动，可丰富湿地水文过程在时间和空间上的差异性。向河道、湖泊、库塘边缘抛石，或种植挺水植物可在小尺度上改变水流形态，提高生境异质性并为底栖动物和鱼类提供生境。

**(5)水环境修复技术**

①泥沙沉淀池：沉淀池是让水流中较重的悬浮物沉积池底。通常在河流的入湖(库)处建设泥沙沉淀池，设置过滤层，用于过滤粗大垃圾、杂质，多余泥沙在沉淀池内沉积去除。

②人工湿地处理：在郊区、农耕区域的湿地修复中，对少量农户的生活污水可通过微型人工湿地处理达标后排放。对湿地恢复区域内的管理服务区、访客中心、接待中心所产

生的少量污水，通常采用人工湿地(表面流人工湿地、潜流型人工湿地)进行水质净化。在湿地恢复中人工湿地建设还应具有生物多样性提升、科普宣教、景观美化等功能。

③稳定塘：稳定塘(也称氧化塘或生物塘)是湿地修复中利用天然净化能力对污水进行处理的湿地结构。将土地进行适当修整，建成池塘，设置围堤和防渗层，依靠塘内生长的微生物和植物，利用菌藻共同作用处理废水中的有机污染物(图4-7)。

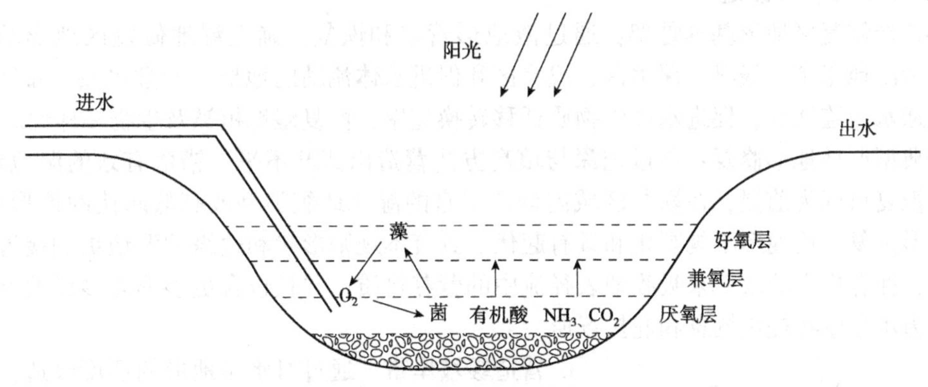


**图4-7　稳定塘净化污水的设计原理**

④沿河流增加水质净化的功能湿地：在河流两岸、或湖(库)沿岸建设自然湿地，即增加针对水质净化的功能湿地。新建功能湿地形态和大小可根据修复场区地形和空间而定，在净化水质的同时，发挥涵养水源的功能，并为野生生物提供栖息地。

⑤滨岸湿地缓冲带：在河流、沟渠两侧构建一定宽度的植物缓冲区，发挥其过滤、净化功能，包括河岸林及河岸灌丛；在乔木和灌木稀少的地带，或河流、沟渠和周边高地间种植乡土草本植物，形成缓冲带。

⑥种植沉水植物：沉水植物种植是湿地修复中净化水质的优选技术，可增加水中溶氧，净化水质，扩大水生动物的有效生存空间，给水生动物提供更多栖息和隐蔽场所，为水生动物提供食物。常见的具有水质净化功能的沉水植物有黑藻、苦草、菹草、穗花狐尾藻、眼子菜等。可种植于软底泥10cm以上，水深0.5~2.0m甚至更深的水体，也可适用于底部浆砌或无软底泥发育的水体。

⑦人工浮岛：针对湖泊、库塘等湿地的水质净化，在水位波动大的水库或因波浪大等原因难以恢复岸边水生植物带的湖沼或是在有景观要求的池塘等闭锁性水域应用人工浮岛。人工浮岛框架常见材质有竹木、椰子纤维、泡沫、塑料、橡胶、藤草、苇席等。浮岛上面栽植水生植物，如芦苇、香蒲、茭白、水葱、美人蕉、千屈菜等。除净化水质的功能外，在湿地修复中应用人工浮岛还可以为鱼类提供产卵附着基质，为鱼类、水生昆虫和水鸟提供栖息环境，美化湿地景观。

⑧水体富营养化治理：主要采取控制外源性营养物质输入、清理水面外来物种、生态清淤、生物除藻(生物操纵法)、底泥疏浚(洗脱)、水生生态系统优化等措施来治理水体富营养化。其中，生物操纵法通过改变捕食者(鱼类)的种类组成或多度来操纵植食性浮游动物群落的结构，促进滤食效率高的植食性大型浮游动物，特别是枝角类种群的发展，进而降低藻类生物量，提高水体透明度，改善水质。在湿地恢复中，常用食浮游植物的鱼类和滤食性软体动物来控制藻类，治理水体富营养化。方法为：a. 放养浮游植物食性鱼类控

藻，如鲢鱼、鳙鱼，通常鲢鱼与鳙鱼以 3 : 1 的比例放养；b. 放养大型滤食性软体动物，如河蚌、河蚬等。

## 4. 6. 2　基底结构与土壤恢复

**(1) 地形修复和改造**

①营造修复区地形基本骨架：通过微地形营造和恢复，确立湿地修复区地形基本骨架，营造湿地岸带、浅滩、深水区、浅水区和促进水体流动的地形、开敞水域分布区等地形，疏通水力连通性，促进水体中物质迁移转换速率，恢复湿地植被及生物多样性。

②典型湿地地形修复：通过挖深与填高方法营造出凹凸不平、错落有致的湿地地形。必须以恢复目标为前提，在恢复区域内创造丰富的湿地地貌类型或高低起伏的地形形态。通过地形恢复，使地形不规则化和具有起伏。具有不规则形状和边缘的湿地更加接近于自然形态，拥有更大的表面来吸收地表径流中的营养物质，并且包含更多形态多样的空间和孔穴来为水生生物提供栖息和庇护场所。

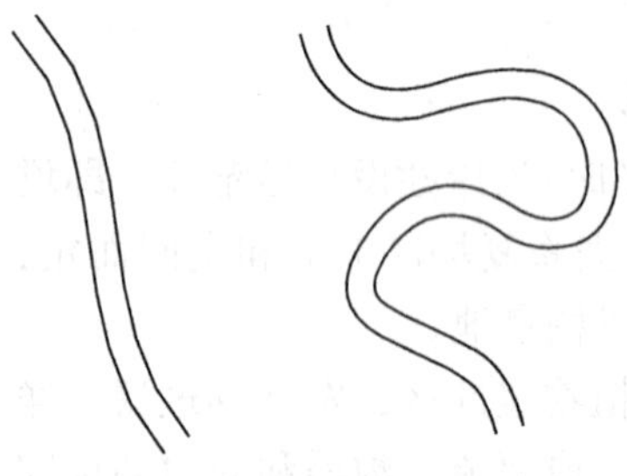

**图 4-8　缓坡岸带示意图**

a. 营造缓坡岸带。通过对水岸地形的适度改造，营造部分缓坡岸带，可以为湿地植物着生提供基底，形成水陆间的生态缓冲带，发挥净化、拦截、过滤等生态服务功能。根据岸线发育系数恢复岸带，平整坡岸，去直取弯，进行缓坡岸带地形恢复(图 4-8)。

b. 浅滩营造。通过对临近水面起伏不平的开阔地段进行局部微地形调整(局部土地平整)，对周围地势过高区域削低过高地形、填土降低水深等方式塑造浅滩地形，营造适宜湿地植被生长和水鸟栖息的开阔环境，使其成为涉禽、两栖动物的栖息地以及鱼类的产卵场所。

c. 营造深水区。湿地中需要保留或营造一定面积的深水区，保证其底层水体在冬季不会结冰，为鱼类休息、幼鱼成长及隐匿提供庇护场所以及湿地水生动物越冬场所。营造深水区以凹地形为主，深挖基底形成深水区，深度应保证湿地修复区所在地最冷月份底层水体不结冰，并预留 0.5m 深的流动水体。

d. 营造岛屿。岛屿地形营造是恢复的退化湿地的一项重要地形恢复工程。结合不同种类湿地生物(如水禽、爬行类等)的栖息和繁殖环境要求，通过堆土(石)，进行生境岛地形恢复。

e. 洼地营造。在平坦的地表上营造分布不均的洼地，提高地表环境异质性。在降雨时蓄滞水，在非降雨期由于水分饱和、土壤湿润，起到释放水分、调节微气候的作用。

f. 营造水塘。在水岸上挖掘大小、深浅不一的塘，这种地形重塑的方法通过洪水脉冲和季节性水位变动使岸边水塘与水体发生联系，形成湿地多塘系统，是旱涝调节、提高生物多样性的有效模式，为水生植物和涉禽等鸟类提供更多的生存空间。

g. 营造急流带。急流带地形恢复采用地形抬高和地形削平相结合的方法营造，在来水方向抬高地形，与出水方向形成倾斜状地形，加速水体流动速度。急流带地形恢复可为那些喜流水的水生昆虫、鱼类提供适宜的流水环境。

h. 营造滞水带。在出水方向抬高地形形成类似堤坝形态的基底结构，或者在出水方向基底堆积石块，恢复滞水带地形，以减缓水体流动速度的方式实现滞水效果，为着生藻类、适应静水的沉水植物、各种水生昆虫、鱼类、穴居或底埋动物提供适宜生境。以削低湿地修复区局部地势较高的区域，间接实现增加水深，以适应一些湿地植物对水位的要求，特别是对水深有要求的挺水植物、沉水植物和浮叶根生植物。

i. 水下地形修复。通过对浅水区水下地形的适度改造，使水下地形具有起伏，通过抛石等措施，形成复杂的水下生态空间，增加湿地生境地异质性，提高水生生物多样性。

**(2) 土壤修复**

①消除土壤污染物：对已受到污染的湿地，清除土壤污染物。控制土壤污染物，通过其自然净化作用，消除土壤污染。

②移走受污染土壤：移走受污染土壤，是一种异位土壤修复技术。适用于污染范围不大，污染程度较轻的湿地土壤。

③修复受污染土壤：土壤污染修复技术包括物理修复、化学修复、生物修复等技术。生物修复是应用较广的技术，即通过植物和微生物代谢活动来吸收、分解和转化土壤中的污染物质，例如，利用细菌降解红树林土壤中的多环芳烃污染物，利用超积累植物修复重金属污染土壤，利用湿地植物(如芦苇)与微生物的共生体系治理土壤污染。

④改良土壤理化性质：通过提高土壤肥力和减小土壤密度或压实度来改良土壤性质。充足的有机物质有利于改善土壤理化环境，为植物生长提供营养物质，是湿地植被恢复的前提，且有机土比矿物土具有更强的缓冲能力。在针对水质净化的湿地修复中，通常在底部构建由黏土层构成的不透水层，防止有害物质对地下水造成潜在危害；在其上覆填渗透性良好的土壤，为各种挺水植物提供生长基质。

⑤控制土壤侵蚀：水流的过度侵蚀会导致岸线凌乱、水土流失、沉积物淤积、植物生长受到抑制。通常使用柔性结构进行固岸护岸，减弱水流对土壤的侵蚀。

### 4.6.3　植被恢复

**(1) 植物种类筛选**

①种类筛选原则：应确保该植物生长环境条件与湿地修复区条件相似，应采用本地物种，对修复区域的适应性强，具有环境净化功能，且具有观赏价值，抗病虫害能力强，繁殖、栽培和管理容易。优先选择乡土植物物种开展湿地植被恢复至关重要，乡土植物更易适应本地生长条件，能够与本地动物和微生物形成长期协同进化关系，且许多鸟类与昆虫对特定的本土植物存在依赖关系。种植乡土植物还能够帮助保存当地乡野杂草资源。

②种源：除从商业苗圃购买乡土植物外，植物的其他潜在来源包括回收利用土地改造、房屋建设或道路建设和维护中将被破坏的植被及植物资源，也可以建立自己的苗圃并培育所需植物，培育所需的种子一定要从相同植物区获取。不主张从现有的湿地中移栽植物，以防止破坏或损伤一片湿地去修复另一片湿地。一定要向所联系的苗圃询问其植物来源，是野生收集的还是苗圃种植的。

水生植被恢复也应能够稳定、恢复或改善水域环境质量，且能定植的浮水植物、挺水植物和沉水植物为主。

**(2)植物群落配置**

①水面植被恢复：小型水面植被恢复，以自然恢复为主，利用湿地土壤种子库，让其自然恢复。如果缺乏土壤种子库，可适量撒播漂浮植物和浮叶根生植物的繁殖体，以小型浮叶根生植物为主，如四叶菜、荇菜、水鳖等。大型水面植被恢复，以适量撒播沉水植物、漂浮植物和浮叶根生植物的繁殖体为主，如穗花狐尾藻、眼子菜、荇菜等。在库塘、湖泊湿地修复中进行水生植物群落配置时，按照水下沉水植物、明水面浮叶根生植物的群落配置格局。水体以具有 2/3 明水面为佳，浮叶根生植物仅覆盖水面不超过 1/3 面积。

②滨水带植被恢复：根据库塘湿地、湖泊湿地、河流湿地滨岸的水位变化情况营造植物的分带格局，从水体向陆地过渡依次为沉水植物带、浮水植物带、挺水植物带、湿生植物带(包括湿生草本、灌木和乔木)，形成滨岸水平空间上的多带生态缓冲系统。这种按水位梯度构建的条带式植物群落利用了物种在空间上的生态位分化，以提高滨岸带生物多样性和生态缓冲能力，并形成多样化生境格局。

③常水位出露滩地植被恢复：以种植低矮湿生植物的幼苗为主，如选取带土成丛芦苇(直径 30~40cm)种植在深为 15~25cm，坑径为 30~40cm 的种植坑中，种植密度为 1~3 丛/$m^2$。

④常水位以下植被恢复：以种植高大挺水植物的幼苗或繁殖体为主，如选取香蒲幼苗种植在深为 15~25cm，宽为 3~5cm 的种植坑中，种植密度为 25~30 株/$m^2$。利用沉水植被构建水下生态空间也是湿地修复的重要方法。在库塘、湖泊湿地修复中，通过种植菹草、金鱼藻、黑藻等沉水植物，形成抗逆性强的“水下森林”，在净化水质的同时，为鱼类、底栖动物等水生生物提供栖息空间。

⑤陆上植被结构优化：对湿地修复区域内的陆上植物群落(灌丛、森林等)，根据不同植物种对光的适应差异，形成林下垂直空间上的乔灌草分层格局(图 4-9)。运用垂直混交技术构建“乔木+灌木+地被植物”群落，形成丰富的植被层次。保留林中空斑，在林间营造小型水塘，形成森林—泡沼复合湿地系统(图 4-10)，作为森林湿地中的特殊生境，对保育野生生物具有重要意义。

图 4-9　陆上植被结构优化示意图

图 4-10　森林—泡沼复合湿地系统示意图

### 4.6.4　生境恢复与改善

在退化湿地恢复过程中，为珍稀濒危特有目标物种以及乡土物种营造良好的栖息环境是实现湿地生态系统功能完整性的关键步骤。鸟类、鱼类是湿地的重要功能类群，很多种类是湿地生态系统中的关键种，对于反映湿地环境变化和调控群落结构起着重要作用。湿地恢复工程就是要利用能够提高生境多样性的技术，使得植物和动物多样性增加。通过生境结构的恢复与改善，通过引入关键种，建立适于鸟类、鱼类及其他野生动物的栖息地，从而恢复湿地的生物多样性。生境恢复与改善主要包括植被恢复、生境改善、生态廊道、生境岛、(隐蔽地)庇护地建设等。

#### 4.6.4.1　针对生境的植被恢复

生境恢复的重要手段之一就是恢复湿地区域内的植被。通常采取封禁等自然恢复方法或人工辅助自然恢复的措施。具体如下：①湿地内的滩涂、沼泽、灌丛、疏林等通过封育措施能够恢复林草植被时，应采取封禁方式恢复。②经封育不能恢复或恢复较慢的区域，应采取补植(播)乡土植物等人工措施辅助恢复植被。③水生植被恢复应以能够稳定、恢复或改善湿地生态环境质量，且能定植的沉水植物、浮水植物和挺水植物为主。

#### 4.6.4.2　生境改善

**(1)鸟类生境改善**

鸟类生境恢复是湿地修复工作的重要内容。鸟类栖息地需满足3个条件，即为鸟类提供栖息场所、避敌场所和食物来源。在恢复技术上主要是多样化生境单元构建和食源供给两大方面，依主要保护对象特性而定。可按栖息、繁殖和觅食活动分别进行微地形改造、底质改造、水位控制和补充食源地配置。在自然食物链不能满足觅食要求时，可通过农田留存作物(如稻谷、玉米等)等方式补充食源。

①微地形改造：湿地鸟类包括涉禽(鸻形目、鹤形目、鹳形目)和游禽(雁形目、鹈形目)等。湿地鸟类的生存，需要水域、裸地、植被3种要素共存，且不同生境单元的组合也会影响鸟类种类和数量。涉禽觅食和栖息需要浅滩环境，游禽需要开阔明水面和深水域。因此，营造浅滩—大水面复合生境可为湿地鸟类提供多种栖息环境(图4-11)。同时通过挖掘或淤填等方式构建不同水深环境以提高生境异质性。湿地植被为鸟类筑巢觅食、躲避天敌入侵和人类干扰等创造了天然的庇护环境，配置乔灌草混交的植物群落以满足不同喜好的鸟类。枯木或倒木也是重要的小型生境单元，在其腐烂的同时也为苔藓、草本植物的生长提供基质。从岸边伸向开放水域的倒木可为水禽、爬行动物和两栖动物提供栖木，并且能够成为鱼类和水生昆虫的庇护场所。

②生境岛：根据地形、水文特征、植被类型、水鸟种类等确定生境岛形状、大小、空间异质性和高程等。地形凸起区域如高滩、岛屿等可设计成鸟岛，其上再挖掘洼地或浅水塘，并种植低矮的湿生草本植物，这种孤立岛状地形是鸟类等湿地生物隔绝外界干扰的重要结构。

③底质改造：很多鸟类需要吞咽少量沙子以帮助消化植物性食物。因此，生境恢复与

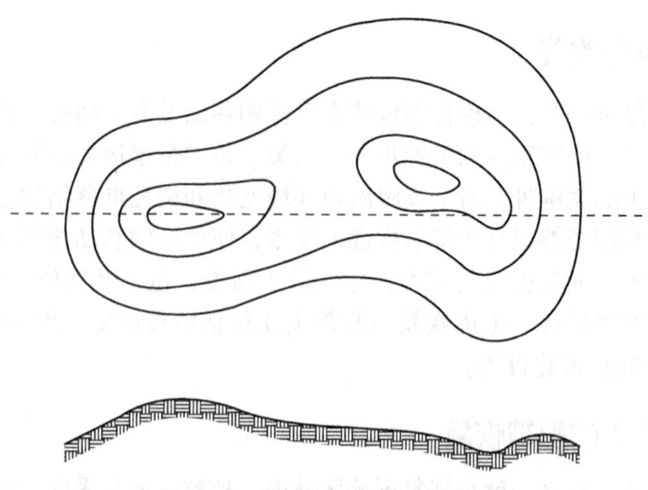

图 4-11　微地形改造的主要形式

改善中，对一些完全是淤泥质的底质，可适当在局部区域斑块状铺设粗砂，形成有利于鸟类生存的镶嵌状底质斑块。

④水位控制：针对不同的鸟类，设计不同水位深浅的缓坡水域。就觅食环境来说，设计水深分别为，鸻鹬类：0~0.15m；鹤鹳鹭类：0.10~0.40m；雁鸭类：0.10~1.20m。

⑤植被恢复和控制：植被是鸟类重要的栖息地、庇护地、觅食场所和繁殖场所。针对不同鸟类栖息、觅食和繁殖习性，进行植物种类和不同群落结构的配置。植被恢复和控制包括食源性植被恢复、生态隔离带植被恢复和干扰性植被控制。应按照主要保护鸟类和优势水鸟的觅食习性，恢复相应的食源性水生植被和外围保护隔离带植被；同时，控制地面植被干扰和侵占水鸟的栖息觅食空间。

⑥食源供给：在自然食物链不能满足觅食要求时，可通过农田留存作物(如稻谷、小麦、玉米等)、种植食源植物等方式补充食源。

鸟类食源主要包括底栖动物、鱼虾、植物种子、球茎和果实等。游禽多以水中昆虫、鱼类及植物为食，涉禽喜在滩涂觅食软体动物、昆虫、小鱼等，鸣禽多在水边灌丛或密林中找寻浆果、草籽、昆虫等为食。因此，营造鸟类栖息地时应尽量创造多种食源，满足不同鸟类的食物需求。在湿地周边种植鸟嗜物种(如桃、杏、李、樱桃、葡萄、火棘、枸杞、女贞等)，同时可在水塘中人工投放适量动物性饵料。

**(2)鱼类生境改善**

①滨岸带和洲滩湿地修复：湖泊、库塘湿地沿岸带是食草性鱼类索饵和产黏性卵鱼类产卵的重要场所，围湖造田导致鱼类索饵、产卵场面积缩小，生境多样性下降。无序采砂影响部分鱼类产卵场的基质和繁殖行为。恢复湖泊、库塘、河流洲滩植被，对洲滩进行湿生及水生植被的恢复与重建，包括先锋种(以乡土植物为主)引入、植被栽培(“目标”种优选、基本条件创建、植物栽种、群落配置)，以有效恢复鱼类生境。

②滨岸腔穴系统恢复：河流湿地、库塘湿地、湖泊湿地的基岩质岸线岩石腔穴对于鱼类庇护、临时性产卵具有重要作用。岩石腔穴及其周边也是水生昆虫、附着藻类以及其他浮游生物大量繁殖的场所，这些生物共同构成了一个完整的近岸水域食物网。鱼类生境恢

复，重点是营造多孔穴的生境空间，提供鱼类庇护及产卵生境。

③水下生态空间构建：在浅水区域种植沉水植被，形成良好的水下生态空间，为鱼类提供栖息及觅食生境，也为产黏性卵的鱼类提供产卵附着基质。在浅水放置木质物残体，如枯树枝、倒木等，形成复杂的水下生态空间，为鱼类产卵、庇护及幼鱼哺育提供良好场所。在近岸水域及河口地带，通过抛置圆石、卵石、块石，营造鱼类栖息繁衍的生境条件。

④营造植物浮岛：利用人工植物浮岛，作为鱼类产卵、栖息基质也是鱼类生境恢复的重要手段之一。人工浮岛本身具有遮蔽、涡流、食物源等生态功能，构成了鱼类生息的良好条件。浮床上的植物根系在吸附悬浮物的同时，为鱼类等水生生物提供栖息、繁衍场所。在河流、湖泊、库塘等水面，运用不同空间结构设计，以“水面植物浮床+水下生态空间”的方式构建飘浮型湿地生态岛模式，以竹材作为浮床基础框架，以棕片、麻片为基质，筛选种植芦苇、千屈菜、水芹菜、马齿苋等根系发达的水生植物。棕片、麻片和水生植物根系都是鱼类产卵附着的良好基质。植物浮岛可优化周边水域食物网(链)，具备水生生物产卵、索饵和栖息功能，植物浮岛周边鱼卵仔鱼平均丰度明显高于未恢复的水域。

## 4.7　湿地恢复工程案例

### 4.7.1　上海大莲湖湿地恢复

在上海大莲湖湿地恢复前，约1/2面积被开发为人工鱼塘，这样的土地利用变化导致了以前处于主导地位的湿生植物群落逐渐丧失，生境破碎化严重。由于受到农业面源污染、生活污水和湖泊底泥内源污染的影响，大莲湖水质变差，处于中等富营养化水平，水源涵养和水体净化能力下降。以水质净化和湖泊湿地生态恢复为目标，通过一整套湿地恢复工程的实施、社区参与和源头控制，优化湖泊及周边的土地利用格局，改善和恢复湖滨缓冲区结构和功能，重构湿地生境多样性，恢复健康的湖泊湿地生态系统，恢复其水体净化和生物多样性保育等功能。

**(1)退渔还湖，实施土地利用调整**

在土地利用方面，退塘还湿，控制区域内人工鱼塘的面积，同时恢复该区域及其周围一定面积的湿地景观，使不同斑块之间保持生态连通性，周边的景观作为缓冲带，在一定程度上减弱外界对修复区内栖息生物的影响。为使区域内土地利用方式多样化，要注重各种不同生境的比例和不同生境之间的廊道连通，充分发挥湿地生物多样性保育功能。

**(2)河道水系调整**

通过恢复自然水面及不同水域之间的沟通和联系，提高湿地蓄水功能，促进区内水量平衡，改善区内的水环境。河道、水系沟通，重新挖深并疏浚水系，使得原来小型的斑块鱼塘分割的景观格局，形成彼此连接的水网，并通过闸口与外界河道相连，增强了水体的流动性及与外界的交换。

对河道进行疏浚沟通，将金口门港与大莲湖沟通，并在两水系交汇处新建水闸，减轻下游村庄的防洪排涝压力，同时通过大莲湖的水质净化功能，改善内部河网的水环境。通过河网水系恢复，还原江南水乡特色，带动区域生态旅游产业。

开挖形成开放性水域，并最终形成面积较大的水塘，水塘最深约为6~7m，岸堤成斜坡形下降。恢复后，不同水域之间通过河道沟通形成水网。

**(3)湖滨带湿地修复与森林湿地培育**

通过实施湖滨湿地修复工程及其配套的河流水系修复、森林湿地培育、浅滩湿地修复等系列综合湿地修复工程，对大莲湖湖滨地形、植被结构、湖滨生态系统进行恢复，有效发挥了面源污染物质的拦截作用。森林湿地培育工程丰富了区域内的动植物种类，优化了湿地景观。

**(4)湿地植被恢复**

在上海大莲湖湿地修复过程中，针对大莲湖存在的湿地植物种类单一、缺乏稳定的湿地植物群落及湿地植被功能性单一的问题，因地制宜地选取当地具有地带性的湿地植物，构建符合大莲湖区域地形和景观需求的植物群落。遵循植物生态位和生态演替规律，构建以湿地乔木、灌木、草本、水生植物为主体的近自然状态的湿地植物群落，并为野生动物提供庇护和栖息场所。在水生植被配置方面，充分考虑水生植物的净化水质功能及景观功能，尽量选择环境适应性强、净化水质能力强的湿地植物，注重挺水植物、浮水植物、漂浮植物和沉水植物之间的搭配设计。按照自然湖泊湿地的植被配置，在恢复区进行植被引入及重建，在原有水生植被和人工林的基础上，增加池杉、水杉等大型乔木的种植面积。随着人工鱼塘被自然水域所代替，重新引入水生植物群落。形成了乔木、灌木、草本植物、挺水植物、浮水植物、沉水植物等植被演替系列。

**(5)湿地生境恢复**

实施退塘还湿，对现有鱼塘进行挖深、沟通，形成完整的水系，以恢复生态系统结构和功能的完整性。根据大莲湖特点，以上层鱼类、中下层鱼类和底层鱼类的放流相结合，自然放养一些土著鱼类。通过生物操纵，对水质起到净化作用，并为鸟类提供食物资源。另在核心区周围建立缓冲带，重建越冬水禽栖息地。根据湿地物种保育要求，优化植物群落结构，特别针对雁鸭类等水禽的生境偏好，设计不同水深和不同植被的多样化生境。

**(6)生态疏浚与岛屿生境建设有机结合**

在恢复过程中，将生态疏浚与岛屿生境建设有机结合，对湿地地形、地貌进行改造，增加人工小岛和土堆、围建土堤，增加光滩面积，改变原来生境较单一的状况。通过清除含高浓度营养物质的底泥，降低底泥产生的二次污染。深挖并拓宽水塘、疏通水系，增加修复区对来水的容纳量，促进各种物质在修复区内的交换和流动。

生态清淤总规模约 $14.53\times10^4 m^3$，其中湖区清淤量为 $10.13\times10^4 m^3$，河道清淤量为 $4.40\times10^4 m^3$。在湖心设置1个水上排泥场，水上占地面积约 $2.48\times10^4 m^3$，堆泥量约 $10.13\times10^4 m^3$，吹填土固结后作为湖心生态岛；利用固结后的清淤底泥及工程弃土，在生态岛南部50m处堆置1座湖心生态小岛，占地面积为4 700$m^2$。

**(7)生态种养殖模式**

推广约17.3$hm^2$的蛙稻种养殖，形成稻—虫—蛙天然食物链；推广约9.67$hm^2$的有机茭白种植，采用促早栽培技术及农业废弃物综合治理技术；推广健康标准化养殖、生态养殖，设置养殖水源净化区、生态养殖区及养殖废水处理区三个功能区。通过发展生态养殖，减少现有水产养殖对水源的环境影响。

大莲湖湿地修复工程取得了明显成效，水源水质明显改善，生态功能逐渐增强，成为可开展湿地旅游、湿地科普宣教、生物多样性观测等多种活动的综合湿地基地。种植经济作物及开展生态养殖，经济收入大幅度提升，长效机制初步建立，通过建立有机农业合作社，推动了大莲湖区域的生活污水控制、湿地生态修复与水源地水质改善，形成良性循环。

### 4.7.2 广州南沙湿地公园红树林湿地恢复

南沙湿地总面积627$hm^2$，是候鸟的重要迁徙停歇地之一，也是珠三角地区保存较为完整、保护较为有力、生态质量良好的滨海湿地。南沙湿地良好的自然生态环境为周边地区起着防风消浪、涵养水土、调节气候等重要作用。随着广州"南拓"战略的实施，南沙面临的环境压力增大。据推算，南沙地区仅红树林和芦苇湿地每年就可以去除总氮约105 789kg，总磷约10 436kg，因此实施南沙红树林恢复工作带来的环境净化效应不可忽视。

**(1)构建人工红树林湿地处理系统**

在南沙工业园区外围构建红树林湿地系统，将处理达标的水先在人工湿地中进行深度处理再外排入自然水体，使南沙自然湿地增加了一道防线。一方面，人工红树林湿地对低浓度废水具有显著净化效果；另一方面，由于适当水淹是红树林植物生长的必要条件，所以出水为红树林植物创造了一种适宜的生境，水中残余的氮、磷及其他营养物质促进了植物的生长，最终实现了无害化与资源化的统一。

**(2)以乡土红树植物为主，恢复红树林植被**

南沙湿地的红树林植被恢复，以红树林植物的耐寒性、耐盐性、耐潮力、向海性、生态安全性等特性作为选择物种的原则，选择当地的乡土红树植物秋茄树、蜡烛果为主要恢复树种，海雌榄为次要树种。根据红树林生物多样性等功能需求，引种木榄、红海榄等。陆续从海南岛及湛江雷州半岛引进海桑、木榄、红海榄、海杧果、海漆、桐棉等近20个树种，极大地丰富了南沙红树林物种多样性。

**(3)红树林鸟类生境营造技术**

结合鸟类的生境需求和食物需求，在红树林区域内营造大面积浅滩、深水塘，沿着水位梯度和盐度梯度，形成了从红树植物到半红树植物的生态序列，为鸟类提供了良好的食物资源及栖息环境。将浅滩营建、岛屿重建和作为栖木的木质物残体(如枯树桩、枯树枝等)相结合，形成鸟类的镶嵌生境斑块，为鸟类栖息和越冬提供了良好条件。实施湿地修复后，南沙湿地鸟类种类和数量明显增加。

**(4)红树林湿地互花米草防控技术**

南沙采取了"刈割+乡土红树植物种植"的技术进行互花米草的防控取得了良好效果。选择的红树植物以秋茄树、蜡烛果为主。利用秋茄树、蜡烛果的速生性以及生态位特点，对互花米草进行生态控制。用红树植物秋茄树、蜡烛果对互花米草的生态控制表明，随着秋茄树、蜡烛果种植年限的增加，互花米草生长状况明显受到抑制，表现为株高变矮，盖度明显减少，多度降低。通过红树林恢复工程，南沙红树林面积大大增加。南沙红树林发挥了净化水质、为鸟类提供生境和食物、丰富生物多样性等生态功能，公众的湿地保护意识得到极大的增强，南沙湿地已经成为融湿地保护、湿地生态旅游、湿地科普宣教等功能于一体的重要基地。

### 4.7.3 拉斯维加斯过水区湿地恢复

拉斯维加斯过水区位于美国内华达州克拉克县拉斯维加斯山谷东南部，作为一条城市河流，全长约19.3km，从斯隆渠道(Sloan Channel)到拉斯维加斯湾。20世纪70年代，人口的增长引发了早期扩张的湿地开始退化。水渠的阻断、两岸浅滩的侵蚀以及雨水的泛滥严重影响了拉斯维加斯过水区。浅层地下水位的降低和排放，使得已形成的湿地大大减少。1995年，湿地植物减少到过水区渠道的外围。此外，河岸的区域开始被外来植物侵入。近年，许多团体开始致力于过水区和湿地的恢复，1991年通过发行公债，用于发展克拉克县湿地公园的建设，并在1998年10月成立了拉斯维加斯过水区协调委员会，各类关于过水区的复杂问题正在得到协调解决。自1999年以来，拉斯维加斯过水区全面的复原计划正在逐步实施。拉斯维加斯过水区近年的生态复原实践主要包括水土稳定措施、植被复原、湿地修复示范工程、湿地公园建设等。

**(1)水土稳定措施**

将稳定过水区作为重点步骤进行长期管理，包括3个主要方面：河床的稳定；河岸的保护；植被的复原。稳定河床的方法之一是在整个过水区设置侵蚀控制结构堰，计划共有22个，到2007年，建成10座堰，过水区系统随着每一个堰的建成均有所改善，同时抵御季节性风暴与防洪泛能力也明显增强。成功地稳定了渠道之后，进一步的工作是发展河岸及湿地栖息地。侵蚀控制结构有助于减缓水流，形成结构后面的一个池塘，湿地植物才得以生长。堰的施工工程，还包括清除过水区两岸大片的入侵植物，如柽柳等。然后再代以本土的湿地、河岸和陆生植物。目前正着手于减缓渠道的下切侵蚀(down cutting)，降低河岸的水土流失，在河道边培育植被，平衡输沙和提高生态系统的稳定性，从而促进渠道的稳定。

**(2)植被复原**

最初，项目组需要了解特定地区的需求，如种植时考虑过水区中的特定位置，何种植物可以获得最优生存率。通过研究和试验，得出了一个最具适应性的本土植物名单。此外，也在探索开发理想的灌溉方式，以确保每一个领域的植被得以繁茂成长，并符合许可证中的执行标准。至2007年，项目组已在过水区种植植被超过55hm$^2$。根据过水区设施改建计划和植被总体规划，估计71hm$^2$将重新进行植被绿化以控制过水区的水土流失。该55hm$^2$完成后，其中22hm$^2$可应用于控制水土流失的稳定计划，其余33hm$^2$保留以满足内华达国家公园和克拉克县多生物物种栖息地保护计划的需要。

**(3)湿地修复示范工程**

哈德森水循环机构和皮特曼过水区湿地示范项目同时在进行湿地的示范工程。哈德森为期6年的湿地项目包括：重点建设12个2~3hm$^2$的废水收集方池，其中植入11个没入水中的植被床(planting beds)和 3 个漂浮岛，为鸟类提供栖息点。该设计的特点是约 4/5 的开敞水域空间和 1/5 的陆地面积供自然植被生长。之所以选择 4 : 1 的比例，是因为它能够改善水质，同时又可限制蚊虫滋生。并采用了 3 种生长繁茂的芦苇，用以过滤流经湿地的水。

**(4) 克拉克县湿地公园建设**

克拉克县湿地公园位于拉斯维加斯山谷的东部，占地 11.7$km^2$，是克拉克县总体规划的一部分。目前一期建设的 40$hm^2$ 自然保护区也已完成并向公众开放。公园以步道系统为主，外接相邻的步道系统，北到彩虹花园、东到山区河流和湖泊。

通过以上恢复措施，拉斯维加斯过水区湿地逐步恢复原有面貌，湿地退化现象得到控制，湿地植被多样性增加，生态价值得到充分发挥。

# 第5章 湿地科研监测工程

## 5.1 总则

**(1)科研监测的概念**

科研监测是指利用物理、化学、生物化学、生态学等技术手段，对湿地生态系统中的各个要素特征、生物与环境之间的相互关系、生态系统结构和功能进行监控和测试。

**(2)科研监测的适用范围**

科研监测适用于我国境内湿地(包括湖泊型、河流型、库塘型、沼泽型以及滨海型等所有类型湿地)生态的定期动态监测，指导湿地科研监测、保育和管理工作。

**(3)科研监测的目的**

科研监测是了解自然资源与环境状况以及生态变化过程的重要方法和手段。科研监测的目的是通过监测湿地生态系统的现状及其变化方向和速率，分析人类各种活动在这种变化过程中所起的作用。湿地科研监测是湿地生态系统背景状况研究的基础工作，要逐步为湿地科研监测提供规范化的检测指标、标准、方法和手段，以便为湿地的科研评价和管理提供科学依据。

**(4)科研监测的原则**

①代表性原则：科研监测指标体系能够充分反映各类型湿地的土壤、水、生物等要素的现状及其动态变化。

②通用性原则：科研监测指标体系应能整体适用于不同地域范围不同类型的湿地。

③科学性原则：科研监测指标体系应能科学准确地反映湿地的自然属性、水环境质量、生物多样性以及管理等方面的状况。

④定量化原则：科研监测指标体系的所有指标均能定量测定，能按照国家标准及规定的科学方法完成监控和测试。

⑤可操作性原则：科研监测指标体系及监测方法应简便、实用、易测。

## 5.2　科研监测指标

**(1)必测指标**

必测指标包括湿地的基本特征指标、水文与水环境指标、气象因子指标、植物及其群落指标、鸟类指标、外来入侵物种指标、开发利用和受威胁状况。

**(2)选测指标**

选测指标包括土壤指标、沉积物指标、空气环境指标、浮游生物指标、鱼类指标、底栖动物指标、两栖动物指标、爬行动物指标、昆虫指标。

## 5.3　科研监测方法

### 5.3.1　湿地的基本特征监测

**(1)监测项目**

湿地基本特征监测项目主要包括湿地类型、湿地面积及分布、自然岸线类型及比率、湿地覆盖率、土地利用类型变化、工程建设占地面积。

**(2)监测方法**

湿地基本特征属宏观监测范畴，由省级以上单位主导，对行政区域内所有湿地面积、特征以及土地利用类型进行监测。利用遥感(RS)、地理信息系统(GIS)和全球定位系统(GPS)的“3S”技术，结合地形图、野外调查以及现有资料，进行湿地特征监测。对于面积较小(小于$3km^2$)的湿地则可利用航拍技术进行湿地内土地利用变化、湿地覆盖率等的监测。

①湿地类型划分按照《全国湿地资源调查技术规程(试行)》，并参考《湿地分类》(GB/T 24708—2009)，对湿地类型进行划分。

②采用两年内、5m以下空间分辨率的遥感影像数据，进行几何校正、波段组合、图像增强和镶嵌处理。

③结合野外调查、现场访问和收集最新资料，综合分析后建立遥感判读标志。

④根据①中的湿地类型结合空间数据判读湿地类型、面积、分布及湿地土地利用类型变化。

⑤现场核实和修订室内判读结果。

⑥室内判读湿地类型、面积及分布、土地利用类型，按附录中表Ⅴ-A-1的格式记录。现场调查土地利用类型按附录中表Ⅴ-A-2的格式记录。

**(3)监测的时间与频率**

湿地类型、面积及分布特征可每3年监测1次；自然岸线类型及比率每年监测1次；湿地率每3年监测1次；土地利用类型每5年监测1次。

### 5.3.2　水文与水环境监测

**(1)监测项目**

水环境监测对象为地表水。监测项目包括水位、地表水深、流量、流速。水环境监测项目包括水温、pH 值、电导率、溶解氧(DO)、透明度、化学需氧量(COD)、总氮、总磷、铵态氮、硝态氮、正磷酸盐、叶绿素 a。基于水环境监测数据评估水质类别。

**(2)监测方法**

湿地水文监测可采用在线监测，实时监测水位、流量、流速变化。在线监测应安装现场监测点水位监测终端，通过 GPRS 信号接收水文数据。也可选择建立野外水位线指示柱或安装水位、流量、流速传感器的方法，每天人工获取水文信息变化，水文监测按附录中表Ⅴ-B-1 的格式记录。水文监测点的选择应尽可能代表湿地整体水文特征的点以及出水和入水口，如果湿地内水文变动性大，应设计多个水文监测点进行监测。

所有水质必测指标均可采用仪器快速监测，水质监测化学分析项目与方法见表 5-1。

采样及现场监测结果按附录中表Ⅴ-B-1 和表Ⅴ-B-2 格式记录，实验室分析监测结果按附录中表Ⅴ-B-3 格式记录。水质判定级别执行《地表水环境质量标准》(GB 3838—2002)规定。

**表 5-1　水质监测项目与方法**

| 监测指标 | 单位 | 分析方法 | 监测频度 | 方法来源 | 备注(仪器法) |
|---|---|---|---|---|---|
| pH 值 | | pH 计法 | | GB 6920—1986 | 多参数水质分析仪 |
| 水温 | ℃ | 温度计 | | | |
| 化学需氧量 | mg/L | 高锰酸盐指数法 | | GB 7489—1987 | |
| 透明度 | m | 塞氏盘法 | | | |
| 溶解氧 | mg/L | 碘量法 | | GB 11892—1989 | |
| 电导率 | mg/L | 电导率仪测定 | 1 年 3 次，枯水期、平水期和丰水期各 1 次 | | 电导率仪 |
| 总氮 | mg/L | 紫外分光光度法 | | GB 11894—1989 | 总氮分析仪 |
| 总磷 | mg/L | 分光光度法 | | GB 11893—1989 | 总磷分析仪 |
| 铵态氮 | mg/L | 纳氏试剂分光光度法 | | HJ 535—2009 | 铵态氮分析仪 |
| 硝态氮 | mg/L | 紫外分光光度法 | | HJ/T 346—2007 | |
| 正磷酸盐 | mg/L | 离子色谱法 | | HJ 669—2013 | 总磷检测仪 |
| 叶绿素 a | μg/L | 叶绿素 a 分析仪 | | GB 11893—1989 | 多参数水质分析仪 |
| 水质类别 | | 单因子评价指数法 | | GB 3838—2002 | |

注：水质类别评价中以总氮、总磷、COD、硝态氮、铵态氮以及正磷酸盐为主要污染因子进行指数综合评价，评价标准依据《地表水环境质量标准》(GB 3838—2002)。

**(3)监测断面和采样位置**

①监测断面设置：尽可能覆盖监测区域，并能准确反映湿地水质和水文特征；包含湖泊、库塘、沼泽的进水区、出水区以及水系交叉区；河流型湿地包括干流上、中、下游以及支流入口；涵盖不同人为干扰区。

②采样位置设置：水样均为表层水样，断面水深≥0.5m，采样点深度位于 0.5m 处；断面水深<0.5m，采样点位于水面与水底中间层。a. 河流型湿地。采样断面包含湿地内河流上游边界、中游、下游边界、支流入口，长度超过 5km 的河流，长度每增加 3km 需增加 1 个采样断面。每个采样断面随机设置不少于 3 个采样点进行采样。b. 湖泊型、库塘型

湿地。采样断面布设主要涉及湖、库出入口、中心区、滞流区、饮用水水源取水口，一般最少设计 5 个采样区，每个采样区随机设置不少于 3 个重复采样点进行采样。水域面积超过 $8km^2$ 的湖泊、库塘，每增加 $2km^2$ 水域面积需增加 1 个采样区。c. 沼泽型湿地。对明水区进行采样断面布设，依据明水区分布随机采样，如明水区面积较大，可按照网格布点设计采样点，采样点依据面积大小不得少于 6 个。明水面面积增加，采样点数量随之增加，数量增加的方法同湖泊型、库塘型湿地。d. 滨海型湿地。滨海型湿地采样断面布设主要涉及河口湾区、海岸、泄湖湖周及中心区。根据湿地内水环境状况实际考虑，采样断面不少于 3 个，每个采样断面布设 3 个以上重复采样点。如果水域面积较大，需增加采样点以获取最好的监测数据。监测断面和采样点的位置确定后，其所在位置应该有固定而明显的岸边天然标志。如果没有天然标志物，则应设置人工标志物，如竖石柱、打木桩等。每次采样要严格以标志物为准，使所采样品取自同一位置上，以保证样品的代表性和可比性。

**(4) 监测的时间与频率**

水环境监测至少 1 年 3 次，枯水期、平水期和丰水期各 1 次，在水体受到污染的情况下应增加监测次数。水文监测进行实时监测或每天记录 1 次。

### 5.3.3　气象因子监测

**(1) 监测项目**

气象因子监测的项目包括降水量、蒸发量、气温、地表温度、气温日较差、空气湿度。

**(2) 监测方法**

气象因子监测通过建立微型气象站方法进行实时连续监测。气象因子指标监测结果按附录中表Ⅴ-C-1 的格式记录。

**(3) 监测的时间与频率**

气象因子采取实时监测。

### 5.3.4　植物及其群落监测

**(1) 监测项目**

植物多样性监测主要针对高等维管植物及水生维管植物。陆地高等维管植物监测项目包括植被类型及面积、植物种类及分布、多样性、特有植物、国家重点保护野生植物(参考《国家重点保护野生植物名录》)。水生植物(挺水植物、浮叶根生植物、沉水植物、漂浮植物)监测主要包括种类以及分布。

**(2) 监测方法**

植被类型及面积的监测属宏观监测范畴，主要采用遥感数据解译获取，具体监测方法详见本书 5.3.1，对于面积较小的湿地可采用航拍技术直接监测记录。植物多样性监测采用定性调查与定量调查相结合的方法。植物种类、分布、多样性定量调查以样方法、样带法为主。

①样方法：根据湿地植被分布类型和面积，进行调查样地布设。根据每个调查样地内植物群落设置样方，样方面积及数量要求如下。沼泽植物群落：10m×10m，每个样地不少

于5个；灌丛群落：2m×2m，每个样地不少于10个；草本群落：1m×1m，每个样地不少于10个。

监测样方内的生境状况，调查记载样方内的所有植物种类、数量、盖度、高度、密度、生物量等特征。野外不能鉴别的植物种类，采集标本带回室内鉴定。不同群落类型按附录中表Ⅴ-D-1的格式记录。

②样带法：沿生境梯度设置监测样带，样带宽≥10m，长度视湿地地形条件、植被类型及目标植物物种分布情况确定，样带数量依植被分布特征确定，每千米距离样带布设不少于2条。监测样带内的所有植物，按附录中表Ⅴ-D-1的格式记录。

某植物物种单位面积数量为所有样方(带)内的该植株数量除以样方(带)总面积，再乘以植被面积即为该植物的植株总数量。

**(3)样方(带)设置的原则**

选择能够代表湿地内植物群落基本特征的地段；选择不同人为干扰程度的区域；沿着水分梯度变化的方向设置；选择湿地内水生植物丰富区域；地表形态起伏不平的，可沿着地形梯度变化方向设置，应涵盖调查单元内最低海拔和最高海拔。

**(4)调查的时间与频率**

湿地全范围植物监测至少3年1次，每次对湿地内所有植物种类、分布及多样性进行监测。湿地内特有植物监测至少1年1次，选择在植物生长旺季监测。

### 5.3.5 鸟类监测

**(1)监测项目**

鸟类监测项目包括鸟类种类及种群数量、分布、多样性、《国家重点保护野生动物名录》中的鸟类。调查中应记录鸟类死亡数量及原因分析。

**(2)监测方法**

采用定性调查与定量调查相结合的方法。要求监测人员熟练掌握鸟类分类知识，熟悉当地鸟类物种和活动规律。定性调查以定点观测、调查为主，定量调查以样点法、样带法为主。

①样点法：选择晴朗无风的天气，在日出后2h和日落前2h内进行观测，大雾、大雨、大风等天气除外。监测者到达监测样点后，应安静地等待5min再开始计数。将观察到或听到的鸟类种类及种群数量，按附录中表Ⅴ-E-1格式记录。拍摄并记录鸟类及其生境的照片。对难以通过摄录设备拍摄的鸟类可采用对叫声录音的方法进行记录。

②样带法：选择晴朗无风的天气，在日出后2h和日落前2h内进行观测，大雾、大雨、大风等天气除外。监测者沿固定样线行走，速度为1~2km/h，观察、记录样线两侧和前方看到或听到的鸟类种类及种群数量，不记录从监测者身后向前飞的鸟类。按附录中表Ⅴ-E-2的格式记录，并拍摄鸟类及其生境照片。对难以通过摄录设备拍摄的鸟类可采用对叫声录音的方法进行记录。

③热成像法(红外相机自动拍摄法)：热成像法是利用目前较普遍的红外热成像仪，进行样点或样线上鸟类数量监测的方法，该方法能够拍摄到稀有或者活动隐蔽的鸟类。首先

应对鸟类的活动区域和日常活动路线进行调查，在此基础上将照相机安置在目标鸟类经常出没的通道或者活动密集区域。依据分层抽样或系统抽样法设置红外观测设备，每个生境类型下设置不少于 5 个观测点。根据设备供电情况，应定期巡视样点并及时更换调离，调试设备，下载数据。记录各样点拍摄到的鸟类的数量、种类等信息。

湿地内对保护鸟类的监测应结合定期查巢方法进行。同时可采用鸟类繁殖活动全自动监测系统进行鸟类活动监测。

**(3) 样点(带)设置的原则**

①样点设置的原则：样点设置的原则包括湿地主要的生境类型；与湿地植物和其他动物样点相结合；包含湿地内鸟类频繁活动的区域；各样点间距离 ≥ 100m；湿地面积 ≤ $100hm^2$ 设置样点 4 个，湿地面积每增加 $100hm^2$ 增加 2 个样点；样点半径能在视野范围确定；建立固定样点进行观测。

②样带设置的原则：应包含湿地主要的生境类型；与湿地植物和其他动物样点相结合；湿地生态内鸟类频繁活动的区域；尽可能利用现有小路或固定航线；每一样线相对独立，各样线间距离 ≥ 500m；湿地面积 ≤ $100hm^2$ 设置样线 3 条，湿地面积每增加 $100hm^2$ 增加 1 条样线；单个样线长度应 ≥ 2km。

**(4) 调查的时间与频率**

鸟类常规监测每个季节监测 1 次。鸟类繁殖期、越冬期、迁徙期以及鸟类活动高峰季节每月至少调查 2 次。每次监测至少保证 2～3 次重复调查。针对珍稀濒危特有鸟类的监测，可适当提高调查频率。

## 5.3.6　外来入侵物种

**(1) 监测项目**

监测项目包括外来入侵动植物的种类、数量、分布、危害程度。

**(2) 监测方法**

外来入侵动植物监测与湿地动植物监测结合，植物按附录中表Ⅴ-F-1 的格式记录，动物按附录中表Ⅴ-F-2 的格式记录，并拍摄照片。

**(3) 监测的时间与频率**

监测时间与频率和植物与动物多样性监测同步进行。

## 5.3.7　开发利用和受威胁状况调查

**(1) 调查项目**

调查项目包括湿地内常住人口数量、社会经济状况、农业生产、渔业捕捞、养殖业、水资源利用、基础设施建设以及禁止性行为。

**(2) 调查方法**

①资料收集法：向统计、国土、林业、环保、农业、水利、旅游、交通等相关职能部门、经营和管理单位，收集相关资料与数据。人口、社会经济、渔业捕捞、养殖业及禁止

性行为均按附录中表Ⅴ-G-1的格式记录，农业生产、水资源利用情况及基础设施建设按附录中表Ⅴ-G-2的格式记录。

②现场调查：湿地的基础设施建设、禁止性行为采用现场勾绘计算影响面积、记录危害情况、评估影响程度。基础设施建设按附录中表Ⅴ-G-2的格式记录，禁止性行为按附录中表Ⅴ-G-1的格式记录。

**(3)调查的时间与频率**

基础设施建设以及禁止性行为调查1年4次，其他指标监测1年1次。

### 5.3.8 土壤监测

**(1)监测项目**

监测项目包括土壤pH值、有机质含量、土壤含水量、全氮、全磷、全钾、土壤容重、重金属离子含量。

**(2)监测方法**

土壤监测方法按《土壤环境监测技术规范》(HJ/T 166—2004)执行(表5-2)。土壤监测结果按附录中表Ⅴ-H-1与表Ⅴ-H-2的格式记录。

**表5-2 土壤监测项目与方法**

| 监测指标 | 单位 | 监测方法 | 监测频率 | 方法来源 |
|---|---|---|---|---|
| 土壤类型 | | 土壤分类法 | | |
| 泥炭厚度 | cm | 土壤剖面测量法 | | HJ/T 166—2004 |
| 土壤pH值 | | 电位法 | | LY/T 1239—1999 |
| 有机质含量 | g/kg | 烧失量/感应炉法 | | GB 7876—1987 |
| 土壤含水量 | % | 烘干法 | 3年1次 | GB 7172—1987 |
| 全氮 | g/kg | 碱性过硫酸钾消解紫外分光光度法 | | GB/T 11894—89 |
| 全磷 | g/kg | 钼酸铵分光光度法 | | GB/T 11894—89 |
| 土壤容重 | g/cm$^3$ | 环刀法或容重仪直接测定 | | GB 9836—88 |
| 全钾 | g/kg | 原子吸收分光光度法 | | |
| 重金属离子含量 | mg/kg | 原子吸收光谱法 | 土壤受污染时进行监测 | |

**(3)采样点布设的原则**

布点涵盖湿地的所有土壤类型；尽可能覆盖监测区域，并能准确反映湿地内土壤特征；布点涵盖不同用地类型区；不同人类活动强度区。

土壤采样点均匀布设在湿地中心、水陆交接面、陆域面上。采样点不少于9个，随机布设。

**(4)监测的时间与频率**

土壤监测3年1次。

## 5.3.9　沉积物监测

**(1)监测项目**

对于湖泊型、库塘型以及部分淤泥质河床的河流型湿地，沉积物监测对认识和防控内源污染释放具有重要意义。湿地沉积物监测主要为河、湖、库表层沉积物分析。

沉积物监测项目包括pH值、有机质含量、总氮、总磷、重金属离子含量(铜、铅、锌、汞、铬、砷等)。

**(2)监测方法**

沉积物理化性质监测方法参考《海洋监测规范　第5部分：沉积物分析》(GB 17378.5—2007)执行(表5-3)。沉积物监测结果按附录中表Ⅴ-Ⅰ-1的格式记录。

**表5-3　沉积物监测项目与方法**

| 监测指标 | 单位 | 监测方法 | 监测频率 | 方法来源 | 仪器法 |
| --- | --- | --- | --- | --- | --- |
| pH值 | | 电位法 | 3年1次 | GB 7859—1987 | pH值计 |
| 有机质含量 | g/kg | 烧失量 | | GB 7876—1987 | 马弗炉 |
| 全氮 | g/kg | 碱性过硫酸钾消解紫外分光光度法 | | HJ 636—2012 | 总氮、总磷联合分析仪 |
| 全磷 | g/kg | 钼酸铵分光光度法 | | | |
| 重金属离子含量 | mg/kg | 原子吸收光谱法 | 有重大环境污染事件时监测 | | 原子吸收光谱分析仪 |

**(3)采样点布设的原则**

布点分布于湿地内水域；尽可能覆盖监测区域，并能准确反映湿地内沉积物特征；布点涉及湖泊、库塘深水区、浅水区、水系交叉区、入口区以及出口区；沉积物采样点数量根据湿地内水域面积大小确定，一般不超过3$km^2$的水域随机设置不少于5个采样点进行采样，水域面积每增加2$km^2$，增加至少1个采样点；沉积物采样点应与湿地水环境监测采样断面与采样点重叠。

**(4)监测的时间与频率**

沉积物监测与湿地土壤监测同步进行，3年1次。对于突发污染期，应逐月进行沉积物监测。

## 5.3.10　空气环境监测

**(1)监测项目**

空气环境监测项目包括空气温度、空气湿度、负氧离子浓度、$PM_{2.5}$。

**(2)监测方法**

空气温度、湿度采用温度计、湿度计直接监测。负氧离子浓度、降雨量监测利用负氧离子监测站获取数据。$PM_{2.5}$监测采用$PM_{2.5}$监测仪。空气环境监测指标也可通过建立小型气象站进行数据收集，均采用在线实时监测。要求各项目监测结果每天汇总1次，监测结果按附录中表Ⅴ-J-1 格式记录。

**(3) 监测的时间与频率**

空气环境采取实时监测。

### 5.3.11 浮游生物监测

**(1) 监测项目**

浮游生物监测对象为浮游动物、浮游植物，监测指标包括种类、数量、生物量。

**(2) 监测方法**

浮游生物监测主要利用浮游生物网(定性网与定量网)对水体浮游生物进行采集，经过甲醛溶液(或鲁哥氏碘液)固定后带回室内进行鉴定。

对于湖泊型、库塘型湿地，根据水面面积设置不少于 5 个采样断面，每个采样断面设置 3 个以上重复采样点进行采样。对富营养化断面应增加采样点。每个采样点用浅水Ⅰ型、Ⅱ型浮游生物网自底至表垂直拖曳采集浮游动物，用颠倒采水器或卡盖式采水器或浅水Ⅲ型浮游生物网在水深 0.5m 处水平拖动采集浮游植物。浮游动植物的采样与水环境项目采样同步进行。浮游植物按体积 1%加入碘液固定，浮游动物按体积 5%加入甲醛溶液进行固定，带回实验室进行种类鉴定、数量以及生物量的测定。浮游植物监测结果按附录中表Ⅴ-K-1 的格式记录，浮游动物监测结果按附录中表Ⅴ-K-2 的格式记录。

**(3) 采样断面与采样点设置的原则**

浮游生物监测采样断面与采样点设置的原则同本书 5.3.2 水文与水环境监测。

**(4) 监测时间与频率**

至少 1 年 1 次，对于富营养化区域在水华暴发期间应增大浮游生物调查频率。

### 5.3.12 鱼类监测

**(1) 监测项目**

鱼类资源监测内容包括种类及分布、数量、多样性、《国家重点保护野生动物名录》中所涉及的鱼类、湿地鱼类特有种与关键种。

**(2) 监测方法**

鱼类采用传统调查与仪器调查相结合的方法进行。以渔获物法、水下摄影法、回声探测仪法为主。不同类型湿地选择适当方法进行监测。

①渔获物法：可采取 3 种方式对渔获进行调查。a. 采用刺网法、地笼网法或拖网法捕捞渔获物，按附录中表Ⅴ-L-1 的格式记录，并拍摄照片。记录完后释放，需要时可采集少量标本。b. 走访调查湿地内或周边码头、渔船、渔民、水产市场、餐馆等有当地鱼类交易或消费的地方，或开展休闲垂钓的地方，购买鱼类标本，进行补充采样。按附录中表Ⅴ-L-1 的格式记录，并拍摄照片。c. 在湖泊浅水区、河流沿岸带、高山溪流、腔穴水体等区域，以抄网、撒网、饵钓等方法，采集鱼类样本。按附录中表Ⅴ-L-1 的格式记录，并拍摄照片。

②仪器观测法：采用移动或定点的水下摄影仪器，在监测区域内沿设计路线(直线100m)或固定观测点进行水下摄像，通过统计一定时间内或一定路线内摄像机前鱼类种类及数量，完成鱼类监测。按附录中表Ⅴ-L-1 的格式记录。

③仪器探测法：适用于河流、湖泊，水深≥1m 的水域。运用回声探测仪对鱼类种类组成与数量特征进行监测。采用走航式或固定式获取数据，记录以备整理分析。监测结果按附录中表Ⅴ-L-1 的格式记录。

**(3) 监测的时间与频率**

至少 1 年 1 次，选择在鱼类活动的高峰季节(夏季)进行。

### 5.3.13　底栖动物监测

**(1) 监测项目**

底栖动物监测项目包括底栖动物种类及分布、数量、物种多样性。

**(2) 监测方法**

①天然基质法：天然基质法包括索伯网法、手抄网法、抓取法。a. 索伯网法。踢网规格为 1m×1m，孔径为 0.5mm，主要适用于底质为卵石或砾石且水深小于 1m 的流水区。采样时，网口与水流方向相对，用脚或手搅动网前 1m 的河床底质，利用水流的流速将底栖动物驱逐入网。b. 手抄网法。适合范围较广，迎水站立，深水可以采用“弓”字形采法；浅水可一手将手抄网迎水插到底质表面并握紧，用另一只手将其前面 50~60cm 见方小面积上的石块捡起，在手抄网前将附着的底栖动物剥离，以水流冲入网兜，然后用脚扰动底质，使底栖动物受到扰动，冲入网兜，持续约 30s。c. 抓取法。彼得逊采泥器用于大型河流湖泊等深水区的底栖动物采集，但仅适用于软底质河床且水流较缓的区域。使用时将采泥器打开，挂好提钩，将采泥器缓缓放至底部，然后抖脱提钩，轻轻上提 20cm，估计两页闭合后，将其拉出水面，置于桶或盆内，用双手打开两页，使底质倾入桶内。经 40 目分样筛筛去污泥浊水后，捡出底栖动物放入装有 75%(或 95%)酒精的广口瓶中，带回实验室鉴定。

②人工基质法：在浅水河流、湖泊区安置人工基质(篮式采样器或十字采样器)，放置14d 后收集采样器内底栖动物样品。监测采样方法按《生物多样性观测技术导则淡水底栖大型无脊椎动物》(HJ 710.8—2014)规定执行。样品的鉴定及记录按附录中表Ⅴ-M-1 的格式记录。

**(3) 采样断面与采样点设置的原则**

①采样断面设置的原则：包含湿地内不同生境区；包含不同人为干扰区；涉及不同沉积物类型区域；湖泊型、库塘型湿地包含入口区、深水区、出口区、浅水岸带区；河流型湿地应涵盖河口区、下游河段、中游河段、上游河段以及河流支流汇入口区；重点监测湿地内污染断面；依据湿地大小设置不少于 5 个监测断面。

②采样点设置的原则：同一断面至少包括 3 个重复采样点。

**(4) 监测的时间与频率**

至少 1 年 1 次，在底栖动物生长旺盛季节(夏季)进行。

## 5.3.14 两栖动物监测

**(1)监测项目**

两栖动物监测的内容包括种类及分布、数量、特有两栖动物、国家重点保护野生两栖动物。

**(2)监测方法**

两栖动物采用定性调查与定量调查相结合的方法进行监测。定性调查以定位观测、调查为主，定量调查以样线法、样方法、围栏陷阱法为主。

①样线法：根据湿地生境类型，设计不少于5条监测样带，一般样带宽10m，长0.5~2.0km。经过专业培训的观测者沿样带以1~2km/h速度行走。边走边观察聆听，听到或看到两栖动物时，确定其种类、数量和活动状况，并拍摄照片。每条样带间隔3~5d做一次重复监测。对野外不能确定的物种需采集少量标本做鉴定。按附录中表Ⅴ-N-1格式记录。

②样方法：根据湿地地形、植被、水文格局等，设置监测样地，每个样地设置10m×10m监测样方，根据每个样地总面积的1%确定样方数量。对每个样方内听到或看到的两栖类动物种类、数量和活动情况进行记录，并拍摄照片。每样方间隔3~5d后做一次重复监测。对不能确定的物种需采集少量标本做鉴定。要求按附录中表Ⅴ-N-2格式记录。

③围栏陷阱法：在不同生境中设置不少于5个围栏(围栏离地面35~50cm)，每个围栏内设置10~15个陷阱。在监测期次日上午7：00~10：00时察看围栏陷阱，收集物种信息，对每一个捕捉到的个体拍摄照片，记录完后释放。每次监测重复7~10d。所有监测结果按照附录中表Ⅴ-N-3格式记录。

④人工覆盖物法(庇护所法)：在两栖动物较多的区域按一定大小(1m×1m)，一定密度布设人工覆盖物(或竹筒庇护所)，吸引两栖动物在白天隐匿其中，按期检查匿居动物的数量与种类。每次监测重复5~7d。该法适用于草地、灌丛、湿地、滩涂等自然隐匿生境较少的区域。

**(3)样地设置的原则**

①样线设置的原则：覆盖湿地所有生境类型；河流型湿地监测应沿河岸分段布设；湖泊型、库塘型湿地监测沿岸带与水文梯度布设；沼泽型湿地应根据水分梯度设计；涵盖不同人为干扰区。

②样方设置的原则：涵盖两栖动物繁殖期间集中活动的区域；覆盖湿地内所有生境类型；沿不同水分梯度布设；选择不同人为干扰程度的区域。

③围栏陷阱设置的原则：涵盖两栖动物繁殖期间集中活动的区域；覆盖湿地内所有生境类型；对于水位变动较大的河湖周边，应随水位变动增补陷阱，保持不同季节陷阱距水面距离一致；选择不同人为干扰程度的区域。

观测区域应具有一定交通条件和工作条件，观测样地、样线、样方、围栏以及观测时间、频率一旦确定，应保持长期固定，不能随意变动。

**(4)监测的时间与频率**

每年监测2次，应选在生物活动频繁的季节监测(4~10月)，两栖类繁殖期至少进行

1 次监测。对于稀有种、特有种的监测应适当增大监测频率。

### 5.3.15　爬行动物

**(1) 监测项目**

爬行动物监测内容包括种类及分布、数量、群落动态、特有爬行动物、濒危爬行动物。

**(2) 监测方法**

爬行动物的监测方法包括样线法、围栏陷阱法、人工覆盖物法以及标记重捕法等。

①样线法：根据湿地地形、生境类型、海拔、土地利用状况以及物种分布特征设计样地，在每个监测样地设置不少于 5 条样线，每条样线长度 50～1 000m，在生境复杂的山地，以短样线为主(50～100m)；而生境均一的湿地内，可采用长样线(500～1 000m)。固定样线后，监测人员以 2km/h 速度缓慢前行，记录沿样线左右各 5m、前方 5m 范围内所见到的爬行动物种类、数量。前行期间不重复计数同一个体，不计身后的爬行动物，为避免惊扰动物，不宜采集标本或拍照。监测结果按附录中表Ⅴ-N-1 格式记录。

②围栏陷阱法：围栏陷阱法是在选取样地内设置不少于 5 个 5～15m 长的围栏引导或限制爬行动物行走方向，使之落入预埋在围栏尽头的陷阱中的一种监测方法，该方法主要适应于生境均一、地势平坦的湿地内蜥蜴类物种的监测。围栏可用聚乙烯或其他较软材料制成，由木桩固定竖直，高度根据监测对象设计，一般高出地面 0.3～1.0m，地下埋深不小于 0.2m。陷阱的布设，在可挖掘的区域以下有小孔(排水)的小桶作为陷阱，底部铺枯落物，而地面坚硬不易挖土埋桶的区域可用线网或漏斗形的捕获器。围网陷阱布设好之后每天检查 1 次，记录种类、数量，结果按附录中表Ⅴ-N-2 格式记录。

③人工覆盖物法：人工覆盖物法操作简单，主要利用爬行动物隐蔽习性进行监测，适用于湿地内隐蔽生境较少的区域。每个样地内设置不少于 5 个 50m×50m 或 100m×100m 的样方，每个样方内至少设置 15 个覆盖物点，覆盖物以瓦片或木片，尺寸为 0.3m×0.2m 或以上，覆盖物之间间距 5m。覆盖物设置好之后每天检查 1 次，记录覆盖物下的爬行动物，每次监测持续 6～10d 为宜。结果按附录中表Ⅴ-N-3 格式记录。

④标记重捕法：标记重捕法即对湿地内样地内捕捉一定数量的爬行动物进行个体标记，标记完后及时放回，经过一段时间标记个体与自然个体充分混合分布，再次重捕并计算其种群数量。该方法适用于对湿地特有或濒危爬行动物种类的种群动态监测。

**(3) 样地设置的原则**

样地设置的原则详见本书 5.3.14 两栖动物监测。

**(4) 监测的时间与频率**

每年监测 2 次，应选在生物活动频繁的季节监测(4～10 月)，爬行动物繁殖期至少进行 1 次监测。对于稀有种、特有种的监测应适当增大监测频率。

### 5.3.16　昆虫监测

**(1) 监测项目**

湿地昆虫监测的项目包括区域内关键昆虫类群(如蝴蝶、蜻蜓、蜜蜂等)种类、数量、物种多样性。

**(2)监测方法**

湿地内昆虫多样性的监测通常采用大生境采样与小生境采样相结合的方法进行。大生境采样方法是利用飞行截捕器、盆式或窗式捕虫器、陷阱捕虫器、灯诱等手段在湿地的不同生境区域进行昆虫样本采集。适用于对整个湿地内不同区域昆虫多样性进行调查。通常捕虫期为3~7d。小生境采样方法是利用网捕、寻集、敲集、扫网等手段对特定小生境中昆虫样本进行采集。适用于湿地内特殊生境如洼地等区域昆虫多样性的监测。通常捕虫期为1~2d。将收集的标本带回实验室鉴定并统计数量、多样性信息，按照附录中表Ⅴ-O-1格式记录。湿地内昆虫监测也可采用红外感应观察法进行昆虫数量的统计。

**(3)采样点布设的原则**

涵盖湿地内所有生境类型；尽可能覆盖不同植被类型；涵盖湿地内的特殊生境；涵盖不同人类活动强度区。

**(4)监测的时间与频率**

昆虫监测通常1年1次，在昆虫活动最旺盛的季节进行。对有害昆虫的监测应适当增大监测频率。

## 5.4 科研监测的发展对策

### 5.4.1 科研监测队伍建设

为适应湿地科研监测工作需要，必须有一支能胜任科研工作的队伍。各级湿地管理机构下设科研部门，以开展科学研究监测，负责建立生物资源数据库，开展国际、国内科技交流与合作，负责宣传教育及对湿地职工教育培训，负责科技管理、科技档案工作。有计划地培养湿地的科研力量，通过请进来、派出去的办法提高湿地科研人员的业务水平。通过提高人才待遇，接收大专院校毕业生等途径，引进有经验的中、高级科研人才，并对现有职工不断进行专业技术培训，逐步壮大科研队伍。

科研机构：科研中心为湿地管理局直属单位，由野生动物救护和繁殖站、气象监测站、大鸨监测站、生态监测站等所属单位构成。

人才培养：通过提高人才待遇，有针对性地招收专院校相关专业毕业生等途径，引进有经验的中、高级科研人才；采取走出去、请进来等方式，加强同国内、国际大专院校、科研院所的技术合作与交流，通过“传、帮、带”的形式，跟踪国内、国际的先进水平；通过鼓励在职深造、重奖获奖项目的主要完成人等手段，树立科学严谨的优良学风，尽快培养出一批学科结构合理、年龄梯队稳定的科研骨干和学科带头人。

### 5.4.2 科研监测组织管理

科研项目要想取得有效的成果，就必须进行项目的科学管理，科学的管理方式是实施科研计划、取得科研成果的保证。常规性科研项目由科研中心组织各站点的科研人员完成，科研中心负责课题组的建立、科研方案设计和技术指导，具体研究工作由各站点完成。

重大项目由科研中心组织，采取国内外较为通行的项目课题研究负责人制。科研中心根据科研项目的专业和需要，确定合作的院校和院所，聘请课题组负责人和有关的专家，负责课题组的工作协调和在保护区工作期间的后勤保障。科研方案设计及研究工作由聘请的专家完成。

①设立科研管理机构，负责制定湿地的科研发展规划和制定年度计划，加强科研管理，选择科研课题等；

②建立、健全科研规章制度，项目实行课题组长负责制；

③制定科研经费专项使用制度、科研仪器设备安全使用制度、成果与资料安全管理制度；

④建立成果鉴定评审和验收制度；

⑤一般课题由保护区统一组织实施。重大课题以组织合作研究为主，以项目协议形式明确项目负责人的责任、权利与义务，明确项目负责人及各方联络人，由项目负责人全权负责研究项目的实施。

### 5.4.3　科研监测档案管理

**(1)档案内容**

①科研规划、计划及总结材料。包括中长期规划和年度计划、专题研究计划、年度科研总结、科研成果报告等。②科研论文及专著。包括在国内外各级各类学术及科普刊物上发表的论文、文章和著作等。③科研记录及原始资料。包括野外观测记录、巡逻记录、课题原始记录、统计资料及图纸、照片、声像资料等。④科研合同及协议等。⑤科研人员个人工作总结材料。

**(2)档案管理**

①加强科技管理，建立科技档案制度。所制定的科研项目，均纳入科技管理，建立专项科技档案，输入计算机，逐步实现微机化管理。②确定专人负责，建立岗位责任制。③建立科研人员每年编写科研报告制度。将科研工作中发现的问题、取得的成果定期报告，以便尽快将科研成果应用于管理实践。④完善档案收集及借阅制度，坚持按章办事，加强档案服务。⑤实行科学、规范的档案管理，统一规格，统一形式，统一装订，统一编号，对以往缺损的档案设法收集补齐。⑥严格保密措施，确保科研档案不被遗失或损毁。⑦采用现代化信息管理。

## 5.5　湿地科研监测工程建设案例

### 5.5.1　北京野鸭湖湿地公园科研监测工程建设

野鸭湖建立之初就坚持开展湿地科研与监测，依托科研院校及专家顾问组，有计划地实施科研课题研究。

**(1)成立了科研监测科，建立日常监测档案**

完善了硬件设施，建立了国家级野生动物疫源疫病监测站1个、“野鸭湖360度全周放映及远程监控系统”、动物救助站1处、动物保护站2个、观鸟塔6座、建设水文站2座、小型气象站2个、实验室、配备烘干箱、恒温培养箱等科研监测设施和设备，并通过积极争取引进了专业人才。与首都师范大学、北京林业大学等高校和科研院所合作，共同申请并开展科研课题。在鸟类资源保护、湿地植物群落快速恢复等方面开展研究并取得了新进展。与此同时，开展常规性的科研监测，制作动、植物标本，建立本底资源调查档案。

**(2)湿地保护科研项目开展情况**

利用了北京高校云集、智力集中的优势，与首都师范大学、北京林业大学等高校和科研院所签订科技合作协议，共同申请课题开展科学研究，近年来，共完成国家级科研课题3个，省部级课题8个，出版发表各级各类科研论文近百篇。

### 5.5.2 图牧吉国家湿地保护区科研监测工程建设规划

图牧吉国家湿地保护区分布有国家Ⅰ级保护鸟类13种，国家Ⅱ级保护鸟类47种，特别是世界珍禽——大鸨的数量较多，每年在此繁殖的数量在100对以上，夏季大鸨种群数量最多达300余只。因此该湿地保护区一直把加强湿地科研监测作为保护生态、发展生态经济的一项重要基础性工作来抓，通过推进项目建设、寻求技术支撑等措施，有力提升湿地科研监测能力。坚持以项目为依托，相继建成湿地生态定位研究站1处，在湿地重点区域设置监测点20个，对气象、土壤植被等因子进行日常监测和调查。建立保护区基础数据库和湿地鸟类数据信息库，设置鸟类观测点14个，对62种鸟类进行动态监测，累计记录监测数据36 960组。加强院地合作，为湿地鸟类种群特征、湿地植物群落和湿地生态系统等方面的科学研究提供依据。该湿地除了进行常规的科研监测项目，针对该湿地保护区特有物种，尤其是大鸨，也进行了详细的专题性科研监测规划。

**(1)常规性科研项目**

图牧吉地区气象监测与预测预报，草原、湿地生态系统变化动态监测，珍禽大鸨种群动态监测，大鸨、丹顶鹤、白鹳等珍禽伤病救护，鸟类环志研究，保护管理中亟待解决的其他课题。

**(2)专题性科研项目**

图牧吉湿地保护区野生植物资源普查，图牧吉湿地保护区野生动物资源详查，大鸨栖息地环境专题研究，大鸨生活习性专题研究；大鸨食性与食量专题研究，大鸨野外繁殖能力专题研究，大鸨人工繁殖驯养专题研究。

# 第6章 湿地科普宣教工程

## 6.1 湿地科普宣教工程的概念

科普宣教可理解为“科普”“宣教”，即“科学普及、宣传教育”之意。湿地科学普及、宣传教育的途径多种多样，包括湿地保护区或者湿地公园等的建设、广播电视、网络报刊等。根据湿地国际(CI)对于湿地宣教概念的阐释，湿地宣教工作包含宣传、教育、参与、意识四个层面递进式的内涵，根据其英文缩写简称为CEPA，具体包括：

宣传(Communication)，即传播、介绍和推广湿地保护、恢复、管理、科研等方面的相关知识、面临的问题或所取得的成效。

教育(Education)，即以湿地保护、管理的研究和实践为基础，通过专业设计的环境教育活动，系统传授相关知识、技术和方法。

参与(Participation)，即通过设计和创造体验、实践和执行的机会，启发深入思考，并激发进一步关注和参与湿地保护的意愿和参与保护的行动。

意识(Awareness)，即通过上述宣教工作，使参与者深入理解湿地保护的重要性，产生传播理念或参与保护等行动意愿，进而推动全社会对湿地保护意识的提高，以及广泛的行动参与。意识提高和价值观的改变即湿地宣教工作的根本目标。

《国家湿地公园总体规划导则》(2010)将科普宣教规划列为专项规划，并提出“科普宣教规划是以宣传湿地功能价值、普及湿地科学知识、弘扬湿地文化为主要目标”。科普宣教规划要“根据湿地公园的自身特点和宣传教育对象，明确科普宣教的主要内容、建设重点和展示布局，宣教内容应以湿地公园自身特色为主”。但新球(2009)阐述了湿地科普宣教的内容组成，包括“湿地相关基础知识和法律法规的宣传”“湿地类型和动植物展示”“湿地景观和生态特征展示”“湿地生态功能展示”“湿地文化和生态文化展示”“湿地经济价值和休闲游憩价值展示”“模拟湿地的展示和体验”。

## 6.2 湿地科普宣教工程的目的和意义

湿地公园作为一种特殊的公园类型，因其资源的特殊性而拥有独特的功能，不仅承担着类似一般性公园的游憩功能，而且还承担着类似自然保护区的生态功能。湿地公园通过科普宣教规划，达到普及湿地科学知识、弘扬湿地文化与地域文化、传播湿地修复与保护技术和促进社会环保意识加强的目的。

湿地公园科普宣教是人们了解湿地、认识到湿地重要性的重要途径，它通过展示湿地景观、湿地生态技术和湿地生态过程，使人们在游玩的同时产生生态保护的意识，从而参与到保护湿地和生态环境的行动中去。此外，通过科普宣教，将先进的湿地营建技术、保护理念等传承下去，促进建成更多更好的湿地公园以及湿地公园保护建设理论的丰富。

## 6.3 湿地科普宣教工程的受众分析

**(1)湿地公园受众群体**

受众，即信息传播的接受者。湿地公园的受众为主动或者被动地接受湿地公园的信息，并且影响到个人行为的人群。湿地公园受众的地位根据受众与湿地公园信息的关系分为信息主导者、信息参与者、信息解读者、信息享受者以及信息传播者。

①信息主导者：从湿地公园信息的产生分析，一般而言，关于湿地公园的基本情况，包括生态系统组成等内容的信息都是由公园的管理人员组织发布的，在进行这些信息的组织与发布过程中，公园管理人员一方面是信息的生产者，同时，也是信息的接受者。所以，管理人员也是受众，是一个特别类型的受众，处于公园信息主导者的地位。

②信息参与者：在开放的湿地公园中，许多人群在与公园互动的过程中，产生了与公园相关的信息，这些信息如保护的行为与效果、恢复的过程、利用的方式与影响等，都是湿地公园重要的信息，是进行生态教育的内容，也是大众期望了解的信息。与公园管理人员一样，这些信息参与者就包括了保护人员、科学研究人员、利用湿地的生产者(主要是指当地居民)等。

③信息解读者：对于受众而言，无论是主动还是被动地接受信息，他们都会对信息进行解读，通过对信息进行理解、辨别从而产生一定的行为反应。这些信息所产生的影响，可能是正面的，也可能是负面的，而正确、全面的信息有助于受众对信息的解读。因此，在进行湿地公园的生态教育时，提供正确、全面的信息是帮助受众进行信息解读的关键。

④信息享受者：如果湿地公园的信息是充满真、善、美的，是充满正能量的，那么湿地公园的受众将会特别享受这些信息，成为公园信息的享受者。所以，在进行湿地公园的生态教育时，提供充满正能量的信息就显得尤为重要。

⑤信息传播者：湿地公园的受众，特别是旅游与休闲受众，他们会把在公园内得到的信息通过口口相传，或者微博、微信、QQ 日志等方式进行传播。因此，发布公园正面或者正能量的信息是非常重要的。

**(2)科普宣教工程受众群体与宣教方案**

依据湿地公园受众的地位与心理分析，在实践中将湿地公园受众划分为：管理者或规划者(A)、利益相关者(B)、地方居民(C)、青少年与学生群体(D)、旅游者(E)、网络社民(F)。

①管理者或规划者：管理者和规划部门的受众对湿地公园的认知和态度，往往会对湿地公园的土地使用方向产生不可逆转的永久影响。因此，通过教育使之全面、科学地认识湿地公园的功能和湿地保护政策、相关法律法规是非常重要的。对于管理者可以细分为：政府领导、与湿地公园相关的部门、公园本身的管理人员等。

针对上述受众群体，在进行公众教育时，可编辑和印刷湿地公园管理相关的法律、法规汇编，免费发放给上述相关领导。法律、法规汇编的主要内容如下：《国家湿地公园建设规范》《国家湿地公园管理办法(试行)》《国家湿地公园试点验收办法(试行)》《试点国家湿地公园验收评估评分标准(试行)》《国家湿地公园总体规划导则、湿地保护管理规定》(2013)和《国家林业局办公室关于进一步加强国家湿地公园建设管理的通知》(2014)。

②利益相关者：一般在申报建立湿地公园时，已经协调了利益相关者的利益，但是随着公园建设步伐的加快，与利益相关者的利益冲突会不可避免地显现出来，特别是因为利益相关者与公园管理者之间的利益不同，有时会诱发冲突，产生与湿地保护不相协调的利益开发行为，影响湿地公园建设。利益相关者主要有：B1 土地所有权者、B2 土地经营权者、B3 承包经营者、B4 传统利益所有者。

一般而言，湿地公园的水域大部分为国有或者集体所有，但陆地绝大部分为集体或私人所有。除养殖水域外，其他湿地类型一般无主要明确的经营者，养殖、发电一般都有明确的经营者，灌溉供水功能一般由政府主导。不少的湿地养殖、风景资源开发都有长期或短期的承包经营者，他们往往与 B1 或 B2 建立了合同关系，这些合同关系过去是基于经济效益而确定的，建立湿地公园后势必会影响合同的履行。最后一种传统利益所有者是当地农民，长期以水域捕鱼(猎)为生或作为生活补充，虽然传统的湿地生存也是湿地文化的重要组成，但是划为湿地公园保育区，特别是基于地方特有鱼类、两栖爬行类或候鸟栖息地之后，他们的传统农作捕猎也将受到影响。

在分析 B 类受众群体特征的基础上进行公众教育设计时，主要考虑的教育目的和措施包括：确保利益相关者了解如何通过湿地公园的生态经营，获得最大利益；确保公园建设信息对称透明，让 B 类受众参与公园建设重大项目决策；组织利益相关者参观湿地公园、参加相关培训，特别是技能培训；展示湿地对人类、生物和未来不可替代的作用和在湿地经营中的文化价值，使 B 类受众者有主人感、荣誉感和责任感；购买湿地科普书籍，免费提供借阅；对于 A 类群体的公众教育方式同样的也适合于 B 类群体，使其了解相关的法律法规、规划设计的内容也是非常必要的，特别是对违反相关法律法规后的处罚教育，较 A 类群体更显得尤为重要。

③地方居民：湿地公园内及周边居民对公园的影响是持续的和难以预料的。因此，这些居民对待公园的态度，对公园建设和湿地保护具有深远的影响。地方居民受众群体按地理位置分可为：C1 公园居民、C2 公园水域上游一定区域及公园周边居民、C3 公园水域下游居民。

C 类群体对湿地的了解源于他们的本能和情感，除非特别原因(如生计困难)，他们通常都是湿地保护最坚决的支持者。特别是 C1 群体，有时也是公园的建设者和管理者，C3 有时则是公园的直接受益者(如水源提供)。对湿地公园影响最大的是传统知识或传统农作方式，有时甚至会对湿地产生不利的影响。因此，对C类受众进行教育的目的是提高传统农作和传统乡土知识中湿地保护的科学性，深刻了解湿地的重要性，如对于过度和不合时宜的利用某些湿地生物的行为对湿地产生的影响进行评估，并让居民了解，从而调整他们的行为；特别是对于公园内某些特别需要，而采取特别保护措施的地点和时间，应当标记出来使C类居民熟知，从而使其与公园管理者共同承担保护和监督的责任。在进行C类受众群体的公众教育设计时，一般设计以下内容：让C类群体了解公园保护生物、景观的所在地和保护价值；发行公园湿地保护乡土文化教材，让乡土湿地知识成为湿地文化资源，并在湿地生态旅游中得以应用，如“乡村传统捕鱼”；有选择地将A类和B类群体的教育方式应用到C类群体教育中；采用社区学校、社区宣传墙等形式进行湿地知识教育。

④青少年与学生群体：青少年与学生对湿地公园的态度和对生态保护的认知，其影响是深远的。横向上可以影响到家庭对公园的认知，纵向上可以影响后代对公园的态度。因此，从可持续的角度对青少年与学生群体的生态教育极为重要。青少年与学生受众群体可以划分为：D1学龄前儿童、D2小学生、D3中学生、D4大中专学生。D1是由长辈和学前教育老师带领来认知湿地，是一种感性认知；D2和D3则是通过书本和实地来感悟湿地的，是理性认识；而D4大多是主动地、科学地认识湿地，是一种科学认知。所以对于D类型受众群体的教育应区别对待。在进行D类群体公众教育设计时，针对不同群体提供了如下措施：联系湿地作为学生幼儿园活动基地，设计湿地漫画墙(湖南安化柘溪)，让儿童来认知湿地中的花、草、虫、鱼、水、泥等；与学联、青少年联合会、青年联合会等组织共同开展中小学生湿地作文比赛(如湖南水府庙国家湿地公园出版了《中小学生优秀作文集》免费发放到各中小学作为课外读物)；在公园周边的中小学校围墙上，设计湿地知识文化墙(如湖南水府庙)；联系、支持大中专学校志愿者行动，设计小型调研课题(如湿地与水鸟、湿地与农业、湿地与旅游等)作为大中专学生假期实践活动(如湖南千龙湖国家湿地公园、长沙理工大学、中南林业科技大学等开展的志愿者行动)。

⑤旅游者：传统的旅游一般被认为是旅游者基于休闲或者学习目的，离开工作与生活居所，去到异居环境和文化场所的一种人类行为。对于旅游目的地而言，旅游者是外地人，是短暂停留的居住者，因此从时间和强度上，旅游者对公园的影响是有限的或者是可以恢复的。但是，旅游者带来的外来文化对本土文化的影响，有时却是难以消除的。因此，通过教育让旅游者遵守生态旅游守则、尊重本土文化也是必要的。旅游者作为受众群体，虽然可以细分，但在实际操作中，却难以辨别，因此，在进行旅游者受众群体教育计划时，是按一般原则要求出发而做的，遵守旅游的一般感受目的与要求原则，特别注意了避免“说教”形式的教育，因为，旅游者来公园的目的是享受舒悦而不是接受“教育”的。要达到寓教于无形，让旅游休闲成为“知识之旅”的目的，是需要规划者、管理者、导游、解说和游客本身相互配合的。

基于上述原理，针对E受众群体的教育计划中，提出以下一些措施：免费提供印有湿地知识、相关法律的娱乐用具(如扑克牌)；免费提供印有精美湿地知识图片的书签；免费或者以成本价收费的公园风光片、邮票、明信片等旅游纪念品；重要景点、景物上的二维码自助导游系统；可免费查阅的湿地知识、野外电脑终端和提供可下载的公园资料；可以与游客互动的宣教中心、博物馆；可以自主选择关注的微信公众号；含有公园湿地知识和法规信息的带芯片的门票；可自主选购的与湿地相关的书籍；在湿地商店出售的农林特产中附带有湿地保护知识的产品说明书。

因此，在不引起游客反感和低成本前提下，采用多种形式和渠道，贯穿旅游者休闲的全过程，不知不觉地接受教育，是针对E类型受众群体生态教育的核心所在，对于管理者和规划者而言都是富有挑战性的和有意义的工作。

**(3)网络社民**

网络社民是一类虚拟的受众群体，可包括上述所有受众，但网络社民并不是来实地认知湿地公园的，而是在电脑终端——一个封闭的自我小环境内面对一个无边际的湿地世界。网络社民会从网络上吸收正能量，从而产生生态认知，提高自身生态文化水平，当然有时也会吸收负能量，从而影响他们对社会、对生态的认知。

无论是基于保护还是利用，建立湿地公园网站以面对F受众群体是非常必要的。就湿地公园而言，与E群体一样，F受众群体也难以细分，所以在进行公众生态教育计划中，采用的是主动提供信息，不细分受众群体，系统地进行湿地知识介绍与展示。设计可以让E群体参与的网站平台，并与他们互动，也是经常采用的方法。因此，一般设计内容是建立一个尽可能系统的介绍湿地知识、公园基本情况、建设与规划过程、相关法律法规、生态文化、科研监测等信息的公园网站。信息的准确、全面、及时更新传递正能量、传播优秀文化、传授科学知识是至关重要的，而能与网络社民互动、友好丰富的界面、灵活的形式、及时更新的内容是网站管理的关键。

## 6.4　湿地公园宣教系统的设计原则

湿地公园作为一种特殊的公园类型，科普宣教功能是保证其健康发展的重要功能。湿地公园的科普宣教系统设计应遵循以下原则。

**(1)统筹兼顾、系统设计**

国家湿地公园宣教工作应紧密围绕湿地保护和管理的主题，结合当地自然资源特点和社会文化传统，体现湿地公园建设对湿地保护发挥的积极作用，以及个性化主题和系统性规划思路的宣教方案。

**(2)标准明晰、实践导向**

目前我国湿地公园的理论研究与实践建设已经达到一定的阶段，我国相关湿地公园的建设规范和引导文件已对湿地公园宣教系统设计的原则、方法、流程、主要内容进行系统阐述，但对内容设计仅提供参考案例和图表，而不限定统一模式，以期为使用者提供方法上清晰直观的实践指导，并鼓励在内容上的个性化创新和发展。

**(3)科学为本、突显特色**

宣教内容必须遵循科学为本，严谨准确的原则。在宣教内容的具体设计上，应增加内容的“科学内涵”，减少“常识”的分量，鼓励结合湿地公园的地方资源和文化，发掘自身特色，运用创新多元的形式，以实现更有效的宣教效果。

**(4)形式创新、与时俱进**

结合现有宣传载体和手段，不断创新，运用多媒体以及自媒体技术、云计算技术、互动体验技术等，以达到相关手段与实效性、娱乐性、互动性等有效统一的原则。

**(5)分区管理、全面覆盖**

湿地公园宣教功能不局限于科普宣教区，在不影响湿地保护和管理目标以及湿地景观的自然性、完整性的前提下，可渗透至公园内以下区域：合理利用区、管理服务区、科普宣教区及湿地公园外围。科普宣教功能也不局限于湿地公园红线范围内，有条件的可考虑扩大至所在县(市)域范围内，在新闻媒体、公园周边社区、城镇中心广场、公共交通设施等公共空间广泛宣传湿地知识和保护理念，提升国家湿地公园的影响力和关注度。

**(6)环境融合、绿色环保**

湿地公园宣教设施的设计应充分考虑与所处环境的自然景观、地形地貌相融合，并充分借鉴当地传统文化中建筑的外观、材质以及营建方式。在建筑材料的选择上应以绿色环保为原则，优先考虑当地的原材料和可持续建筑的材料，并应适应当地的气候条件。在材料的运输及加工过程中应尽可能地减少对环境的影响，并在后续使用中便于维护管理且坚固耐用。

## 6.5 湿地科普宣教工程的规划方法

要充分地发挥湿地公园的科普宣教功能，仅仅具备精彩的科普宣教设计是不够的，湿地公园科普宣教规划也是相当重要的部分。湿地公园的科普宣教规划涉及许多方面的内容，需要采取不同的方法，在成功案例中已有所体现的规划方法包括以下重要几种。

**(1)整体结构规划**

任何一个公园的平面布局都有点线面结构，好的设计定是结构丰富多变并且整体上紧凑完整，在湿地公园科普宣教规划中，这种结构既是平面结构，也是空间结构，更可以理解为与人的活动相关的“四维结构”。点线面结构的转换暗示着人的活动内容的转换，是对人在其中活动的引导。而且往往湿地公园中人的活动比普通的公园更为复杂，这种点线面结构对游人科普宣教相关活动的引导作用就更加重要。规划应力图使游人科普宣教的相关活动丰富多彩，并且有聚有散、分布得当，通过活动结构规划能够引导人的活动节奏，给人们提供一个舒适的学习旅程，达到最优科普宣教效果。

湿地公园中的访客中心、湿地博物馆、展示廊、观鸟屋之类的活动聚集点即为整体结构中的“点结构”，这里的活动集中程度高，人们在这里逗留的时间相对较长。一般来说，这里是整个湿地公园中包含知识最多最系统的场所，也是科普宣教设施最集中的场所，是湿地公园进行科普宣教的主要场所。多数结构点以具有不同的展示或体验功能来区分，各具特色比如观鸟屋、民俗展示馆、生态技术展示区等；而有些结构点则包含有较为综合的内容，比如多数湿地公园都会有一个或者多个湿地活动中心，集中设置展示或者体验活动。整体上来看，这些点灵活的分布于湿地公园的各处，它们的存在，使游览者的游览学习更加丰富多彩，更易于融入湿地环境接受知识熏陶。

与一般公园类似，湿地公园中连接点的线性空间既是点线面结构中的“线结构”，与前者不同之处是湿地公园的线结构不仅仅是行进空间，而是天然的展示以及体验空间。一方面，湿地公园具有一般公园无可比拟的知识性，而有些知识有很强的逻辑性，比如植物群落的演替、湿地人文历史的发展等，在游览者行进的过程中对这些内容进行序列展示和体验能够让游览者有更清晰的思绪，收到更好的教育效果，常见的有演替之路、自然教育径等；另一方面，湿地公园的线性空间也是进行湿地场景体验的重要依托，引入湿地中的小路应该既能让游人观赏到最优美最自然的湿地状态，又能避免游人的活动影响到湿地生物正常的休养生息。

湿地中所有的景物，不论是天然的、原生的，还是经过人工雕琢的，都是湿地景观的组成部分，这些景物共同构成一个整体的“面结构”，也可以说是整个湿地公园的基底。从另一个层面来理解，如上所述“点”和“线”都是人们接受湿地科普宣传教育的场所，而湿地公园中其他空间虽不是人们活动的主要空间，但在湿地这个大环境中，人目之所及的一切事物都是在向人们展示着湿地这一生态类型，而这些构成湿地景观而又不属于人们重点活动范围的区域，恰恰正是向人们展示着最原生态、最真实的湿地形态，在科普宣教功能的体现上，这部分是相当重要的内容。所以，整个湿地公园是一个完整的博览展示的“面结构”。

**(2)序列规划**

如建筑和电影艺术一样，所有的展示空间都是有着时间顺序的空间艺术。对这种空间程序的把握就像讲故事一样，有开始、起伏、高潮、结尾，整个路线中蕴含着一种旋律，或高昂或柔美，或理性或激情，并在路线中的每一段都能制造悬念，依照文脉的风格有着“启、承、转、合”之美。

湿地公园不同于其他类型的公园，除了艺术需求之外，展示遵循一定的顺序还有更深层次的原因。某种意义上说，湿地公园更类似于一个展览馆，之中包含的知识内容有许多是具有较强逻辑性的，这样的内容的展示和体验必须要有一定的序列。最典型的例子是许多湿地公园中都设置有动植物进化展示廊、群落演替展示径等类似的展示空间，人们自进入这种空间的起始一直到走出这个空间，形成一个单向线性序列展示。在诸如此类的展示中，其进化或者是演替过程本身就是最重要的展示内容，这样的过程性也就决定了展示的次序性，首先向人们展示的则是最原始的状态，继而是一环扣一环的延续过程展示，最后向人们展示其最终状态或者现在存在的状态。诸如此类的展示只有严格遵循逻辑序列，才能向人们传达最明确最精确地知识信息。

序列性不仅在某些部分的展示设计中是重要原则，在湿地公园科普宣教总体规划上，遵循一定的序列更能达到优化宣教效果的目的。每个湿地公园的展示各具特色，并不总是按照相同的序列。一般情况下，湿地公园的整体科普宣教序列都是以向人们展示湿地整体风貌或者介绍湿地基本知识为开始，让游客对湿地有初步了解，继而根据每个湿地公园的特点特色进行某些部分的重点表达，最终提升到意识形态，达到更高层次的宣教目标。举例来说，太湖生态博览园展示与体验内容被分为有序的四个部分，分别是太湖自然生态体验、太湖生态特点集中与强化、太湖生态演变与科技治理展示以及世界湖泊生态展示。通过这四部分的层层递进，游览者和学习者依次体验太湖生态景观、认识太湖生态特点与特色、了解太湖生态的演变与治理以及太湖人民整治太湖生态的不懈努力、从世界湖泊生态系统的高度审视太湖生态，最终达到更高更远层面上的环保意识的加强。

**(3)保护契合规划**

我国在相关政策法规中提出，城市湿地公园的建设应"坚持城市湿地保护与合理开发利用相结合的原则，应在全面保护的基础上合理利用，适度开展科研、科普及游览活动，发挥城市湿地的经济和社会效益"。可见，各类专项规划都要在符合湿地保护规划的相关内容下进行。对于科普宣教这一专项规划来说，一方面，科普宣教活动需要一定的场所，并配备相应的人工构筑设施；另一方面，人的活动或多或少会影响到湿地生态环境的保持与湿地生物的休养生息，所以，科普宣教规划一定要与湿地的保护与修复的相关规划相契合，否则将会违背其建设初衷。

多数国家湿地公园的建设中，根据功能不同将其分为保育区、恢复重建区、宣教展示区、合理利用区和管理服务区等；多数城市湿地公园包括有重点保护区、湿地展示区、游览活动区和管理服务区等区域。这些分区的敏感程度依次降低。在湿地公园中，与科普宣教相关的人的活动也有很多种，其活动形式、活动程度不同，对湿地的影响也是不尽相同。比如静态的观看、摄影等活动对湿地环境的影响比较小，儿童活动、参与体验相对而言对湿地环境的影响就比较大。

在有明确分区的湿地公园中，除了湿地博物馆或者展览馆，多数的静态展示活动都在展示区进行，虽然展示区敏感程度相对较高，要控制游人数量以及游人行为，但是这部分有着比较天然的湿地生境，人工雕琢较少，能让人们接触到更真实的湿地形态，所以在一定的保护措施下对游客实行部分开放是最常见的处理方式。儿童活动、体验活动等较为动态的活动则多数在合理利用区以及游览活动区进行，一方面，这部分需要有一定的人工设施辅助进行；另一方面，其活动本身对湿地产生的影响较大，所以应该在敏感度相对较低的区域进行。需要强调的是，如上所述不同的分区中应该进行怎样的科普宣教相关活动是指大多数情况下的处理方式，而不是绝对的，因为湿地公园有着各自不同的特点与特色，而且有些湿地公园并不具有比较明确的分区限定，所以有时候应该按照实际情况综合衡量考虑。但是总体来看，按照湿地各部分的敏感程度来进行科普宣教规划的原则是不会改变的，即敏感程度越高，允许的活动强度、活动密度越小。

## 6.6 湿地科普宣教工程的内容

**(1)湿地科普知识教育类**

建立基本概念，提高知晓度为目标。例如，展示生物生态现象(寄生、共生、竞争等)，栖息地景观、生态过程、食物链，介绍生态平衡的有关知识等。

**(2)湿地价值教育类**

在了解湿地概念的基础上，系统地、深层次地建立湿地保护宣教大纲，提高大众对湿地了解的知识层面，如湿地功能及其在区域发展中的作用，树立人与自然和谐共处的生态伦理观念。湿地科学利用教育，如生态化经营技术，生态生产与生活方式，湿地循环经济等。

**(3)新鲜趣味类**

解读出湿地保护科普宣教知识的趣味性、历史的文化性，使人们在获得乐趣的同时，学习湿地保护的相关知识。

**(4)行为规范类**

规范公众在游览活动中的行为准则，并且知晓破坏环境对动植物带来的最直接影响，如对公园各项管理政策进行宣传，环境污染的后果，湿地科学利用与生态保护、环境保护，可持续发展等。

**(5)人文审美类**

以眼前真实的景致与经典的人文作品进行时空的重合，让参观者在对著名作品的欣赏中感受到环境对人类文化创作的影响。

## 6.7 湿地科普宣教工程的形式

### 6.7.1 博览展示

在我国的大小园林中，博览展示是最传统、最通俗的向游人传达信息的方式，不同类型的园林，也向人们诉说着不同的故事。走入一个古典园林，眼中看到的一切让人们仿佛回到古时，亭阁廊桥向游人展示着古代的建筑风格与技艺，碑刻楹联让游人体会到古人的才情纵横；走入植物园，游人便进入了室外绿色大课堂，在这里通过观察各种植物以及阅读解说牌能够了解它们的科属归类和形态特征，不同植物群落的实景又能告知游人不同植物的生活习性和种植搭配。人目视之所及，是接受科普教育的重要前提。

“展示”可解释为展出、陈列、示范、体现，其英文表述为“display”，源于拉丁语“diplico”和动词“diplicare”表示展现事物的状态和行为。对展示的定义大致分为两种——广义和狭义。广义的定义是包含体验式展示空间，认为展示是视觉、听觉、嗅觉等全方位的综合展现方式；而狭义的定义则一般是强调“视觉感官”接受的形式，是通过视觉传达信息的。

湿地公园有着独特的展示内容，不仅有湿地生物，还有独特的生态过程和营造技术。一般湿地公园展示内容划分为7类。在湿地公园中，所有类别的科普宣教内容都通过相应的方式呈现在人们面前(表6-1)。

**(1)湿地相关知识与法规博览展示**

就现阶段这部分展示内容来说，湿地相关知识一般涉及世界各种湿地类型的介绍。地球上各类湿地的分布情况、湿地的演变历史、湿地对于人类的重要性、保护湿地的主要措施等，有些还针对该处湿地介绍其特有的问题。湿地法规则包括国家制定的有关湿地建设和湿地保护的相关政策。

表 6-1　湿地公园博览展示形式与内容划分

| 展览内容 | 展览形式 | | | | | |
|---|---|---|---|---|---|---|
| | 展板 | 电子屏影像 | 标本模型 | 虚拟场景 | 实物 | 通过观察器械 |
| 湿地相关知识和法规 | √ | √ | × | ○ | × | × |
| 整体生境 | ○ | ○ | √ | √ | √ | × |
| 湿地动物 | ○ | ○ | √ | × | √ | √ |
| 湿地植物 | ○ | ○ | √ | × | √ | √ |
| 生态技术 | √ | ○ | √ | × | √ | × |
| 湿地农业 | √ | ○ | × | × | √ | × |
| 历史民俗文化 | √ | √ | ○ | × | √ | × |

注：√为经常使用，○为可以使用，×为极少使用。

湿地的相关知识与法规的内容通常比较抽象，大多通过展板、电子屏等比较简单的形式进行展示，另外，可利用多媒体技术将展厅布置成虚拟场景，让人们更直观地了解湿地的相关知识。大多数展板的形式以规矩的方、圆为主，便于人们有逻辑次序的浏览，也有许多展板被塑造成生动、活泼的展示形态，吸引人们尤其是儿童的注意力，达到宣教的目的。有条件的湿地博物馆也会利用多媒体技术将展厅布置成虚拟场景的形式，使人们更直观地了解湿地相关知识。这部分展示通常放在最前面，常常作为湿地公园展示序列的序曲部分。湿地相关知识的展示一般在室内进行，有时也在室外适宜地段利用展板的形式进行展示。正如上述，这部分一般是比较抽象的知识，现今湿地相关知识的展示也越来越倾向于运用高科技手段进行演示，各种高科技手段的目的只有一个，就是让晦涩的文字变成一般人都能较容易接受的图像甚至三维空间，这样生动形象的展示能让更多的人了解湿地。

**(2) 湿地整体生境博览展示**

湿地整体生境的展示主要是将各种湿地的群落形态展示出来，表达各种湿地生境的直观印象和群落中各种生物的相互关系。这部分展示方式多种多样，有立地条件的生境在湿地公园中以最真实的实景进行展示是最好的方式。除此之外，运用展板、电子屏等较为经济简单的方式进行其他湿地生境的展示也能让人们获得更多知识。但是，某个地域的自然条件不可能使所有湿地种类都在此长期存在，而不同湿地生境的展示恰恰是人们认识湿地、感受湿地的重要途径，因此，随着科技的进步，越来越多的湿地公园开始运用仿真模型，有的还加入了多媒体技术，即在室内展厅运用高科技光影技术营造逼真的湿地场景，让游人身临其境地观察和学习。

**(3) 湿地动物博览展示**

湿地动物包括湿地水鸟、水生动物和昆虫等。在湿地公园中，动物都是自由活动的而不像动物园中一样圈养起来，在这里的动物都是以最自由的姿态呈现在人们面前。

湿地水鸟是湿地动物中重要的种类，中国的许多湿地都是候鸟南北迁徙的重要停歇地，这些鸟类有许多被列入《国家重点保护野生动物名录》，有一些更是备受世界关注的珍稀濒危种类。在湿地中一般建造观鸟屋或者观鸟平台，将游览者与鸟类隔离开来，一方面是不打扰鸟类的正常活动；另一方面能给观鸟者提供一个安静舒适的观鸟环境。另外，观鸟屋要选址在方便观赏鸟类的地方，并且观赏视线不要被植被遮挡；有条件的湿地公园还提供有望远镜，能使人们更清楚的观赏远处的鸟类。

水生动物也是湿地动物家族的重要成员，较常见的展示做法是建设水族馆、安置水族箱、开辟水下观赏廊道或者安装水下探视设施为人们提供观赏条件，还有的设计是在某些不敏感地带抬高水底平面，并净化水质，形成清澈的浅溪，使得人们站在岸上便可以清晰的观察到水下生物。

昆虫类也是湿地动物的组成部分，有些湿地公园专门设置昆虫园，为昆虫的生存提供适宜的环境，或者在这个环境中布置一些仿生昆虫样本或者标本，并设置相应的放大镜等观察设备和分类图，供游人进行观赏学习。利用各种动物模型和标本进行展示是一种常见的形式，模型和标本结合解说文字能更系统、全面地向游人介绍湿地动物。

实物展示比较生动真实，但是对湿地的环境要求也比较严格，总是存在一些动物需要被展示而由于种种原因不能生存在这个环境中，这些就需要通过展板和模型的方式进行展示，各种鸟类和其他动物可设置仿真模型，昆虫类可以设置展示标本，其生动性相对比较差但是知识性、系统性比较强，图片模型结合文字能更系统全面的向游览者介绍湿地动物的相关信息。

各种展示方式各有利弊，在展示设计时应该综合考量湿地公园的环境、经济等各方面能力，选择最合适的展示方式。

**(4)湿地植物博览展示**

湿地包括陆地、水域及其过渡地带，生境的多样性为各种植物的生存提供了适宜的沃土，从水生到湿生、再到旱生，多种类多形态的植物使湿地公园俨然成为湿地植物的“室外博览馆”，湿地植物的实景展示是最常见也是最原生态的展示形式，植物实体加之对其进行标示的解说牌，能使游人最真实地了解到植物的形态特征和生活习性。

大多数湿地公园通过木栈道或者架高走廊引导人们对陆地植物或者过渡地带植物观察研究，有一定高度的架高走廊还可以让人们轻松地观察到树木高处的信息，许多湿地植物园还设有树屋以及类似的高处设施，不仅仅有助于自然环境的营造，还能让人们在树屋中近距离观察植物的花、果、叶，往往在室内都有植物图鉴，帮助人们认知植物。植物园中树木一般都设置有标识牌，标注植物的名称、科属、生活习性等相关内容。

观察水生植物一般是建造水下观察廊、观察室或者水族箱，通过玻璃墙展示最真实的植物形态；在当地不能很好生存的植物则多以模型的形式展示，除此之外，植物某部分的放大模型是向人们展示在实物上不容易观察到的植物部分的形态特征以及工作机理的主要形式；展板虽然不是最主要最有效的植物展示方式，但是却是不可或缺的补充，以展板的形式向人们展示植物的演替阶段、展示发育顺序这些阶段次序性较强的内容时，显然能比实景或者模型更让人一目了然。

植物不同于其他展示内容，一方面，植物有一定的演替阶段，展示时按照一定的顺序才能更有效地进行科普教育；另一方面，与植物园类似，湿地植物展示也应该按照一定的种类和科属进行展示，从而形成展示逻辑次序性。香港湿地公园的演替之路是架设于水滩之上的木栈道，沿着步道便可观赏到湿地植物随着生境而改变，从水生植物演替为森林；

西溪湿地植物园按照植物的种类划分成“一带四区”，分类展示湿地植物，它们都是湿地植物展示的优秀形式。新栽植的植物在注重植物景观效果的同时，也要参与构成稳定的生态环境，并吸引候鸟至此栖息停留。除此之外还应该充分考虑栽种该植物后的植株生长效果、湿地的运行效果、生长表现以及对生态的安全性等。

**(5)生态技术博览展示**

湿地模式是生态修复的有效途径和主要模式，建设湿地公园最主要的功能就是保护湿地和生态修复。生态技术对一般的游客来说，是比较晦涩难懂的专业性知识，在湿地公园中运用模型或者实景的方式对生态技术进行展示能让人们直观生动的得知这些内容，加上展板、解说牌的全面补充，能让游览者了解到完整系统的知识。此外，向专业人员展示这些技术有助于其应用推广，在另外的湿地或者需要进行生态修复的场所可以有效地运用这些技术解决问题，从这个角度来说，生态技术博览展示是最实用的展示项目。

湿地公园中运用到的生态技术多种多样，最常见的有水质净化处理、生态驳岸处理、湿地恢复展示、生态建筑建设等。水质净化处理是展示湿地的净化、过滤、吸附等生态功能；湿地恢复展示是让人们了解湿地保护与生态恢复的技术、方法与措施，并借此了解湿地生态系统的结构与功能，提高环保意识；生态驳岸处理是展示堤岸生态化改造的方法、措施及成果等。这三个方面大多是通过实景处理结合展板、解说的方法呈现在人们面前，驳岸处理还可以通过展示驳岸断面的形式更清晰的展示生态技术，有些比较专业的技术则通过模型的方式更通俗易懂的进行展示，让专业人士和普通游客都能了解到这些内容。

近几年，新能源技术渐渐走入人们的视野，在越来越多的湿地公园的建设中设置相应的展示内容，让人们了解新能源技术，如太阳能技术、风力发电技术、沼气发电技术等。湿地公园中太阳能技术的展示多是在一些建筑的屋顶、路灯或者其他设施的顶部通过铺设太阳能电池板实现太阳能供热供电，并通过相应的解说设施介绍其原理及供能过程，在实现园区内的生态化运用的同时向人们普及了太阳能技术的相关知识。风力发电技术、沼气发电技术同样是运营相应的设置实现园区生态功能的同时，结合相应的流程、原理展示及解说，让人们对新能源技术有更深的了解，最终实现其大范围的推广。

**(6)湿地农业博览展示**

湿地农业的展示大致可分为两类，即湿地历史农业展示以及生态农业展示。

农业自古以来都是人类赖以生存的基础，湿地中最常见的历史遗物也是农业相关物件，比如遗留下来的旧时磨盘、水车以及灌溉水闸都属于这一类，除此之外，还包括一些农业器械，以及典藏至今的农业典籍、描述农业繁荣的画卷、石碑、模型等，都会让人联想到前人在这片土地上辛勤耕作的场景。设计中这些展示内容可以安排在一个固定集中的场所，如农业展示馆，系统的进行展示，也可以根据展品的实际情况布置于湿地之中，让游人观赏到湿地原始的农业环境与状态。

生态农业展示的内容一般是农业生产用地转变为生态农业的阶段成果，如有机蔬果种植过程及品种展示、桑基鱼塘、果基鱼塘及生态养殖、退耕还湿、退渔还湖等示范工程展示。生态农业具有较强的技术性、知识性，使得其与生态技术的展示有着极大的相似性，其主要的不同在于生态技术以展示为主、体验为辅，而生态农业恰恰相反。一般在湿地公园中，生态农业的展示方式有实景展示、展板及影像片等。一般情况下，生态农业展示大多结合生态农业体验，包括农业观光体验、采摘体验等共同完成湿地科普宣教功能。

**(7)历史民俗文化博览展示**

许多湿地原本是人类村落聚集的地方，长久以来人们在这里生息繁衍，形成了特有的民俗文化，在村落没落或迁移后物质或非物质的民俗产物便遗留下来。在湿地公园的建设中，这些民俗产物可以而且应该被展示出来，为这片湿地重新赋予灵魂并向游览者诉说前人的故事。展示应尽可能让观众置身在特定的历史时空环境中，让历史遗留物在模拟的历史文化氛围里说话，以科学、客观的态度设计演绎，重现历史场景、人物与事件。

在这里生活的人们长久以来形成的民风习俗也是重要的展示内容，如该处的节日习俗、嫁娶习俗等内容。历史民俗的展示形式多种多样，在湿地公园中出现最多的是展示墙、展示廊以及各种电子影像等形式，将历史的、民俗的相关内容呈现在游客面前，这些形式的优势之处在于能使展示按照历史顺序进行。场景复原广泛适用于这类展示中，其优势在于直观形象地对特定的历史民俗进行重点讲述，如西溪湿地公园中婚俗馆的展示突出民俗，采用场景复原的展示手法，整个展览场景按照不同的主题布置(如婚庆等)，表现出房屋主人进行特定活动所涉及的物品，环境及景象，再现特定历史景象和活动。场景复原使展品传递出真实的历史信息，使观众感受到原汁原味的历史，产生强烈的现场感。由于这部分内容属于历史内容，仅仅实物展示一般不足以让人全面了解民俗文化，所以在这种实物或者模型展示的基础上加入展板、影片、解说牌的讲解会收到更好的宣教效果。

湿地自古以来也是众多文人骚客钟情的地方，许多湿地都被诗词赞叹过、被书画记载过，这些前人的文化产物是湿地文化的重要内容，而这些产物通常以楹联、石刻或者书籍画卷等形式传承下来。在湿地公园的建设中，宜对现存的楹联、碑刻等在保护的基础上进行展示，而书籍画卷等则最好设置专门的湿地博物馆进行保护展示。

### 6.7.2　解说系统

如今，无论以何种方式进行游赏或旅游活动，人们越来越希望与自然文化环境全方位接触，在休闲游玩的同时也能获取相应的知识。解说能够增加人们对自然、人文环境的理解和欣赏，在旅游休闲中达到寓教于乐的目的，因此，解说就成为沟通人类和环境的重要途径。作为非正式环境教育的途径之一，好的解说系统能够训练游览者发现美的眼睛和心灵思考，为国民素质提高和可持续发展教育做出贡献。

“解说系统”是在旅游学中出现频次较高的名词。国内学者吴忠宏提出：解说是一种信息传递的服务，目的在于告知及取悦旅游者，并阐释现象背后所代表之含义，提供相关的资讯来满足每一个人的需求与好奇，同时又不偏离中心主题，还能激励旅游者对所描述的事物产生新的见解与热忱。解说系统就是运用某种媒体和表达方式，使特定信息传播并到达信息接收者中间，帮助信息接收者了解相关事物的性质和特点，并达到服务和教育的基本功能。世界旅游组织表明解说系统具有教育、服务、使用和管理等功能，是目的地十分重要的组成要素。

从形式和媒介来分，解说系统包括向导式解说和自导式解说两种。顾名思义，向导式解说是由专业导游人员向游览者进行主动的、动态的信息传导，媒介为导游人员解说；自导式解说是由各类标识牌、各种印刷物、音像影像制品等向游客提供信息服务，而媒介则为解说标识牌、印刷品、音像制品等。对于湿地公园来说，自导式解说是每个湿地公园的重要组成部分，而且由于湿地公园相对于其他类型的公园而言，具有更明确的科普教育功能，所以自导式解说更是成为湿地公园设计与营建的重点内容。向导式解说并不是存在于每一个湿地公园中，一般在较为重要或者有特殊需要的湿地公园中会使用向导式解说与自导式解说结合的形式。

一个景区完整的解说系统包括很多方面，比如交通导引解说系统、景点解说系统、服务设施解说系统、教导解说系统等，其解说目标以及起到的作用各不相同，除了科普宣教外，还有导引、警示、服务等也是解说系统的重要功能，而每个公园或者景区的基于科普宣教的解说内容的设置与设计都属于解说系统的内容，都要参照解说系统的理论基础进行。相关政策法规中的“科普宣教解说系统”即指基于科普宣教的解说内容的设置与设计。

湿地公园解说内容包括湿地科学知识解说、区域环境解说和生态旅游解说(表6-2)。解说系统建设包括音像图文展示与播放系统、牌示系统、出版物解说及导游解说体系等。解说的内容包括与湿地相关的各项内容，重点应以湿地功能及湿地生物多样性保护宣教为主。解说内容可以采用室内展示和室外展示相结合，分别借助以图片、光电技术、视频、人工模拟、实物展示等方式，采取被动接受和主动参与相结合的形式。

**表6-2　湿地公园解说内容分类**

| 解说类别 | 解说内容 |
|---|---|
| 湿地科学知识解说 | 湿地相关知识和法规、动植物知识、生态保护与修复技术等 |
| 区域环境解说 | 所在区域的自然、社会、文化和经济环境 |
| 生态旅游解说 | 湿地自然景观、生态农业劳作、人文产业、民俗节事活动等 |

**(1)音像图文展示与播放系统**

音像图文展示与播放系统包含多个方面，最传统的有图文展示、语音解说等。图文展示与湿地公园博览展示的相关内容是重合的，即通过展板等展示形式向游人进行介绍和阐释。这部分内容既涉及展示学科又涉及解说系统，在进行相关的规划设计时应统筹兼顾，同时达到两个方面的最优效果。语音解说是利用音响播放解说内容的形式，分为全程语音解说和局部语音解说。全程语音解说是利用设置在公园中的音响播放解说内容的形式，游人在行进的过程中便能时刻接受知识讲解；局部语音解说是在某个场所内针对某个景点进行语音系统播报，相比较而言针对性较强。近些年，随着科技的发展，利用计算机、无线电等多种现代科技手段制作的电子解说系统应用也越来越广泛，如多语种无线收发式导游解说系统、游船多语种导游解说系统、便携式数码解说系统等。这些形式更加丰富了游人的旅游过程，让信息和知识的获取变得更加便捷和精准。

**(2)牌示系统**

牌示系统主要用于出入口、功能区、景区、重要景点等，用于介绍情况、科学解释。根据相关政策法规，牌示标志系统的色彩和规格，应根据设置地点、揭示内容和具体条件进行设计，并与景观和环境相协调，解说标志牌宜采用中、英两种文字说明，动、植物名称应注明拉丁文；公共设施标志应采用国际通用的标识符号。湿地公园中的牌示系统应同时能够满足残疾人的需求，比如许多湿地公园中都设置有触摸语音地图、触摸语音植物牌等设施。

**(3) 出版物解说**

出版物解说是指放置在各处的游人免费取阅的资料、音像图书、方便游人携带的宣传册与电子音像制品等。这些物品涉及旅游营销策略方面的内容，是湿地公园科普宣传和形象宣传的重要手段之一。

**(4) 导游解说体系**

导游解说体系主要是指向导式解说，包括信息咨询、导游活动、团队演讲、现场解说等。相比较自导式解说，它最大的特点是双向沟通，能够回答游客提出的各种各样的问题，可以因人而异提供个性化服务。从某种意义上说，向导式解说更趋向于学习过程中的“言传身教”的模式，相比于“自主学习”的模式有明显的优势。

### 6.7.3 参与体验

体验，即通过实践来认识周围的事物。传统的展示空间是以实空间即各种展示品、展示设施、设备为主要媒介，而体验式的展示是将人作为展示空间的核心，通过人的参与，使得展示变得活跃，它将展示信息视觉化、听觉化、嗅觉化和触觉化，而人本身也成为实体展示空间的一部分；参与体验还包含有互动的含义，指在学习环境中，以构建展示与游览者间的关系为目的，运用各种手段营造教学情境，鼓励游人动手动脑参与，将人们被动的参观过程变成了在体验、参与中探索、欣赏、发现和思考的双向传播学习模式。

一般意义上，展示设计包含有体验的内容，但是对于本文的研究对象—湿地公园科普宣教来说，其“参与体验”的内容比一般意义上的博物馆来说要复杂很多，“参与体验”不仅仅局限在展示学科中的“体验展示”，而是包含有诸如旅游学、心理学、传播学等其他学科的某些知识。

当今，传统的“看”已不能够满足科普教育的需求，亲身参与、直接感受应该成为现代科普教育的主要组成部分。在参与体验中，公众可以按照自己的兴趣和爱好去选择自己需要学习的知识，变被动接受为主动参与，充分发挥自己的自觉能动性，在科学的世界里积极探索和感受，尽可能多地获取科学技术知识。在博物馆或者室外教育基地的科普宣教设计研究中，很早之前就有许多有远见的专家就提出了“寓教于乐”的观点。这个观点包含两方面内容：一方面，展示区内“请勿动手”的牌子逐渐被“动手试试”所代替，展示设计开始倾向于鼓励游览者观察局部并直接动手操作，甚至设置游戏让人们直接参与；另一方面是让游人在真实的环境氛围中去理解展品，以人的精神感受为中心的，一切灯光、音响、环境、场景的布置等都是为了创造一种独特的氛围，让观众亲自去体验感知。湿地公园体验的四部分内容——湿地场景体验、知识探索体验、湿地农业体验以及历史文化体验也是通过这两个方面诠释的。

参与体验首先要“以人为本”，并注重人的参与性。参与体验中，展示场所变成展品与人互动的“舞台”；物质展品本身已不是展示的重点，而成为帮助观众理解展示主题、展示信息，达到独特体验的“道具”；参与体验器具的设置、参与体验活动的设计等内容都围绕游人的身体及心理需求进行，整个场所与环境因为有人的参与而变得有意义。体验设计中，人应该是作为设计的一部分与其他环节紧密联系，并且在参与中潜移默化地受到教育，达到欣赏科学、理解科学的目的。

尽管教育是一件严肃的事情，但是并不意味着教育的体验不能成为一件快乐的事。娱乐是人类最古老的一种体验，是人类本性的一种回归，具有娱乐性的体验设计同时符合人们追求休闲舒适的现代生活方式。游人在一种放松休闲的状态下，凭着自己的兴趣和展示品之间产生互动、沟通，从而获得自己独有的体验，达到寓教于乐的效果，这种互动使观众不再像阅读教科书一般被动的接受信息，而是主动的参与到为了某些教育目的而设计的某些体验性的环节中。这样的知识传达方式使科学知识的亲和力和趣味性自然得到提升，达到寓教于乐的目的。

随着时代的发展，多媒体技术已经成为丰富体验内容的重要手段。通过3D、4D环幕影院、模拟场景、数字沙盘和虚拟世界等体验方式刺激观众的视觉、听觉和触觉，创造一个能调动观众新奇感与兴奋感的环境条件，帮助观众将信息群组化，有效提升观众对信息的理解力，同时还能鼓励观众团体之间的交流与互动。虚拟体验是体验中较为前沿的方式，是用先进的计算机虚拟现实技术将观众平时无法观赏到的抽象知识或历史环境，以集合视觉、听觉、嗅觉、触觉等多种感观，运用的数字化形式展示给观众，不同类型逼真的场景和艺术的效果能在给予观众全方位身心体验和心理感受的同时，达到各种信息传播的目的。这种多维的信息空间使观众利用自身在系统中探索、想象，能产生更深刻的体验并加深记忆，更能提升教育功效。

《国家湿地公园建设规范》(2008)提出在湿地体验区“可以体验湿地农耕文化、渔事等生产活动，示范湿地的合理利用，本区域允许游客进行限制性的生态旅游、科学观察与探索，或者参与农业、渔业等生产过程”。所有的湿地公园都可以而且应该参照这个规范设置湿地公园参与体验项目。

**(1)湿地场景体验**

湿地场景体验有实地实物体验和虚拟体验两种。实地实物体验是在实地展示的视觉基础上，引入听觉、触觉、嗅觉等全方位感官享受，营造更为逼真生动的湿地场景的体验设计。湿地公园中的自然湿地形态本身就是最好的体验展示场所，不需要太多的人工修饰依然鸟语花香、水流潺潺，每个湿地公园中都应该为游人提供这样最原始状态下的湿地环境，并以不破坏整体生态的木栈道、石桥等形式将游人引进环境中。

科技发展的日新月异也带给人们越来越多的精彩体验。在由于生态保育或者地理条件不适宜提供某些真实的湿地场景的情况下，利用科技让人们感受湿地场景便成了最有效的体验手段。例如，4D影院在视觉上利用立体成像技术，形成左右眼视差造成立体纵深感极强的画面，影像立体呼之欲出，在此基础增加了风吹、下雨、日出日落等环境特效，模拟风霜雨雪、鸟语花香等多种特技效果，将观众的听觉、视觉、嗅觉、触觉完美地融为一体。有条件的湿地公园还可以设置一些漫游体验项目，例如，船游湿地的体验，观众面对逼真的弧形荧幕，通过操控船的方向逐步进入湿地深处欣赏最生态的场景，船体配合画面适时运动加上立体影像，带给游人强烈的真实感。

**(2)知识探索体验**

湿地公园中任何一个生物、任何一个景象都蕴含着自然的奥秘。在一般情况下，我们却无法从实物中明确了解到这些，即使可以通过图片、影片的形式，也通常是晦涩难懂或者不便于深刻记忆的。对于这些知识最好的传达方式莫过于设置一些参与体验，让游人通过自己的亲身感触、亲身经历来了解和记忆。因此，许多湿地公园都建立探索互动专区，以鼓励游人在湿地公园既有设施和信息的帮助和支持下，自己寻求或者自主建构答案、理解信息。例如，某湿地公园对细胞工作机理的诠释是通过在一个细胞模型房间中模拟细胞的各部分结构，并利用游人的好奇心引导游人参与物质和能量运输的过程，在娱乐中让游人收获知识。还有很多湿地公园为儿童提供仿生的探险迷宫，让儿童在迷宫探索的过程中了解到动物、植物的构成或者生长机理。在湿地公园中，多媒体游戏主要针对以娱乐为主要参观目的的儿童或部分成年观众，互动目的旨在让观众在轻松舒缓的环境中得到知识，正如中国科技馆原馆长王渝生说的“让科学好玩”。

除此以外，“智力题板”“拼图游戏”等互动体验形式也是湿地科普展示中极为常见的，这样的形式相对而言成本较低，对环境、设备和技术的要求也不高，这种互动不仅同样可以改变单向灌输的传统教育模式，而且让参与者以最直接、明确的信息传达形式获得知识。尤其对于儿童来说，更能调动其求知积极性，使其主动参与到知识获取的过程中来，可以想象，同样的知识内容，以展板讲解的方式和以互动参与的方式呈现在儿童面前，效果是完全不同的。

湿地公园的保护与恢复技术也是重要的科普宣教内容，除了以实景和模型的方式通过视觉展示给游人以外，让游人通过亲自参与操作，亲身体验感受如何保护与恢复湿地生态能让游人有更深刻的了解。例如水净化处理，设置可以让游人参与的水处理设施，让人们在亲身经历中直观感受到水质由浑浊变到清澈的过程，并且达到加强人们生态环保意识的目的。

**(3)湿地农业体验**

许多湿地是在农田的机理上发展而来的，因此遗留了前人的耕作成果，比如西溪湿地至今还留有大片的鱼塘机理，湿地公园中也保留了很多原始的农业生产用具；香港湿地公园也保存有原来在这里耕作的农民挖渠灌溉的水闸。诸如此类的农业生产遗留产物，不仅成为湿地中与原生态环境和谐的一景，而且还反映着该处的农业文化。在湿地公园科普宣教规划设计时，应该保留这些物件并在此基础上建设参与体验项目，例如，水车体验项目可以让游人亲自进行一次农作劳动，了解前人日常劳作情形；再如，发展湿地生态农业体验，让游人进行一次农业科普旅游，从而丰富湿地科普宣教的内容。从展示变为体验、农业参与性项目的增多改变了静态多、动手少的展示模式，增加了旅游过程中农业科技知识的普及，鼓励游客亲自动手实践，使游客体验农业耕种以及采摘等，尽情享受劳动的乐趣和收获的喜悦。

现在已经有许多湿地公园设置了有机农业体验园、生态采摘果园、桑基鱼塘园、生态养殖园等。在这里，人们在专业人士的指导下从事栽植、除草除虫、采摘、养蚕捕鱼等农事活动。通过这些“习农修学”的体验活动以及科普教育、宣传等公益性项目的开展，使人们了解到有机蔬菜和瓜果的种类及种植过程，了解到桑基鱼塘及生态养殖的内容，更加有助于推广和宣传农业生产的可持续发展。

**(4)历史文化体验**

人类对事物完整的感知，是通过多感观的综合运用得到的。对于湿地历史的体验包含两方面内容：其一是湿地中许多关于历史文化的内容，游人要亲身参与才能体会到其中的内涵。许多湿地是曾经人类聚居的地方，在这里有很多民风习俗或历史文化的遗存，湿地公园的建设中应该有选择的保留这些内容，更宜进一步发展成为体验性项目。比如某些湿地公园中的竹编、酿酒、剪纸等历史传承手艺体验，宜设置专门的展示体验馆供游人进行体验，让现代人体会前人闲时生活乐趣。其二是历史文化的东西要在有历史氛围的环境中才能体会的更加真切。这种氛围的营造有实景和虚拟两种方式。实景是利用真实的要素营造气氛，例如，仿照古时建制建造仿古街道，再加上模仿古时真实的买卖环境，形成了一条历史商业街，游人可以在这里感受到历史上这里的商业形式，还能客串一把古人，在这里进行买卖行为；再如，保留并修缮历史上遗留下来的湿地村落痕迹，形成古朴真实的村落场景，走在其中让游客仿若置身古代村落一般。虚拟方式是基于3D计算机环境下，对历史展品的模拟、对历史场景的再造、甚至对历史事件的演绎，让观众从视觉、听觉、触觉甚至嗅觉上对所展示的信息进行全方位体验。现代历史体验最先进的方式是实景与虚拟结合的“幻影成像”体验，其系统是基于“实景造型”和“幻影”的光学成像结合，将所拍摄的影像(人、物)投射到布景箱中的主题模型景观中，由半透半反玻璃将影像呈现出来，和场景融为一体，演示历史故事的发展过程。无论是上述哪种体验形式，都能为体验者提供一个变换了的时空场景，在历史文化信息的传达上，较传统的科普博览展示有着无可比拟的优越性。

## 6.8 湿地公园科普宣教案例分析

### 6.8.1 阳澄湖半岛湿地公园科普宣教规划设计

#### 6.8.1.1 项目概况

“天边水泽神仙境，别是乾坤鹦鹉洲”是古人对阳澄湖自然风景的生动描述。苏州阳澄湖半岛湿地公园位于阳澄湖中心莲花岛生态湿地公园的中心区域。其规划发展目标是：世外桃源仙境——遍地田园环绕、花团锦簇，蓝空飞鸟长鸣、流云聚散，湖中清流荡漾、鱼蟹嬉戏。它是整个度假区最核心的生态保护区，通过对莲花岛进行生态恢复、生态保护和生态科普展示，打造成为一个集生态保护、活化江南、游船观光、湿地科普、民俗体验为一体的世外桃源，使之成为长三角活化江南的典范。阳澄湖半岛湿地公园由两部分组成：一区为莲池湖湿地公园，以人工湿地为主；二区为湿地植物园，以湖泊湿地为主。

#### 6.8.1.2　科普宣教规划

**(1)科普宣教区空间布局**

与一般湿地公园不同的是，阳澄湖半岛湿地公园的科普宣教区融入其他功能分区布置。湿地公园一般面积都较大，游人游览足迹很难遍布全园，这种布局形式覆盖面更广，使游人在不同的片区都能接受科普宣教。此外，湿地公园具有自身特殊的生态敏感度，不同的功能分区生态敏感度也不一样。根据生态敏感度高低程度，合理安排布置科普宣教内容和科普宣教设施，尽量确保原有生态系统的完整性，最大限度地减少对湿地自然生境的干扰。布局方式主要考虑人工构筑物的布置形式以及对人活动空间的限制。阳澄湖半岛湿地公园中的展示设施、观测设施、体验设施等都会直接或间接地影响湿地内部的生态小环境。在恢复重建区和保育区内，湿地生态系统较为完整，生物多样性较为丰富，敏感度相对较高。在科普设施的布置形式方面，通过建设湿地木栈道、生物观察站、空中走廊等，引导游人对湿地动植物进行观察研究。针对阳澄湖半岛湿地公园中的珍稀物种的繁殖区设置禁入区，针对候鸟以及繁殖期的鸟类活动区设立临时禁入区。在合理利用区和管理服务区，湿地敏感度相对较低，安排民俗体验、生态技术试验、渔业体验、农业耕作体验等项目，以尽量减少对湿地整体生境的干扰和破坏。

**(2)科普宣教的规划结构**

①整体结构规划：阳澄湖半岛湿地公园科普宣教规划为点、线、面三级结构组成，与湿地公园的平面布局相呼应，以此达到最优的科普宣教效果。其中的“点结构”即为各个科普展示区和体验区，也是游人聚集逗留时间较长的场所，是进行重点展示的景点和游人参与体验的场所。这些点结构具有较强的科普性，使游客在驻足停留的同时潜移默化地接受湿地科普知识。“线结构”即为园路、廊道、木栈道、桥等各个景点的联结结构，不仅起到引导游人游览路线的作用，更重要的是能够让游人在行走的过程中体验最真实的湿地生态环境，如植物群落演替等。通过“线结构”规划，形成有次序、有逻辑的展览路线。整个阳澄湖半岛湿地公园构成一个完整的“面结构”，游人在整个湿地生态环境中能够全面地感受阳澄湖湿地，尤其是能够更好地接受关于湿地科普宣教内容，加强自身对于自然的责任感和环保意识。通过点、线、面的规划结构，引导游人活动内容以及活动节奏的转换。不仅使游人对于湿地的认知与行走路线相一致，即集散点—片区—整个湿地公园，而且使科普宣教系统富有逻辑性，科普知识更易被游人掌握熟记。

②循序渐进引导规划：人类接受新事物的步骤通常是由易到难，由大概到具体。在遵循此规律的基础上，阳澄湖半岛湿地公园的科普宣教规划采用循序渐进引导原则。宣教内容从通俗易懂的基础知识到专业性较强的知识循序渐进。阳澄湖半岛湿地公园以展示阳澄湖半岛自然湿地、人工湿地特色为主，延续“阳澄湖半岛湿地成因及功能—阳澄湖半岛自然湿地与人工湿地特色对比—湿地生态感知”线索，在不同功能区设定针对性的科普内容，形成湿地故事序列，展示湿地特定生态系统、湿地生物多样性、不同湿地环境水质对比等，引导游人切身感受到湿地的作用，从而参与到保护湿地的行动。

### 6.8.1.3 科普宣教形式

根据阳澄湖半岛湿地公园不同功能分区的特点及场地限制条件，采用多种类型的宣教方式，主要包括博览展示、解说系统及参与体验三种方式。

**(1)博览展示**

阳澄湖半岛湿地公园一区对基地内原有水系进行梳理，构筑人工驳岸，沿水系布局不同类型的硬质活动空间，整体上以人工湿地生态系统构建为主，其科普宣教则选择通过架设栈道、亲水平台及重塑自然水岸，将人以最小干扰的方式纳入到自然环境当中，向游客展示人工湿地的生态效益及建设当中使用的生态技术；如在重塑驳岸的时候建设了大量生态驳岸，其基础以柳木桩为主，结合湖岸自然曲折，起到固坡护岸的功能，同时松木桩容易再生，过段时间便会生根发芽，起到美化湖岸的效果。同时结合场地条件举办具有当地的传统文化特色的节日(如阳澄湖蟹王节、渔歌文化节、开渔节等)，展示阳澄湖湿地的演变及发展，扩大科普宣教。公园二区以自然湿地为主，主要展示湿地丰富多样的动植物群落种类、数量及演变关系。例如，展示湖中鲢鱼等物种净化水质的过程，它们能直接取食体中的藻类，间接地吸收水中的氮、磷等物质，从而达到净化水质的目的。科普宣教的方式是利用沿湖步道和停留空间的空间伸展，形成张弛有度的空间序列，给人展示真真切切的湿地成果。

**(2)解说系统**

阳澄湖半岛湿地公园的解说系统主要采用以下几种形式：①解说标志牌。信息的本身载体即标志牌经过了精心设计，使用的是现代的不锈钢材料和自然生态的石材，融入了“渔”文化的元素和苏式建筑纹理，这本身就是一个具有文化内涵的艺术品。②解说图册。主要是针对游客免费发放的地图及信息图册，其中包括手绘的湿地公园地图和漫画式的简单解说词。③多媒体解说。幻灯片、视频，集中在公园入口建筑和公园内部的公共显示屏幕，滚动播出湿地公园宣传片和由市民拍摄的实景照片。④科普导游解说。专业人员解说、电子解说。公园内部长期聘任退休老干部和教师等，为游客提供专业的解说服务，同时周末还有志愿者和社区义工。

阳澄湖半岛湿地公园解说内容包括：本湿地公园湿地类型介绍及阳澄湖成因、湿地净化水质的功能以及本湿地水质净化效果、本湿地公园动植物资源等。根据湿地不同分区设定针对性解说，如湿地成因、历史和建设背景极其特点；不同的湿地生境的生物多样性、水质特性、植物群落特点等。在目前国内，针对公园(包括免费的市民公园、湿地公园、森林公园、地质公园等)的解说系统一直停留在相对较低的水平。远低于各类收费景区和类似上海欢乐谷等这类游乐公园。原因有多种多样，如人气不旺，没有巨大的信息需求、维护费用高昂等。采取传统的方法不能完全解决这些问题，但阳澄湖半岛湿地公园在这方面进行了很多探索，值得深思。例如，标志牌的材料选择，坚固耐用，提供最可靠的科普信息；引入了商业，很大程度解决了经费问题，为游客提供基础设施，满足基本的食宿要求，同时商业设施跟文化广场、专用多媒体建筑等形成设施的完备建筑综合体。值得注意的是，正在建设的阳澄湖半岛智慧社区将为湿地公园科普宣教提供更为方便、快捷的解说系统，它将从网络和媒体获取科普信息，以更直接和深入的方式展现给游客。

**(3)参与体验**

因阳澄湖半岛湿地公园具有完整的人工湿地系统以及自然湿地系统，注重对本地区原生态景观风貌的保护和对江南活化渔村的田园景象的描绘。以湿地为载体，以体验“渔樵耕读”的田园生活为蓝本。针对儿童，设置体验捕捞、采摘、踩水车等田园生活。设置观鸟台和掩体式观鸟点进行观看活动。规划设计湿地探险类小游戏，让游人在游戏的过程中了解湿地。如在游客中心播放与湿地相关的影片、针对儿童设立湿地游戏室便于儿童安全参与并了解湿地；在游览线路中结合湿地不同功能区域设置探索发现等问题或游戏，引发游人观察的兴趣。针对成年人，提供了运动健身、文化摄影、苇岸垂钓等活动。力图通过场景的设计和活动的策划，增强人们在湿地公园中的文化体验。“渔樵耕读”就是这里体验的中心思想，即渔夫、樵夫、农夫与书生，是农耕社会四个比较重要的职业，很多也是官宦用来表示退隐之后生活的象征。渔樵耕读代表了民间的基本生活方式，古代人之所以喜欢渔樵耕读，也是对这种田园生活的恣意和淡泊自如的人生境界的向往，这恰好与吴文化的时代精神和当下现代人的精神追求不谋而合。同时，在解说系统中加入简易实验的部分。例如，水质对比测定试验、水质净化、污染物降解试验、生物多样性观察记录等。

## 6.8.2　东海湿地公园科普宣教规划设计

### 6.8.2.1　项目概况

东海湿地公园位于东海县北部、石安河城区段的西段。湿地公园规划用地面积约为77hm²，拟在修复与保护湿地的基础上建设成以生态博览、科普体验、技术示范、民俗旅游等为重点的湿地公园。

### 6.8.2.2　科普宣教规划

**(1)整体结构规划**

东海湿地公园中若干个科普展示或者体验项目都被设置在特定的景点，这些展示点或体验点构成公园的科普“点结构”，成为重点、集中展示和体验的场所。主园路、木栈道、廊和桥等将各个景点联结成网，构成科普“线结构”，为游人在真实的湿地环境中流连、体验提供条件。整个东海湿地公园构成一个完整的科普“面结构”，让游人在完整的湿地环境中全方位地感受石安河湿地，更好地接受科普宣传与教育，加强自然环保意识。

**(2)序列规划**

一方面，东海湿地公园的科普宣教规划遵循人的认知规律，即“印象认知—了解熟悉—体验感受—深入意识”；另一方面，湿地公园中一切具体的展示体验设施和场景都是科普宣教的主体，从主体如何实现科普宣教功能层面上看，规划选择了“湿地总体简介—湿地相关部分重点展示(湿地生态技术、湿地农业、湿地民俗文化、湿地动植物)—原生态湿地感知”的最优方案。

**(3)保护契合规划**

保护契合规划主要体现在人工构筑设施的布置以及对人的活动的控制两个方面。东海湿地公园中的博物馆、民俗馆等具有展示或者体验功能的建筑的建设会影响湿地内部的小环境，因此，这些建筑都会在严格遵循生态优先的前提下规划建设，力求对湿地生境和湿地环境的影响达到最小化。

在人流的限制方面，规划利用空间来引导人流量。规划将广场、博物馆、民俗街等大型人流集散场地布置在生态敏感度相对较低的地方；在湿地深处区域不设置大型活动空间，而是通过园路将人流分散到可进入的小空间中；极其敏感区域则不设置园路，以此降低对环境的影响。

在人的活动形式方面，与科普宣教相关的行为可分为静态和动态两类。总体来说，倾向于动态的活动强度较大的项目主要设置在东海湿地公园的前半部分区域，如儿童游戏项目、民俗体验项目、生态技术体验项目、农业耕作项目等；在植物园区与观鸟区则将人的行为限定在安静的观赏、观察和湿地场景体验层面。

### 6.8.2.3 科普宣教形式

**(1)博览展示**

规划通过入口广场的展示墙介绍湿地基础知识，主要运用浮雕和展板的形式对东海石安河湿地的历史、成因、特色等进行介绍。

湿地整体生境主要是通过室外真实场景来展示，同时结合仿真模型和虚拟影像的形式。湿地博物馆内将建设世界湿地展厅，采用仿真模型、虚拟影像等，介绍多种湿地类型。

湿地动物的博览展示方式主要为模型、标本展示与实物展示相结合。博物馆中将建设水下博物馆、水族馆展示各种鱼类；虫鱼园是展示昆虫及鱼类的特定场所，这里的树枝、花卉上都将设置仿真昆虫标本，水边也将设置鱼类图鉴或标本；观鸟区内设置观鸟屋和观鸟平台，室内及室外都设置鸟类图鉴展板，帮助游人辨认各种常见的湿地鸟类。

在植物园内，栽植大量树木以形成较高的郁闭度，营造郁郁葱葱的自然丛林形态；规划建造一条架高的观察廊，并放置放大镜、植物图鉴展板等辅助工具，帮助游人辨认各种树木。

规划在保留多个天然岛屿的同时，建造许多人工浮岛，还将设置人工浮岛的微缩模型。岛屿生态驳岸展示采用断面模型结合解说牌的形式将各种生态驳岸的形式和优势展现给游人。湿地农业展示设置桑基鱼塘展示点、“退耕还湿”展示点，在适宜的展示点还将布置许多历史上出现过的农具模型。同时，建设农业科普馆，对湿地与农业的沿革以展板和影像的形式进行集中展示。

在历史民俗文化展示方面，规划建设民俗街。民俗街完全按照古时建制设置，力求向游人展示生动逼真的、富有生活气息的古街氛围。除此之外，规划还在茶馆、民俗馆、手工艺作坊中进行各项民俗的展示。

**(2)参与体验**

在湿地场景体验方面，规划将保留原来的湿地特性，并在湿地博物馆中设置3D湿地影院、高科技湿地体验厅，利用各种先进技术营造生动逼真的场景。规划设置多项知识探索类体验项目，例如，苇丛迷宫、榕树滑道、细胞工厂等，使儿童在游戏中既得到乐趣，又得到知识，另外还设置各种湿地生态技术的体验设施。公园中将开辟土地作为湿地农业试验田，在这里游人可以亲身参与农耕作业，熟悉农作物的种植过程，进而了解农业面源污染控制的技术和措施；还开辟有果园，游人在果园中参与修剪、嫁接、采摘等作业，在实践中了解果树的生长习性及发育过程。东海湿地公园的历史体验在民俗街中完成，民俗街所有的建筑及附属设施都将按照旧时的风格进行设置，并将进行真实的旅游商业活动，街道上还将设置戏台，将定期举办东海县历史上传承下来的各种戏曲、秧歌表演，供游人观赏品评。

**(3)解说系统**

东海湿地公园的解说系统分为牌示解说系统和语音解说系统两大类，它们对湿地公园的科普宣教功能具有重要的辅助作用。东海湿地公园的牌示解说系统主要用于出入口、各个展示体验区内，尤其是湿地生态技术展示体验区和植物园区。公园中的语音解说系统分为总体解说和重点解说，总体解说会在整个湿地游览过程中进行播放，重点解说则安排在每个展示体验点，根据各个不同的展示内容进行设计。需要特别说明的是，植物园区与观鸟区尽量运用牌示解说而不设置语音解说，以保证湿地动植物正常的生存环境。

# 第7章 湿地合理利用工程

## 7.1 湿地合理利用的理论基础

**(1) 可持续发展**

自20世纪60年代起，各国环境质量严重恶化，环境问题打破了区域和国家界限而演变成全球问题：全球气候变化、臭氧层耗减与破坏、生物多样性锐减、土地退化和荒漠化、酸雨等。1972年6月在瑞典斯德哥尔摩召开的联合国人类环境会议通过《联合国人类环境会议宣言》文件和《只有一个地球》的报告，唤起了各国政府对环境问题尤其是环境污染问题的觉醒；1981年美国世界观察研究所所长Brown出版《建立一个持续发展的社会》，提出必须从速建立一个“可持续的社会(sustainable society)”；1983年第38届联大通过决议成立联合国世界环境与发展委员会(WCED)，负责制定“全球的变革日程”，并于1987年在第42届联大通过WCED的报告《我们共同的未来》，首次提出“可持续发展”的概念，并给出了可持续发展(sustainable development)的定义。1992年6月，联合国历史上空前的一次“地球首脑会议”——联合国环境与发展会议(UNCED)在巴西里约热内卢召开。贯穿着可持续发展思想的3个文件(《里约宣言》《21世纪议程》《森林问题原则声明》)在会上一致通过，2个国际公约(《气候变化框架公约》《生物多样性公约》)开放签字，标志着可持续发展思想在各国取得了合法性。

目前，全球采用最广泛的“可持续发展”定义是由联合国世界环境及发展委员会在1987年提出来的。可持续发展描述为“既满足当代人的需求，又不对后代人满足其需求的能力构成危害的发展”。它是一个密不可分的系统，既要达到发展经济的目的，又要保护好人类赖以生存的大气、淡水、海洋、土地和森林等自然资源和环境，使子孙后代能够永续发展和安居乐业。可持续发展与环境保护既有联系，又不等同。环境保护是可持续发展的重要方面。可持续发展的核心是发展，但要求在严格控制人口、提高人口素质和保护环境、资源永续利用的前提下进行经济和社会的发展。发展是可持续发展的前提，人是可持续发展的中心体，可持续长久的发展才是真正的发展。可持续发展遵循3条基本原则：公平性原则、可持续性原则和共同性原则。

公平性原则指机会选择的平等性，具有三方面的含义：一是指代际公平性；二是指同代人之间的横向公平性，可持续发展不仅要实现当代人之间的公平，而且也要实现当代人与未来各代人之间的公平；三是指人与自然、人与其他生物之间的公平性。这是与传统发展的根本区别之一。各代人之间的公平要求任何一代都不能处于支配的地位，即各代人都有同样选择的机会空间。

可持续性原则的核心思想是指生态系统受到某种干扰时能保持其生产率的能力。资源和环境是人类生存与发展的基础，离开了资源和环境，就无从谈及人类的生存与发展。资源的可持续利用和生态系统可持续性的保持是人类社会可持续发展的首要条件。可持续发展主张建立在保护地球自然生态系统基础上的发展，因此发展必须有一定的限制因素。人类发展对地球资源的耗竭速率应充分顾及资源的临界性，应以不损害支持地球生命的大气、水、土壤、生物等自然系统为前提。

共同性原则指要实现可持续发展的总目标，就必须采取全球共同的联合行动，认识到地球的整体性和相互依赖性。从根本上说，贯彻可持续发展就是要促进人类之间及人类与自然之间的和谐。如果每个人都能真诚地按“共同性原则”办事，那么人类内部及人与自然之间就能保持互惠共生的关系，从而实现可持续发展。

**(2)合理利用**

湿地的合理利用一词最早见于《湿地公约》，“缔约国应制订并实施其计划以促进已列入名册的湿地的养护并尽可能地促进其境内湿地的合理利用”。但对合理利用的概念具体是怎样的《湿地公约》中并未加以解释。在 1980 年卡利亚里缔约国大会决议中，该原则被解释为：“湿地的合理利用包括对生态特性的维持，不仅要以此作为自然保护的基础，而且还要作为发展的基础”。由于这一概念的具体内容只涉及生态维持的保护内容，实际上并未很好地解释合理利用概念。

1987 年，在加拿大里贾纳决议上《湿地公约》中湿地合理利用(wise use)的概念才被明确定义：即“在维持生态系统自然属性的条件下，可持续地利用湿地，为人类提供福利”。其中，“可持续利用”指在利用湿地为当代人提供最大可持续利益的同时，维持其为后代提供服务的潜力。1996 年，澳大利亚布里斯班第六届缔约方大会通过《湿地公约 1997—2002 年战略计划》进一步指出“合理利用”概念是“可持续利用”的同义。

2005 年，湿地合理利用的概念被重新讨论，为定义湿地合理利用提供了概念框架。“千年生态系统评估”(MA)提出的“生态系统与人类福祉”概念框架与湿地公约理念高度一致，直接体现在对人与环境相互依存的认知上。综合该框架和《生物多样性公约》(CBD)的生态系统方法的原则，湿地合理利用被定义为：“利用生态系统方法维持湿地可持续发展所需要的生态特征”。结合可持续发展的思想，可将其理解为：“应用自然科学与社会科学知识实施各种湿地利用措施，同时维持最核心的湿地生态特征保持不变”。

湿地合理利用概念的出现，根本原因在于湿地的多重功能和价值。湿地的多功能性导致出现湿地生态保护与经济利用之间的矛盾，以及各种类型经济利用之间的矛盾。合理利用概念试图协调上述矛盾和冲突，并实现相互之间的平衡。

**(3)生态经济学**

生态经济学(ecological economics)是研究生态系统和经济系统的复合系统的结构、功能及其运动规律的学科，即生态经济系统的结构及其矛盾运动发展规律的学科，是生态学和经济学相结合而形成的一门边缘学科。生态经济学强调的核心是经济与生态的协调，注重经济系统与生态系统的有机结合，强调宏观经济发展模式的转变。

生态经济学的研究内容主要包括：经济发展与环境保护之间的关系，环境污染、生态退化、资源浪费的产生原因和控制方法，环境治理的经济评价，经济活动的环境效应。生态系统和经济系统相互作用而形成的复合系统及其矛盾运动过程，生态经济发展和运动规律，人类经济发展和生态发展相互适应、保持平衡的途径。生态经济学为解决环境资源问题、制定正确的发展战略和经济政策提供科学依据。

总之，生态经济学研究与传统经济学研究的不同之处在于，生态经济学将生态和经济作为一个不可分割的有机整体，改变了传统经济学的研究思路，促进了社会经济发展新观念的产生。

**(4)景观生态学**

景观生态学(Landscape Ecology)是20世纪70年代以后蓬勃发展起来的一门新兴的交叉学科。它以生态学理论框架为依托，吸收现代地理学和系统科学之所长，研究景观和区域尺度的资源、环境经营与管理问题，具有综合整体性和宏观区域性特色，并以中尺度的景观结构和生态过程关系研究见长(肖笃宁等，1997)。自20世纪80年代后期以来，逐渐成为研究热点。其研究焦点是在较大的空间和时间尺度上生态系统的空间格局和生态过程。现在普遍的看法是，这门新兴学科是地理学与生态学结合的产物，是研究在一个相当大的区域内，由许多不同生态系统所组成的整体(即景观)的空间结构、相互作用、协调功能以及动态变化的一门生态学新分支。

景观理论是生态系统理论的新发展。它的新颖之处主要在于景观理论强调系统的等级结构、空间异质性、时间和空间尺度效应、干扰作用、人类对景观的影响以及景观管理。景观生态学的生命力也在于它直接涉足城市景观、农业景观等人类景观管理。Naveh和Lieberman(1984)指出：景观生态学是生物生态学和人类生态学的桥梁。此外，跨尺度上推(scaling up)景观生态学是环球生态学(Global Ecology)的重要一环。

## 7.2 湿地合理利用基本特征

**(1)自然性**

自然性指湿地合理利用工程需保持自然生态和地方文化的原始性以及资源利用与开发过程中的自然性。首先是指湿地生态系统所具有独特的自然风光，由于受外界影响较小，这些区域保存着生态环境的相对原始状态。城市生活所造成的巨大的心理压力，使人们开始感受到回归自然，亲近自然的需要，需要在大自然的环境中恢复身心健康。科学文化水平的提高也使越来越多的旅游者热衷于探索自然的奥秘，领略大自然的壮丽，并由此感受到其中的美学、科学、哲学等文化价值，体验人与自然的和谐，激发对生态的热爱。其次强调资源利用与开发过程中的自然性。即指在资源利用与开发过程中的各个环节，对开发项目要求保持原汁原味和自然特性。例如，在开发湿地资源的过程中大力使用绿色能源，开发生态建筑，更多地使用当地的建筑材料，减少视觉景观的不和谐。力图使生态旅游者在大自然的怀抱中享受原始的乐趣，与大自然对话，增强热爱自然、保护自然的意识。

**(2) 文化性**

文化性是指在湿地合理利用区域内，保留与当地自然生态环境相和谐的文化传统。许多湿地及其周边区域都具有独特的历史和文化，并且当地的生活方式和文化模式保留着纯自然的原始状态，这两者对人们具有心理和文化需求上的吸引力。合理利用工程作为一种发展模式，渗透了可持续发展的理念；作为一种消费方式或行为方式，体现了生态内涵。合理利用工程以各种生态景观为消费客体，是高层次的文化活动，分析其本质，客观上要求超越景观的表层限定，而要立足于深层的文化和价值视角。

湿地的合理利用工程在精神文化层面上以满足人们对于坚持与自然协调的方式追求健康而富有成效的生活为主要目的，而不是凭借手中的权力、技术和资金，采取耗竭资源、破坏生态和污染环境满足个人爱好，求得自我发展(许秀杰，2007)，这体现了新的生态文明理念，引导从崇尚自然、保护湿地生态环境的意识出发，以求达到对自然资源索取和回馈的平衡。湿地的合理利用工程中所提倡的节约资源、可持续发展、环境保护、适度消费、理性消费等，有利于目前国内生态文明的建设，推动人与自然、社会、经济等方面全面发展的共赢互利。

**(3) 适度性**

湿地资源的合理开发也可作为有助于实现资源环境可持续利用的生态旅游活动进行。生态旅游强调把旅游带给资源和环境负面影响控制在可承受的限度内，在此前提下，争取尽可能大的经济收益(李淑艳等，2005)。这是湿地合理利用工程对于促进当地社会经济发展，提高当地人民生活水平和改善当地环境的需要。只有得到地方的支持，生态旅游才可能持续地发展，这也是开展合理利用工程的重要目标之一。因此，生态资源的开发是有限的，要在确保生态旅游者获得体验的同时，使环境变化维持在可接受的范围内，使社区经济社会可持续发展。

**(4) 教育性**

开展合理利用工程的初衷就是保护湿地生态环境，合理开发湿地生态系统的宝贵资源，保证传统文化的继续传承。要到达这个目的，不仅要提高湿地周边居民、管理者的环境保护意识，还要提高旅游者的环境保护意识，开展环境教育、普及生态环境等方面的知识就显得尤为重要。

同时，人们在欣赏湿地生态景观，感受大自然的恩赐乃至体验自然环境变化的过程中，可进一步认识到大自然是生命的源泉和人类发展的基础，从而学会热爱自然、尊重自然，增强保护自然的意识和责任感。接受生态和自然知识教育，提高公众保护自然的意识也是合理利用工程的主要目的。

**(5) 参与性**

湿地的合理开发与利用过程是自然性与参与性的统一。一方面湿地景观可以让人们亲自参与到自然与文化的教育之中，在与这个系统的交融、亲近与互动中，感悟自然与人文景观的和谐、深邃与博大。参与的过程中崇尚的是“无为”和“倾听”，同时要尊重自然系统的整体性、多样性和异质性。另一方面，合理利用工程是旅游者、湿地周边居民、工程开发者和政府广泛参与的项目，这种宏观和微观层面上的广泛参与和协同，实现了自组织的有序运行(李淑艳等，2005)。以健全的政策、体制为保障，保证合理利用工程实际的可操作性。

## 7.3 湿地合理利用的原则

**(1)规划设计原则**

以生态经济和旅游经济理论为指导，以保护为前提，以不破坏湿地生态系统为规划设计原则，坚持遵循开发与保护相结合。同时在开展湿地合理利用工程的同时，重点营造生物多样性的环境，以确保实现保护湿地生态环境的目的。湿地合理利用工程的规划设计原则需遵循下列具体原则。

①因地制宜原则：每个区域均有其独特的自然环境条件和特殊的生态资源，应以此作为合理利用的资源基础，开发出与当地条件相适应的、特有的湿地生态产品，而不是盲目地照搬外地所谓的经验和模式。外地的经验和模式只能作为一种参考。

②原汁原味原则：湿地合理利用模式需要体系出“自然性”和“古朴性”，也即生态旅游资源的真实性和原始性，尽可能不增加或少增加自然的或文化的舶来品。

③生态环境教育原则：湿地生态环境知识的普及与教育是合理利用工程的主要功能之一，也可作为一种可持续生态旅游的特色。在合理利用工程的设计上，应当将湿地生态保护的教育本意通过湿地生态产品体现出来。

④资源有价与有限原则：资源开发者和管理者必须认识到湿地生态系统资源是有价的、限量的，不是没有价值的、可无限索取的。坚持保护与开发并重，开发程度与环境承载力相协调，谋求区域社会、经济、生态三方面的最佳综合效益。对于进入湿地参观的旅游者，可在他们进行生态旅游时要依据资源有限的原则收取一定的资源补偿费用。

⑤社区参与原则：社区参与湿地的合理利用工程建设时，可以丰富合理利用的内容，以此增加生态旅游的吸引力；同时可使社区增加经济收入、改善生活条件，并认识到保护湿地生态资源的重要性，自觉地加入自然保护与环境保护的行列。

⑥节约资源原则：在湿地生态资源的开发中，应当确保不消耗或尽量少消耗生态资源，尤其是要控制不可再生资源的消耗。同时按照生态系统物质循环再生的理念逐步将垃圾、废水等“废弃物”循环利用起来，减少不必要的能源消耗。

⑦依法开发原则：对于所有在湿地内进行的资源开发活动均必须在国家和地方部门颁布的法律、法规，如《野生动植物保护法》《自然保护区管理条例》等允许的范围和尺度内进行。

**(2)管理原则**

湿地的合理利用工程需要在规划设计的基础上，进行严格的管理，以确保工程的顺利进行。管理原则的总体目标为统一布局，统筹安排工程项目，做好宏观控制；工程项目的具体实施应突出重点、分区建设、根据条件安排分步实施。特别是在湿地自然保护区以及文化遗产地开展合理利用工程时，一定要具备保护意识浓厚、责任心强的管理环节。湿地的合理利用工程必须遵循以下管理原则。

①技术培训原则：由于当前管理者与开发者缺乏必要的生态保护知识，同时，他们还承担着生态教育的义务，对他们进行基础的生态保护知识和生态旅游知识培训是必不可少的管理环节。通过培训，提高工程开发人员的湿地保护意识，建立必要的知识培训体系。

②保护资金合理分配原则：从事合理利用工程的投资者和管理者在获得经济利益和资金回笼的同时，必须投入一定比例的基金对湿地生态资源进行保护和维持，必要时进行相应的湿地恢复措施。这种资金的分配要制度化，并成为一种强制措施。

③废弃物零排放原则：在常规开发与旅游活动中，饭店、客房等旅游设施通常成为湿地环境的污染来源。为此，要实施清洁生产，使用清洁能源，选用替代产品，尽量减少污染物排放。同时，将废弃物分层多级利用，使物质循环再生，做到废弃物零排放，并提高能源的利用效率。

④生态后果评估原则：人类活动，无论是有意或无意的行为，均会对自然生态环境产生不利的影响，即使在规则限制的情况下其产生的压力也能引起生态资源的变化。为了及时发现人类活动压力下生态资源的不利变化，调整合理利用工程的实施策略，需要定时地对合理利用项目的生态后果进行评价。为了长期、有效地监测相关合理利用工程的动态变化，在地理信息系统的支持下建立湿地生态环境管理信息系统是有效手段。

## 7.4　基础设施建设

### 7.4.1　步道

**(1)步道概述**

步道是在自然风景区、自然保护区和荒野中供旅游者徒步旅行的道路。其路面一般未做铺设，长度从几十米到上千米，有的可以连接多个风景区、国家公园等。步道通常穿越丛林、原野、山地、沼泽等地区。步道最早起源于欧美国家。1968年，美国国会通过了《国家步道系统法案》(*The National Trails System Act*)，由此建立了美国步道系统。步道的功能主要有引导及教育功能、安全功能、文化功能和休闲、游憩及运动保健功能。

**(2)步道类型**

①短距离步道：短距离步道一般邻近营地或游憩区，主要满足普通游客散步、赏景、放松、休闲等需求，应该安全便利、易于到达。这种步道最常见，风景区或游憩景点区域内都以该类步道为主。一般长度约5~10km，最佳长度应该约0.8~1.2km，应该相当于行走耗时45~60min的步道漫步。

②中距离步道：中距离步道深入森林、草原、湿地、沼泽等自然度较高地区，可以满足游客自然体验及学生学习的需求。步道旅程较长，一般可达几十千米，游客须携带基本露营装备。一般采用中低强度设计，应注意维持自然环境的原貌，仅在部分危及游客安全及特殊景观处，采用生态技术进行施工，对自然原貌仅进行最低限度的改造或修缮。

③远距离步道：远距离步道一般是出于满足自然研究、环境保护等目的，路途较长，多以既有原始步道为主，可达性低，对体能有较大的挑战。这类步道通常要穿越原始森

林、生物栖息地等生物多样性丰富、生态脆弱性高、环境敏感的区域，步道设计多以既有山径或道路为主，不建议考虑开凿新路。

**(3)步道规划与设计**

①基本原则：步道设计的目的在于为徒步者提供一条穿越最美风景的步道，使每个人都可以轻松地进入，并且安全地游完全程。步道线路选择需要考虑生态学原则，力求保护生物多样性，减少物种丧失。

②线路规划：生态步道选线要综合考虑自然和文化两方面的内容。自然方面，生态步道的选择应适应自然的地形水文条件、不破坏重要的自然景观并能够让人欣赏体验优美的自然环境。文化方面，首先应充分利用原有的历史文化氛围，让旅游者能在行走中感受环境和场景。线路规划强调线性多边性、景观和谐性、行走舒适性、设施安全性。

③步道取材：步道应该适地适材、就地取材。步道材料要最低限度地使用硬化路面(除非迫不得已)，并维护良好，才可供步行者长期使用。

④路体设计："之"字形步道转弯应尽量平坦，坡度不宜过陡。爬梯应确保稳固，或增设绳索或扶手以维护游客安全。修建栈道时进行的基础开挖应减少对原始地形地貌的改变。在无替代性路线情况下兴建跨越桥。堤式步道通常采用排水能力佳的材质。排水沟渠应尽量使用明沟。当步道所处的地方容易发生滑坡及泥石流时，步道两侧须建挡土墙。

⑤服务设施：步道服务设施设计时，在主要的起点、停留点和终点要有公共交通到达，若没有公共交通到达则应设置小型的、无障碍的、非正式的停车场。在主要的起点、停留点和终点，住宿设施均应在1~1.5km范围内，最远不超过5km。其他服务方面，在每条步道的合适的地方应设置公共取水处，方便徒步者、马和狗饮用，如果因条件所限无法设置，则应提供最近的取水点信息；设置马车停车场和路边的拴马桩，一般设在农家或其他安全的地方。

⑥宣传材料：步道系统要设计相应的宣传印刷材料，信息正确、互相有联系、有趣、便于游客浏览，以合适的形式传递持续的信息，包括地方历史、地址、野生动物、建筑和环境教育等。印刷品信息要使用不同的语言，以满足各个地方使用者的需求。

⑦标识系统：步道标识系统的目的在于使徒步者能在清晰的标识指导下轻松方便地使用步道。步道入口处应设标志系统，告知游客相关注意事项，并注明步道路线图及步道长度等信息。于行进沿线适当位置设立长度说明指示桩或指标，需能引起游客注意又不破坏原有景观和谐，不得将标志牌直接钉于自然资源上。

**(4)步道建设与管理**

①准备阶段：在开展步道规划之前，资料收集是非常重要的。第一，进行基本资料收集；第二，进行初步环境评估，判定潜在地质危险因子；第三，对步道的使用属性进行分类；第四，对步道的建设进行分类；第五，将收集的资料汇总并填写步道检索表。

②预算初估：步道基地所处区位、与服务区的距离、交通便利程度、可达性、施工困难度、既有步道的通畅性及安全性、施工的生态技术要求、原材料的可获得性以及施工季节，这些都会对预算产生很大的影响。

③资源调查：基础数据收集包括文献档案数据的搜集与整理、基本地质地形图的收集

与分析。现况调查分析包括沿线景观资源调查、步道路况调查、服务设施的确认、步道设计调查分析。

④规划设计：步道规划设计流程如图7-1所示。

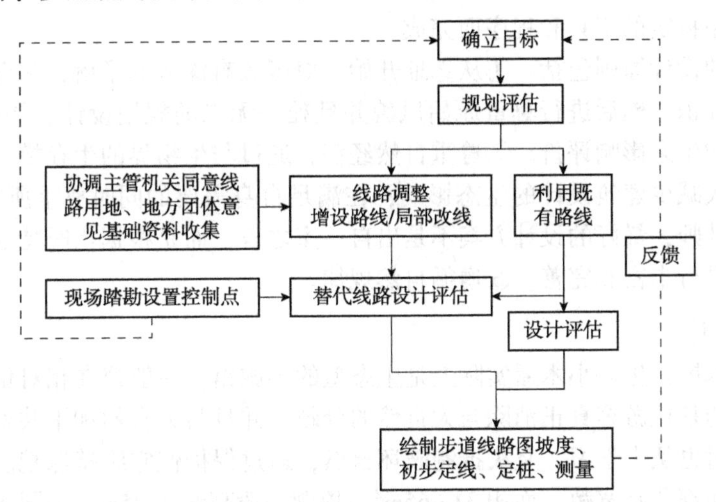


**图7-1　步道规划设计流程**

⑤维护与管理：步道维护与管理的内容包括确定维护管理工作的先后次序、维护作业、游客量管理及游客行为控制、环境监测。

## 7.4.2　生态旅馆

### (1)生态旅馆概述

生态旅馆(ecolodge)是指符合生态哲学，具有自然倾向鲜明个性的住宿设施。从本质上来说，生态旅馆是以一种环境敏感模式进行开发和管理，给旅游者提供的住宿设施。环境敏感的理念既是生态旅馆的概念基础，也最终确定生态旅馆的每一步具体操作。

生态旅馆的总体特点包括：与周围环境的和谐；旅馆建筑材料多使用本地的材料，不仅降低建造成本，同时也易与周围环境相一致；充分利用酒店所在地区可以利用的太阳能、风能和水能，减少对能源设施的投资和对环境可能造成的潜在影响；实施废弃物管理，倡导低污染物的排放；对游客倡导低污染排放生活方式，鼓励游客关心自然之趣，而非提供城市的生活方式。

生态旅馆的发展催生了一系列的认证标准和代理机构，来管理这些生态旅馆所应用的绿色技术和环境准则，但目前世界国对生态旅馆建设还没有一个统一的标准。生态旅馆要求在能源管理、水和废弃物管理、法律管理、生态安全管理等方面达到特定的要求和标准。

### (2)生态旅馆的建设理念、原理及原则

生态旅馆始终坚持这样一种理念：即从选址设计开始就把人工对周围生态系统的破坏减少到最小，还把降低能源消耗、支持当地的环境保护和社区发展作为整个运营的一个部分。因此，为实现这个理念，任何生态旅馆项目都有必要采用一种建筑新方法，即现在已被广泛认可的“生态设计”。

生态设计的原则主要表现在生态建筑的设计上，所有的生态建筑都必须遵守 3 个原则：为气候而设计；为物质环境和社会环境而设计；为时间而设计，建筑应经久耐用。不同地区的建筑都是为了适应当地的气候条件、环境条件和社会条件，并且经历了上千年的经验累积，采用特定的工具和程序而完成。

生态旅馆的设计原则包括：①从选址开始，对区域有深入的了解，掌握该地区的特殊性和区域相关知识，然后进行尊重原始风貌并且独一无二的规划设计。②成本预算设计，要有一套完整的生态影响评价。③尊重自然经济，通过与生物界的生存模式和进程的和谐共融，可以大大减少建筑设计的生态影响，在满足自身需要的同时尊重所有物种的需要。④人人皆为设计师，最好的设计方案不是出自一家之言，而是根据当时特定情况、流程和沟通模式不断进行丰富和完善。⑤遵循自然规律。

**(3) 典型设计**

①生态小木屋：生态小木屋实际上是生态型的小旅馆，一般建在相对偏远的森林中或景区内部，目的是让游客真正消除与大自然的分歧，并且与大自然和平共处，在大自然中享受乐趣的同时也从中学习，坚决抵制破坏自然，通过保护使它维持原貌。通常生态小木屋的每一个房间都非常宽敞，面积 31~65m$^2$，顶棚一般高约 4.25m，不同的生态小木屋的配套设施和服务可能会有很大差别，且规模不一。小木屋—般较矮，不超过 3 层，规模较小，可容纳几人到几十人不等，价钱也在每晚几十美元到几百美元不等，相对价格较高，而这些费用往往包含所在生态旅游区的门票。

小木屋在设计时很容易实现高效利用能源理念与技术，因而能将对环境的影响降到最低程度。如使用太阳能发电和供热、使用节能装置和节水设置、建立垃圾和污水处理场、回收利用污水和粪肥等。小木屋还易于开展对游客的知识传播与环保教育，实现当地居民的参与，因而非常符合生态旅游住宿的要求，值得普及和推广。

②卡帕威生态旅馆：卡帕威(Kapawi)是一个在厄瓜多尔亚马孙热带雨林地区的生态旅游/生态旅馆项目。卡帕威生态旅馆是由多座位于阿丘雅族(Achuar)保留区中的小屋组成的，只能通过航空抵达此地。由此出发，游客能探索亚马孙雨林极少被外人窥探的部分区域。在探险的同时，当地的阿丘雅族向导会解释这座森林就像他们的超级市场，他们会在那里寻觅食物、衣物、医药和工具，因此有可得以学会欣赏当地文化及天然环境。传统的建筑反映了阿丘雅族传统的技术知识，并且这种建筑为了适应其所在的热带雨林而不断加以演变，结构简单，却与环境和谐，融为一体。卡帕威生态旅馆建设中使用的技术遵循了这一传统的建筑理念。卡帕威生态旅馆建立在一个咸水湖的边缘，最多可容纳顾客和工作人员 70 人，同一个中等大小的阿丘雅村庄相当。卡帕威生态旅馆有 21 个小屋(双人间)，每间都配有私人浴室和面朝湖水的景观阳台。小屋利用支撑物建设时与地面间架空(类似于吊脚楼)，对周围植被不造成影响。该建筑群包括厨房、餐厅、酒吧、阅读室和精品店，各种工作人员居住的房屋，以及食品储藏室、野营设备和燃料，一个工作间、两个码头和备用发电机房。卡帕威生态旅馆内有一口井，可提供没有沉淀物的水。井水以 15min/L 的速率由水泵抽入 5 个塑料水库(每个水库的容积为 2 000L)，以太阳能为动力的潜水泵加压系统将水分配到生态旅馆的不同部分，并利用活性炭过滤装置对水进行过滤。同时太阳能装置每天会

为每位游客提供10L热水，且冷水是无限量供应的。

### 7.4.3 游客中心

**(1)游客中心概述**

游客中心就是接待来访旅游者的地方，是旅游地区对外形象展示的主要窗口，是指为旅游者在本区域内提供咨询、指导服务的综合建筑场所。游客中心起源于美国国家公园，现在被世界上许多国家和地区借鉴采用并不断发展完善。主要是免费为游人提供游览所必需的信息和相关的旅游服务。

**(2)游客中心的功能**

游客中心可以帮助旅游者了解景区的基本情况，发售各种资料，提供问询服务，还可以设立放映厅提供各种动态和静态的展览，对旅游者进行教育等，目的是让旅游者在进入景区之前有一个初步的了解，以及在游览结束后进行补充了解，有利于旅游者安排行程和对景区的自然、人文景观建立保护观念。所以游客中心具有以下5项功能：

①引导功能：游客中心一般位于旅游中心或出口处，起着窗口作用。通过这个窗口，旅游者可以了解整个区域内环境、景物和旅游各组成要素的分布、组合状况及存在的问题。

②服务功能：游客中心可为旅游者提供住宿、休息、餐饮、交通、娱乐、购物等服务，以便使旅游者满意，顺利完成在本区的旅游计划。

③游憩功能：游客中心距生态旅游区较近，本身也有部分特殊的自然风光，或景观建筑，或民俗风情，或直接作为景区的一部分，使旅游者在逗留时间内可安排部分时间进行游览，起到游憩功能。

④集散功能：游客中心是游览区与大城市间的交通连接点，对来往游客具有集散作用。

⑤解说功能：游客中心最为重要的功能之一，就是它对旅游景区的解说功能。游客中心可以提供各种设施，作为解说与信息服务的手段，让大众更为直观地了解关于景区自然和文化资源的意义和价值，如何利用这些价值以及如何保护这些宝贵财产。

**(3)游客中心功能设施**

①服务设施：包括为旅游者提供基本接待服务的接待管理设施、提供环境教育和咨询信息的信息咨询设施、餐饮设施、住宿设施、购物设施以及旅游辅助设施(与旅游活动关系密切的加油站、洗染店、会议设备等，各种娱乐设施、体育健身设施如游泳池、网球场等，生活设施如厕所、卫生站等)。

②管理设施：每个旅游区都要设立相应的管理机构，对内部的各种设施、工作人员以及旅游者进行必要的管理和服务，以保证旅游区接待工作的正常运营。管理设施主要包括办公设施、票务管理设施、旅游养护设施、员工宿舍、员工食堂等。通常管理设施应设在旅游区的入口处，并相对隐蔽，这样既便于对旅游区的管理又方便员工上下班。

③交通设施：交通设施可分为两类：一是旅游地的对外交通，即从区域的旅游中心城

镇到旅游地的交通；二是旅游地内的交通。旅游交通与道路规划的基本原则是“进得去，散得开，出得来，有特色”。要求不破坏自然景观、植物群落、水系，保持游览区和景点的安静、安全，尽量减少对旅游者的干扰。

④基础设施：旅游服务设施规划的实现，需要有相应完备的基础设施的支撑，基础设施主要包括给水工程、污水工程、水利与排水工程、供电工程、电信工程、供热工程和燃气工程等。

**(4)游客中心的建筑形态**

游客中心作为旅游区形象的窗口，不仅要规划合理、选址得当，满足各项功能与使用要求，还应该在建筑形式上体现出地域性、文化性、可观赏性。游客中心的建筑形态是与其所存在的风景名胜资源条件紧密相关的，这其中包含有自然地理条件更包含文化历史条件。游客中心是融汇于风景环境整体结构内的一个组成部分，它的建筑形态应具有强烈的场所感和地域背景，应与自然景观、人文景观、历史及地方文化乃至社会约定俗成等因素相吻合。

### 7.4.4 户外露营地

**(1)户外露营地概述**

露营(camping)是指不依赖固定房屋、旅馆等人工设施，而是用自备的设备，在野外生活、娱乐、停留及住宿为目的的旅行方式。户外营地(camping site)就是旅游者在野外住宿的地方。

露营活动起源于美国。1861 年，美国康涅狄格州葛内利中学校长甘恩首创在校园内举行教育性野营活动。1900 年，甘恩带领他的男子射击学校的学生在康涅狄格州野营，开始了美国儿童夏令营野营活动。1907 年，英国贝登堡爵士带领 20 名青少年于白浪岛野营。1932 年 8 月，世界野营及野营车总会(FICC)在荷兰成立，标志着世界野营活动的正式形成。1991 年，欧洲营地达 50 万个，平均每 2 000 人使用 1 个；日本有营地 2 200 个，平均每 55 000 人使用 1 个。1993 年，我国台湾地区有各种营地 116 个，平均每 170 000 人有 1 个。1982 年，美国的户外营地达 110 多万个。在美国，1/3 的旅游住宿设施、1/3 的旅游时间是以露营形式存在的。2005 年，美国露营人数达到 2 900 万人，单是露营地的年收入就超过 200 亿美元。

**(2)露营地的类型及构成**

户外营地按野营目的可划分为：登山营地、教育训练营地、娱乐营地、休闲式的汽车营地；按住宿设施可划分为：营帐式野营地、野营车或拖车式营地、其他营舍式营地(如小木屋、商架帐篷床等)；按区域位置可划分为：湖畔营地、河边营地、高原营地、海滨营地、山区营地；从形态上可划分为：通过型营地、基地型营地、度假型营地；按服务对象可划分为：帐篷营地、汽车营地、房车营地。

户外营地露营地内区域主要分为：生活区、娱乐区、商务区、运动休闲区等。营地内各种设施齐全，有独立的饮水和污水处理系统，220V 日常用电。生活区域内有现代化的卫生设备，淋浴、卫生间，并提供洗衣、熨衣、煤气等服务设施。营地内设有超市、邮局、诊所、酒吧、餐馆、健身房等，完全可以满足游客日常生活的需要。在娱乐和运动区域内，开辟有足球、网球、篮球、游泳池、高尔夫、儿童游乐园等多种运动场地和多功能厅，供游人使用。营地内照明充足，安保设施完备，使游客能够充分享受舒适与安全旅行生活，在不受打扰的自然状态下度假。

不同国家和地区的户外营地分级标准不尽相同。美国的野营地分为一级、二级、三级、四级、五级；法国的野营地则分为一星级、二星级、三星级、四星级；我国台湾地区把野营地分为高级、中级、初级3个等级。

**(3)露营地的选址及设计**

露营地的选址应当方便、安全、舒适、清净。尤其时间较长的野外活动，露营地选择时更要十分讲究。如果选择地点不科学、不合理会给露营增加许多麻烦，还会影响休息。具体来说应该坚持以下几点原则。

①近水：露营休息离不开水，近水是选择露营地的第一要素。因此，在选择露营地的时候应选择靠近溪流、湖潭、河流，以便取水。但也不能将露营地扎在河滩上，有些河流上游有发电厂，在蓄水期间河滩宽阔、水流小，一旦放水将涨满河滩，包括一些溪流，平时小，一旦下暴雨，有可能引发洪水，一定要注意防范这种问题，尤其在雨季及山洪多发区。

②背风：在野外扎营，不能不考虑背风问题，尤其是在一些山谷、河滩上，应选择一处背风的地方扎营。还有注意帐篷门的朝向不要迎着风。背风的同时也是考虑用火安全与方便。

③远崖：将露营地设在悬崖下面十分危险，一旦起大风，便有可能将山上的石头等物刮落，易造成伤亡事故。

④近村：营地靠近村庄遇有急事便于向村民求救，在没有柴火、蔬菜、粮食等情况下就显得更为重要。近村的同时也是近路，方便队伍的行动和转移。

⑤背阴：如果是一个需要居住两天以上的露营地，在好天气的情况下应当选择一处背阴的地方扎营，如在大树下面及山的北面，最好是朝照太阳而不是夕照太阳。这样如果白天在帐篷里休息不会太闷热。

⑥防雷：在雨季或多雷电区，露营地绝不能扎在高地上、高树下或比较孤立的平地上。这样很容易招致雷击。

帐篷营位根据使用人数不同，营位大小也有所差异，其标准营位单元为7m×(7~10)m。其中营帐位设计最小应为300cm×240cm。小型帐篷营位占地面积应8m×7m，取的是标准尺寸范围的中等尺度，适合于三口之家、情侣以及2~4人组成的小团队周末野营度假，这种方式是野营市场的重要组成部分。中型帐篷营位应设有3个营帐位，相邻营帐位之间间隔最小为1m，最多可容纳12人，适于10人左右的团体宿营，总占地面积最小约为12m×10m。这种出游的游客团体多为志趣相投的朋友、同学、同事等。大型帐篷营地设有5个营帐位，相邻营帐位间隔为1m，最多可以容纳20人在此宿营，总占地面积最小约为18m×15m。适合于旅行社团组织的团队旅游、大学班级集体出游以及公司组的员工度假等。

# 7.5 生态旅游

## 7.5.1 环境容量测算

环境容量是指在保证旅游资源质量不下降和生态环境不退化的前提下满足游客舒适、安全、卫生、方便等需求，一定时间和空间范围内，允许容纳游客的最大承载能力。研究环境容量是为了寻求和阐述游客数量与环境规模之间适度的量化关系，合理的环境容量是旅游景区进行科学经营管理、组织观光游览和确定景区发展规模的重要依据。

### 7.5.1.1 旅游环境容量

**(1)测算原则**

①可持续发展原则：旅游区环境容量的测算除了必须保证景区的旅游资源免受“超负荷”的人为破坏，保持优美的自然景观特色和良好的游览环境，还特别要保护好景区内的水资源和各种植物资源。不仅当前要取得最佳的经济效益，而且也要使良好的旅游资源长期被子孙后代持续有效地利用。

②舒适原则：必须考虑满足游客的游览兴趣、舒适程度与需求期望，以取得游览、度假、休闲、疗养的最佳效果。

③安全卫生原则：必须考虑保证游客的人身安全，为游客提供安全、卫生、方便的旅游环境。

**(2)测算方法**

环境容量的测算方法一般有面积法、游道法(线路法)、卡口法3种。由于旅游区是山、水、林相结合的多元化度假、休闲区域，结合景区景点设置及游览方式安排，旅游区环境容量测算主要采取游道法和面积法；住宿设施、餐饮设施环境容量测算主要采取卡口法，具体计算公式如下。

①面积法：

$$C=\frac{A \cdot D}{a} \tag{7-1}$$

式中 $C$——日环境容量，人次；

$a$——每位游客应占有的合理游览面积，$m^2$；

$A$——每位游客可游览面积，$m^2$；

$D$——周转率，$D$为景点开放参考时间与游客游览景点所需时间的比值，景点开放参考时间取8h。

②完全游道法：

$$C=\frac{M \cdot D}{m} \tag{7-2}$$

式中 $C$——日环境容量，人次；

$M$——游道全长，m；

$m$——每位游客占用的合理游道长度，m；

$D$——周转率，$D$ 为景点开放参考时间与游客游览景点所需时间的比值，景点开放参考时间取 8h。

③不完全游道法：

$$C=\frac{M\cdot D}{m+\frac{m\cdot E}{F}} \tag{7-3}$$

式中　$C$——日环境容量，人次；

$M$——游道全长，m；

$F$——游完全游道所需时间，h；

$E$——沿游道返回所需时间，h；

$m$——每位游客占用的合理游道长度，m；

$D$——周转率，$D$ 为景点开放参考时间与游客游览景点所需时间的比值，景点开放参考时间取 8h。

④卡口法：

$$C=B\cdot Q \tag{7-4}$$

$$B=\frac{t_1}{t_3} \tag{7-5}$$

$$t_1=H-t_2 \tag{7-6}$$

式中　$C$——日环境容量，人次；

$B$——日游客批数；

$Q$——每批游客人数；

$t_1$——每天游览时间，min；

$t_2$——游完全程所需时间，min；

$t_3$——两批游客相距时间，min；

$H$——每天开放时间，参考时间 480min。

#### 7.5.1.2　日游客容量测算

**(1) 日游客容量的概念**

日游客容量是指在特定条件下，游客一天最佳游览时间内景区所能容纳旅游者的能力，一般等于或小于景区的日环境容量，是景区规划设计的重要依据。

**(2) 测算方法**

$$G=C\cdot\frac{t}{T} \tag{7-7}$$

式中　$G$——日游客容量，人次；

$C$——某景区或游道的日环境容量，人次；

$t$——游完某景区或游道所需的时间，参考时间 4h；

$T$——游客每天浏览最舒适合理的时间，参考时间 7h。

### 7.5.2 环境解说系统

**(1)环境解说概述**

环境解说最早起源于美国国家公园服务中心的解说服务。到了第二次世界大战以后，发展成为在那些科学价值高的风景区或公园内的专门服务。北美和英国都将环境解说纳入到本国的环境教育运动中，并且渐渐地变成了旅游景区管理的重要内容之一。

我国旅游目的地解说系统十分薄弱，解说形式单调，旅游者的主要通道机场、车站、码头、景点等各种公共信息的使用很不符合国际规范，给游客造成很大的不便。旅游景区也缺乏规范的解说规划和设计，普遍存在信息内容不充分，主题不突出，文字错漏，语句呆板，设施缺乏艺术性，书写和语言不规范等问题。因此，建立健全景区的环境解说系统，提高解说水平，就成为旅游景区，特别是生态旅游区管理的重要任务之一。

**(2)环境解说的内涵和功能**

环境解说服务的直接目的在于教育，“解说之父”提尔顿为环境解说所下的定义是“所谓的解说，不仅为传达事实，而是由原体验或教材，说明未来事务之意义及关系为目的的教育活动。”旅游景区的环境解说即是运用标牌、视听、书面材料等媒介，将旅游景区的信息给予视觉化展示，以便强化和规范旅游者在旅游景区的行为活动，同时又提高旅游景区的文化品位。环境解说的功能包括：提供基本信息和导向服务，提高旅游区的经营管理水平，促进旅游资源的保护，帮助游客了解，享受，欣赏资源特征，节约管理成本，提高旅游者参与旅游景区活动的技能，强化环境意识与环境教育功能，促进旅游可持续发展。

**(3)环境解说服务体系的类型及策划程序**

环境解说服务体系的类型根据划分标准不尽相同。从引导方式上看，有向导式解说和自导式解说两类；从功能上看，有交通导引解说系统、景物解说系统和警示解说系统；从位置上看，有园外解说和园内解说；从内容上看，有自然环境解说和文化遗产解说等。环境解说服务策划程序由以下几个步骤组成：

①确定目标：环境解说的目标分为一般的目标和特别的目标。一般目标比较浅显，例如让游客带着愉快的心情离开景区；特别的目标比较深刻，比如让游客深入认识旅游景区的自然历史和社会生态，寓教于乐，提高知识水平等。

②环境调查：应对旅游景区内的自然人文景观等进行调查分类，以便确定工作的中心主题；收集相关资料包括风土民俗、名人轶事、特别产物等，并对所收集的信息进行筛选，放弃违背主题的信息。

③对象分析：不同受教育程度、不同职业和年龄的旅游者对环境解说服务的接受能力不尽相同，要使一种解说方法满足不同类型旅游者的需要十分困难，旅游景区可以针对主要的目标市场提供合适的环境解说服务，即主要针对旅游者人数占比例比较高的那部分市场。可见，设计环境解说服务，分析旅游景区环境解说对象的受教育程度、职业和年龄特征，了解环境解说对象对环境解说方法和内容的看法，才能设计出本旅游景区旅游者乐于接受的环境解说服务。

④选择环境解说媒体：环境解说媒体的种类很多，不仅有指示牌、旅游指南、游客中心等，还有各种音频、视频、计算机触摸环境等解说媒体。解说媒体还可以分成人员和非

人员解说服务。人员解说或参与式解说服务是利用解说员直接向人们解说有关的各种资源信息，或是通过活动及人们游线的设计安排，使人们能主动参与活动而达到解说的效果。一般在旅游景点景区的入口、接待中心、观赏点进行解说，也可沿途引导解说。该方式包括：资讯服务、引导性活动、专题讲演、现场解说。非人员解说或非参与式解说服务是利用静态的解说设施的提供来达到传达解说信息的解说方式，可分为下列几种：解说牌、自导式步行道、解说折页、接待中心、各种解说媒体、展示与陈列。

⑤准备环境解说的内容：环境解说必须要有丰富的内容，要有准确性和权威性，生动有趣，能激发旅游者对旅游景区的兴趣。环境解说的文字材料应深入浅出，通俗易懂。因此，准备环境解说服务时，应做好充分准备。这一阶段最重要的是创造性，而不是循规蹈矩，否则很难达到好的效果。

⑥环境解说服务的评估与调控：环境解说服务评估是环境解说服务策划的最后一部，根据解说目标对环境解说服务进行检查，检查环境解说服务的有效性，评价环境解说设计效果与目标的差距，以便进行调整。

**(4)环境解说设施**

在环境解说的规划上，为使人们对区域内各项资源有更深刻的认知，达到教育目的，一般设立较多的告示牌，这些告示牌虽小，但却是公共环境中不可或缺的一部分。告示牌可依据其功能分为4种：解说牌、指示牌、警示牌和管理牌。设立告示牌，可以帮助旅游者清楚并正确的接受到旅游景区所传达的资讯，既能达到传达信息的目的，又与景观相协调。设计告示牌时应遵守以下5项原则。

①设置地点：应选择易于看见且不会破坏原有资源的地方。考虑使用的告示牌是永久性的还是临时性的，永久性设施应设于固定地点；若是临时性的则应不加固定，既可随机应变，又可避免时过境迁时无法拆除。独立设置时不可置于自然资源之上，如将告示牌钉在树上，将字刻在石头上等。告示牌的分布地点应该合理，需视不同用途来决定适当地点，例如，路标、警示牌等更需注意其设置地点能否发挥最大效能。此外，数量过多过少均不宜，应视实际需要决定数量。

②材质和形式：在形式方面，应考虑形状、高度、大小及风格等，并能与设置地区的背景与性质互相配合。整个区域的告示牌形式应统一，以相同的基本设计原则来制作区域中各种不同功能的告示牌，可使整体协调统一。认识各种材料的优缺点，以便视实际情况利用。自然材料包括石材、木材、竹材等。石材坚固耐用，具有好的质感，但搬运困难，取材不易；木材质感好，但易腐朽，遭到破坏；竹材价格便宜，可塑造特殊风格，但更易腐朽。人工材料包括水泥、钢板等。水泥取材容易，坚固耐用，但十分笨重，常用于大型告示牌或仿制自然材料；钢板取材、制作皆方便，常被利用，但若保养不周，则会生锈、掉漆等。其他材料包括不锈钢、铝片等，各自展现不同风格。选择材料时应考虑的因素包括告示牌是否为永久性设置；当地最常见、最易获得的是哪种材料；当地气候、人为的破坏性；以后可做到的维护管理有多少；告示牌的风格等。

③色彩：明视度要高。明视度是指可让人看清楚的程度，明视度越高，看的越清楚。将色彩明视度从高到低排列如下：黄黑、白绿、白红、白青、青白、白黑、黑黄、红白、绿白、黑白、黄红、红绿、绿红。色彩能与环境配合。例如，使字色与环境相同，背景色

应选择可使字明显的颜色。注意色彩带给人的感觉，要与使用目的相配合。

④信息表达方式：图片往往使人一目了然且印象深刻，所以尽量采用图示，不足之处再用文字补充。图示必须使用大家共知的符号。字体要适合使用目的，要容易阅读，具有正确性和统一性，字体大小配合需要，以希望人们在多远距离范围内看清为标准。用语内容在警示牌中尤其重要，是否能充分发挥作用，主要看告示牌上的用语内容是否深入人心。因此，正确、简明、清楚的用语是基本要求，并依据所设定的目的，针对人们心理来用词。

⑤维护管理不可或缺：时常擦拭，派人定时清洁维护；整修、补漆、更换；防止人为破坏。

除以上5项原则以外，尚有许多因素在设计时必须加以考虑，归纳如下：明确设计告示牌的目的，设立告示牌难免破坏景观，所以若非真正需要则不要做；考虑经费、技术、人力、材料等可供利用的资源；考虑设立地点是否会受到特殊状况破坏(天气、野兽等)；期望使用的期限；考虑设立的告示牌是否会造成交通障碍；是否需要随时加入新资料；估算同样告示牌的需要量，批量制作省钱且可供以后更换；考虑自制还是外包制造；在字体大小、行距、复制图片方面有无法令限制；考虑使用的材质与效果之间的相对价值；考虑是否需要照明，夜间使用须有照明设备；在同一处设立多种告示牌应如何综合设计。

## 7.6 湿地合理利用模式

为妥善解决湿地保护与发展之间的矛盾，必须探索一条可持续的合理利用模式，使开发和保护融为一体，既不盲目开发，又不停留在消极保护上，把保护作为开发利用的根本前提。在保护中开发，走保护性开发的可持续发展之路。根据国内外突出的合理利用项目，总结出以下可广泛开展的合理利用模式。

### 7.6.1 湿地农业

随着城市的发展和人口不断增加，出现了湿地围垦、湿地污染等破坏湿地的现象，导致涝渍灾害频发，农业不断陷入困境。近年来，世界各国对湿地保护和可持续利用的呼声日渐高涨，人们已经逐渐认识到了湿地过度开发所引起的严重问题，湿地农业是解决湿地保护与合理开发利用的有效途径之一，湿地农业可以在保护湿地生态环境的前提下提供更多更好的多功能生态产品。

**(1)农产品种植**

湿地可以为人类提供各种各样的农产品，包括鱼类、大米、水果、蔬菜等日常生活必不可少的食物；湿地为农田提供灌溉水源；湿地可以改善农业生产的气候条件；湿地可以通过过滤、植物吸收等对农田排水进行分解净化，降低农业污染和保障农产品质量安全；湿地通过发挥涵养水源、蓄洪防旱的作用，对农业生产进行有效的保护；同时湿地还可保护区域物种资源，维持农业的生物多样性。

而从农业产业结构的角度上来看，众多农产品产量的增长所依赖的是化肥和农药的大量投入，并通过面源污染，在一定程度上威胁水体环境质量。因此，改变农业产业结构，发展高效生态农业，既是实现湿地资源合理利用的需要，也是保护湿地水生态环境的必然要求。通过农、渔、养殖业综合利用和强化管理，还可达到恢复湿地生态系统功能的目的。

**(2) 水生蔬菜种植**

水生蔬菜具有较高的经济价值、药用价值。同时，水生蔬菜在消除和减轻湿地土壤的盐碱化、净化水质、改善鱼塘生态环境等方面发挥着独特的生态作用，在合理利用国土资源和提高土地利用效率方面具有重要意义。水生蔬菜经湿地生态系统独特的过滤功能可有效去除水体中的氮、磷等营养物质，且属人们食用的特色绿叶蔬菜，同时能够净化水质，达到保护湿地生态系统，减少农业污染危害湿地的效果。开展水生蔬菜种植示范区，可进一步优化湿地农业结构，改善湿地农业生态环境，提升质量，发挥湿地农业生态系统的综合功能，实现湿地资源与生态保护的湿地农业可持续发展。

**(3) 花卉种植**

随着物质生活水平和社会文明程度的提高，生态环境和城乡绿化已成为建设美丽中国和改善人民群众生活质量的重要组成部分。近年来，我国湿地花卉产业得到了蓬勃发展，正逐渐成为朝阳产业，湿地花卉种植基地以其巨大的社会效益、生态效益和经济效益，吸引着众多企业和社会力量加入。

### 7.6.2　湿地养殖业

湿地养殖业在繁荣经济、增加农民收入、改善食物结构、保障市场供给、促进社会稳定中发挥了重要作用。水产养殖的快速发展在带来经济效益和为人类提供营养物质的同时，也对生态环境和食品安全提出了要求。湿地水产品养殖开发将成为热点，它不仅带动了经济的发展，也将推动行业的变革，同时提高了市场竞争力，也有利于发展经济、保护生态环境和提高人们的健康水平，符合我国生态保护的发展方向。

**(1) 农林牧渔立体养殖**

农林牧渔立体养殖模式是以“上农下渔”高效立体的生态养殖业模式为基础，结合水稻、莲藕、芦苇等，推广稻—泥、稻—蟹、芦苇—河蟹、稻—鱼、莲藕—鱼等高效立体生态种养模式。通过营养物质循环，有效利用湿地资源，有利于发展节约水资源、减肥增效低碳环保的生态养殖产业，生产出高附加值、有“品牌”的生态产品，如无公害食品、绿色食品和有机食品等，增强农产品的市场竞争力，提高经济效益和生态效益。同时，把“绿色”内涵贯穿于养殖业健康养殖模式攻关全过程，促进现代生态养殖业产业化发展。积极推广“因水稀放、优化结构、植草移螺、规范捕捞”的增殖模式，促进以渔净水的良好循环。

**(2) 多层次立体生态养殖**

合理安排各个水层养殖生物的种群结构，在水层之间形成合理的食物链关系，进行多种、多层立体混养、轮养、套养，实现养殖用水“零排放”，既充分利用水体和养殖设施，又为生物创造了良好的生态环境，可最大限度发挥滩涂和淡水水域的生产潜力，提高湿地生态系统的综合效益。要求在生态养殖中不投入任何化学合成物质和常规饲料，采用系统生态学的方法，为众多不同种类的动物开发生产网络，使用当地的资源和循环使用的废物来平衡其投入和产出。还可通过使用有机物(如堆肥和有机饲料)来循环使用营养物质，增加蛋白质生产，对改变人们的食物结构、提高人们生活水平，有着重要的现实意义和深远的战略意义。

### 7.6.3 湿地产品加工业

“民以食为天，食以安为先”。近年来，随着人们对食品安全的重视程度越来越高，绿色有机农产品也保持了较好的发展势头。随着有机食品种植面积的不断扩大，产品种类的不断发展，产品加工形式呈现多样化发展。遵照全面保护、合理开发的湿地资源利用原则，将湿地的自然产物加工进入市场，不仅物尽其用。且湿地产品的加工开发，做到了“以园养园、以绿养绿”，实现湿地资源自身的可持续发展。

湿地资源丰富，可在湿地绿色有机农产品种植的基础上，大力发展湿地产品加工业。如发展鱼、虾、贝、藻类、莲、藕、菱、红树林等绿色有机食品及副产物加工业，以及养生食品、饮品、药品、编织品、水生花卉等，实现湿地产品加工产业链的延伸。湿地产品加工业让人们了解到湿地带来的经济价值，从而增强人们保护湿地的意识，还可以带来就业机会，并能够使农业、水产品养殖业得到良性发展。

### 7.6.4 湿地旅游及文化产业

**(1)生态旅游**

对湿地资源进行合理开发利用，既满足当今人们日益增长的生态旅游需求，又能更好地发挥湿地生态的旅游和教育功能，规划以生态学原则为指导，以环境和资源的保护为取向，在获得社会经济效益的同时，促进湿地生态保护，带动经济社会的持续发展。

开展生态旅游可充分依托独特的湿地自然风光、原生态的乡村意境、本土民俗风情等，统一规范管理，解说引导，开展湿地生态旅游活动，如民俗体验、湿地传统农业体验、休闲体验、古村落体验、自然景观观光等。同时可开发具有本土特色的生态旅游产品，如生态采摘、生态种植、湿地旅游纪念品等。在增加当地财政收入的同时，也给当地增加了就业机会。开发具有本地区特点的湿地生态旅游项目，打造多类型的湿地特色旅游示范区，主要开展观光、体验、休闲、科研、科普教育为主的生态旅游项目，带动区域经济发展。

**(2)文化产业**

发展创意文化产业是国家和地区产业结构优化升级的重要举措，是地区经济发展的新增长点，也是满足现代社会人们不断增长的文化消费及精神消费需求的重要方式。《“十三五”国家战略性新兴产业发展规划》提出：“推动文化产业结构优化升级，发展创意文化产业，培育新兴文化业态，扩大和引导文化消费。”创意文化产业逐渐成为一个重大的时代主题。

依托湿地特有的资源属性，开发以湿地文化为主题的湿地创意文化产业，吸引画家、艺术家、作家来创作，加强图书、影视、演艺、游戏、动漫等相关产品的创作研发，延伸产业链条，提升湿地文化品牌形象。例如，以湿地文化、优美的自然景观为题材，以动漫的形式展现，可在提升湿地知名度的同时，带动区域经济可持续发展，并达到宣传湿地保护与宣教的效果，同时增强了公众对于湿地保护的意识。湿地文化创意产业是将自然科学、环境保护、生态旅游、科普宣教等相关内容与文化创意跨界整合形成的一种新型产业形态。

## 7.7　湿地合理利用工程案例

### 7.7.1　香港米埔沼泽湿地合理利用工程

**(1)香港米埔沼泽湿地概况**

香港米埔沼泽湿地位于香港新界西北与深圳交界处，北纬22°30′，东经114°00′；面积380hm²。1973年列为禁猎区，1976年宣布为具特殊科学研究意义的地区，后由世界野生动物基金会(World Wildlife Foundation)香港分会在米埔沼泽湿地设立了野生生物教育中心和自然保护区，产值在180万~730万港元之间。1975年起，米埔沼泽按照《野生动物保护条例》进行严格管理，且保护区现在同时受香港渔农处和世界自然基金会香港分会管理。米埔沼泽作为香港面积最大且最重要的湿地，沼泽面类型包括红树林灌丛(130hm²)、潮汐虾塘(基围)、潮汐泥滩和鱼塘，湿地海拔高度近海平面，水最深处2m，气候属亚热带气候，夏季热、湿，冬季较干燥、暖和。该湿地是香港最大的红树林区，主要植被矮红树林由老鼠簕、蜡烛果、秋茄树、海雌榄、海漆、木榄和鱼藤组成。土地利用方式主要是捕虾及捕鱼、收获牡蛎，毗邻地区发展工业、养花、养鱼及饲养家畜。最大的干扰和威胁是农田废水和生活污水，污染着深圳河水及深圳湾。而随着深圳河岸城市的发展，人口增多，污染可能会更严重。

同时，米埔亦是一个国际知名的候鸟重要集中地，全球24%的濒危鸟种，如黑脸琵鹭，在米埔越冬。1995年9月，米埔沼泽和深水内湾，作为水禽的特别重要的生境，被列入《国际重要湿地名录》。

**(2)合理利用模式**

米埔自然保护区在凉爽的季节以可观鸟而著称。香港有记载的鸟类70%以上均能在米埔发现。该湿地对于水禽觅食、繁殖、筑巢、栖息以及作为迁徙鸟的中间补给站而言特别重要，是数量较多的各种水、涉禽的越冬地及驿站，其中也有一些繁殖鸟，这为观鸟爱好者们提供了绝佳环境。此外香港有许多稀有的哺乳类动物在保护区内生活。水獭(*Lutra lutra*)、中国豹猫(*Felis bengalensis*)、七彩灵猫(*Viverricula indica*)和食蟹猫鼬(*Herpestes urva*)、小灵猫(*Viverricula indica*)等偶见于保护区，因此需要在保护物种多样的基础上做到合理开发与利用，而米埔湿地做到了生态保护与资源开发的平衡。米铺湿地同样鼓励进行生态养殖，保护区内的生境多样，包括自然生境和人工生境，其主要部分是人工的潮汐虾塘，被当地人称为基围。这些大的方形池塘被小道围绕，每个塘在向海一侧有个水闸门以便在不同的潮汐时间控制海湾和池塘间水的流入与流出。基围的中心部分被芦苇、薹草属和红树林植物等占优势的植被覆盖。落叶等有机物输入和从深水湾来的幼虾使基围生态系统的虾产品满足供应。主要的经济虾类是刀额新对虾，约 $9hm^2$ 大小的一个虾池，每个秋季产值约 10 万港元。活虾的价格每 500g 在 40～150 港元。另外，在保护区内有许多淡水鱼塘。这些鱼塘主要用于养殖鲻鱼和鲤鱼等种类。基围和鱼塘主要生产经济产品，同时也为水禽提供了食物生境。特别是在冬季，当所有鱼塘均因收获而排干后，一些小的缺乏经济价值的鱼类被遗留下来，成为食鱼鸟类的食物。

红树林和泥滩的自然生境也是保护区的一个组成部分。红树林分布在潮间带泥滩和基围中。红树林生态系统的生产力相对较高，为生物的多样性提供了基础。

**(3) 保护工作**

近年来，湿地生态系统内部和外围的发展压力越来越大。为了保持湿地系统的完整性，围绕沼泽划出了 2 个缓冲区界线。在此缓冲区内基本上不进行投资建设开发，除非是对自然保护有益的项目。政府已经资助了多项研究，以便积累更多有关湿地生态系统土地利用的计划和管理安排信息，对鱼塘的生态价值研究将提供更多关于保护和生态价值之间的联系。

## 7.7.2 青海湖湿地合理利用工程

**(1) 青海湖概况**

青海湖是中国最大的内陆咸水湖，是世界上海拔最高的湖泊之一，古称“西海”，又称“仙海”“鲜水海”“卑禾羌海”。北魏以后，始称青海。藏语称“库库诺尔”，意为蓝色或青色的湖。青海湖之名始于近代，1949 年后才普遍称青海湖。青海湖地处青藏高原东北部，位于东经 99°36′～100°16′，北纬 36°32′～37°15′。

青海湖四周被青海南山、大通山、日月山环抱，这些高山分布着古老的变质岩、火成岩和石灰岩等各种岩石；西邻柴达木盆地。海拔 3 196m，湖面东西最长 90km，南北宽约 40km，总面积约 4 $635km^2$，平均水深 19m。湖区分布着大面积的草原和 40 条大小河流，其中最大的布哈河占入湖径流量的 67%，并在湖盆西部冲出一个长达 13km 的三角洲。其中国家Ⅰ级保护动物有 11 种，如雪豹、藏野驴、白唇鹿、马鹿、普氏原羚、野牦牛、黑颈鹤、玉带海雕等，国家Ⅱ级保护动物 24 种。

而为保护鸟岛这一自然奇观，青海省早在 1975 年就成立了青海湖鸟岛自然保护区，国家也将鸟岛列入全国八大重点鸟类保护区之一。1992 年，经联合国教科文组织批准，青海湖地区被列入《国际重要湿地名录》。1997 年，在原保护区的基础上建立了青海湖国家级自然保护区。目前青海湖鸟岛已成为国内外专家、学者和游客前来考察和观光的重要地方。

**(2) 合理利用模式**

青海湖地区是青海省主要牧区及畜产品改良基地之一，又是渔业种植业等主要生产地区之一，畜牧业发展也在青海湖地区有着悠久的历史，农牧业的开发一直是青海湖地区的重要支柱产业。而青海湖优秀的湿地生态景观也为旅游产业的开发提供了基础，骑马驰骋在辽阔的草原上，对于都市的人们来说是一种久违的享受，而远观草原上庞大的绵羊群，犹如蓝天上的朵朵白云，无不使人身心愉悦，痛快淋漓。青海湖丰富的鱼类与鸟类资源是鸟岛开发利用的重要基础，湖中盛产全国五大名鱼之一的青海裸鲤(俗称湟鱼)，同时也是亚洲特有的鸟禽繁殖所，是我国八大鸟类保护区之首，是青海省对外开放的一个重要场所——鸟岛。每年 3～4 月从南方迁徙来的雁、鸭、鹤、鸥等候鸟陆续到青海湖开始营巢；

5~6月间鸟蛋遍地，幼鸟成群，热闹非凡，声扬数里，此时岛上有30余种鸟，数量达16.5万余只；7~8月间秋高气爽，群鸟翱翔蓝天，游弋湖面；9月底开始南迁。为保护鸟类供人欣赏，1986年省政府拨款60万元兴建了暗道、地堡、瞭望台等设施。

民俗欣赏也是一项重要旅游内容。访问藏族牧民家庭，品尝青稞酒、酸奶和手抓羊肉等藏族风味食品，骑马漫游草原和沙漠，泛舟青海湖，乘船登海心山寻幽访古，夜宿具有民族特色的帐篷客房等。

**(3)模式运行状况**

①基础设施：在青海省农林厅管辖下，保护区面积扩大到环湖所有的湿地水域，管理处设在鸟岛。青海湖旅行社设在青藏公路151km处的青海湖南岸，游客到此即可观赏湖光山色、观看日出日落，还可以乘船游湖。这里的小型宾馆设备齐全，正在兴建的藏式帐篷宾馆也坐落在这里。保护区设有研究设施和人工饲养场，并人工饲养繁殖斑头雁，在斑头雁、棕头鸥繁殖栖息地修有半地下室的观鸟室，供研究观光使用。为开展旅游活动，1987年还兴建了鸟岛宾馆。1985年以来，全国鸟类环志中心在此开展了斑头雁、棕头鸥的环志研究工作，管理处进行了斑头雁人工饲养繁殖、弃蛋的孵化实验、生态习性研究等。

②土地利用方式：湖泊和沼泽地中的捕鱼。沼泽和周围草地新开垦的农田种植油菜、青稞等并放牧。保护区之外狩猎是普遍存在的，许多鸟卵被捡走食用。青海湖还被用作航运，一些湖边村庄里有小型停泊场。渔业受重点支持。周围草甸和草原为在该地区生活的游牧民提供了丰富的牧草。

③模式进展：近年来，随着青海牧区建设事业的大力发展，草原上和青海湖畔铺设了宽阔的柏油公路和铁路，建立高压线塔，增添了新兴的城镇，给大草原带来了生机和幸福，也给青海湖增添了新的伙伴。居住在这里的汉、藏等各族人民和睦相处，共同保护、开发和建设这浩瀚的宝湖。青海湖的美景吸引着成千上万的游人，成为国内外旅游者云集的游览胜地。为了开发正在兴起的高原旅游事业，青海旅游部门在青海湖建立了旅游点。湖东牧场旅游点设在青海湖东部，是全国规模较大的种羊牧场，游客到此不仅可以观赏高原牧区风光，还可以乘马骑牦牛漫游草原、攀登沙丘，或到牧民家里访问，领略藏族牧民风情。牧场还专门为游客扎下各式帐篷，备有奶茶、酥油、炒面和青稞美酒供游客品尝。

## 7.7.3　海口市湿地合理利用工程

### 7.7.3.1　海南湿地概况

海南省海口市有着丰富湿地自然资源，特有红树林湿地资源和火山熔岩湿地资源、自然与生态文化资源，保留着完整的原生态村落及湿地景观。拥有东寨港国家级自然保护区，它离海口市区30km，是以保护红树林湿地为主的北热带边缘河口港湾和海洋滩涂生态系统及越冬鸟类栖息的重要自然保护区，也是我国红树林自然保护区中红树林资源最多、树种最丰富的自然保护区。保护区总面积3 337.6hm$^2$，其中红树林面积1 578hm$^2$，滩涂面积1 759.6hm$^2$，保护区内分布有红树林植物19科35种，占全国红树林植物种类的97%，其中水椰、红榄李、海南海桑、卵叶海桑、拟海桑、木果楝、正红树和尖叶卤蕨为珍贵树种，海南海桑和尖叶卤蕨为海南特有，红榄李、水椰、海南海桑、拟海桑和木果楝已载入《中国植物红皮书》，具有极高的保护价值。保护区内栖息的鸟类有204种，为许多迁徙水禽的重要停歇地，其中珍贵的有黑脸琵鹭、褐翅鸦鹃、黑嘴鸥、游隼等。东寨港记录的鱼类有119种，大型底栖动物115种。

海口在保护湿地的同时，也兼顾了本地居民生活和生产方式，在不破坏湿地生态系统的前提下，全方位、多角度、科学合理地开展了诸如：生态旅游、湿地农业合理利用、红树林生态利用示范、湿地文化产业等活动，通过湿地生态旅游促进经济发展，在提高人们的生态环境保护意识的同时，实现着海口市湿地的可持续发展。

#### 7.7.3.2 合理利用模式

**(1)湿地生态种植示范**

①水生蔬菜种植基地：海口市湿地资源丰富，水、热、光等资源比较丰富，浅水水面和低洼湿地较多，是水生蔬菜生长的重要资源地。羊山片区大部分为水田，现状传统的种植方式污染较大，为了保护湿地，因此发展以湿地生态种植为主的农业。海口市湿地资源丰富，水、热、光等资源比较丰富，浅水水面和低洼湿地较多，是水生蔬菜生长的重要资源地。目前，海口市种植的水生蔬菜有水芹、莲藕、芋头、田字草、蕹菜、西洋菜、茭白、菱角等，规划在羊山片区建立6处水生蔬菜种植基地，并通过绿色有机食品认证，增加其附加值，提高其经济效益。

②湿地花卉种植示范基地：海口市的红旗镇就是以花卉为特色的风情小镇。红旗镇云雁洋建立了1处湿地花卉种植示范基地，种植紫色睡莲，此种睡莲不仅花型、色泽极美，花香浓郁，而且富含多种氨基酸和优质蛋白，富有观赏、品茗、食用、保健等多种价值。该区域开展以睡莲花为主题的生活体验活动，形成集观光、采摘、品尝睡莲花茶等一系列的生态旅游项目，形成湿地农业产业链，辐射周边区域，带动经济发展。

**(2)湿地农业合理利用示范**

①红树林海产品生态养殖示范基地：红树林不但能为海洋动物提供栖息、觅食的理想生境与觅食来源，还可以净化水环境，从而为渔业养殖模式提供有利条件。东寨港北侧上田村西南侧水产养殖场建立的一处红树林海产品生态养殖示范基地，结合现有的水产养殖塘，在内部人工种植恢复红树林，通过基围养殖方式，塘的四周内缘设置较深的水道，塘内水通过闸口与海水交流，利用红树植物丰富的凋落物形成的食物链提供天然饵料。基围是靠潮汐的涨落把鱼、虾、蟹等带进塘内，这些动物随涨潮进入围塘，退潮时因闸口处有围网而不能游离，而被滞留在塘内。通过红树植物吸收、土壤吸附和改变系统微环境等，有效降低水体中的N、P等营养污染物含量，减少养殖废水排放造成的污染，同时水质改善可促进养殖海产品生长。

②江蓠—对虾—鸭子生态综合混养示范基地：江蓠能增加水中的含氧量，为对虾呼吸之用，对促进对虾生长有重要作用；江蓠可吸收水中的氨态氮，可净化水质、降解水体和沉积物中的有害物质；江蓠有富集对虾饵料生物的作用，还可直接作为对虾的植物性补充饵料，提高了对虾的成活率，促进其生长；江蓠还能遮阳避光，成为对虾的天然保护伞，为对虾提供良好的蜕壳及蔽荫场所，对虾的活动又能耙松底质，促进有机质的分解，供江

蓠所利用。新坡镇建立江蓠—对虾—鸭子生态综合混养示范基地，形成循环经济的生态链，促进整个混养过程的减量化、再利用、资源化。

③羊山湿地生态经济试验示范基地：规划该基地以湿地资源合理利用为核心的乡村旅游、乡村产业、乡村文化、乡村生态、乡村人居有机整合在一起，把湿地生态产业与乡村经济发展、湿地资源保护有机结合起来，发展集成乡村湿地农业、湿地花卉苗木产业、湿地生态旅游业、湿地产品开发的综合性湿地生态产业，建立乡村湿地生态产业基地，构建湿地生态保护、湿地资源合理利用与湿地产品开发有机结合的乡村湿地产业景观系统，将湿地的产业功能、景观观赏和游憩功能有机结合、融合，建设具有羊山特色的湿地生态经济试验示范基地，促进综合性湿地产业的发展，解决羊山地区原住民的生计问题。

**(3)湿地生态旅游示范**

①羊山片区古村落特色生态旅游：羊山片区的新坡镇卜茂村是具有百年历史的古村落，湿地资源丰富，交通便捷，生态环境良好，景色优美，原生态文化保护良好。建立羊山片区古村落特色生态旅游区，在保护湿地前提下，通过湿地资源合理利用示范以及加强湿地监测、宣传教育、科学研究和管理体系等方面的能力建设，全面提高湿地保护、管理和综合利用水平，改善湿地生态环境，增强湿地生态功能，维护湿地生物多样性，优化湿地人居环境，培育湿地生态文化，实现人与自然和谐相处、区域经济发展与湿地保护双赢。

②东寨港片区慢生活休闲旅游：东寨港片区位于海口市东部，1h交通圈辐射范围内，交通便利，自然环境优美，依托海南东寨港国家级自然保护区等生态资源，知名度高，吸引众多海内外游客观光旅游。东寨港片区慢生活休闲旅游区的建立维护了保护生态环境与居民实现小康之间的均衡，将房屋打造成自然错落的突出本土特色及原始淳朴的风格，完善提升相应的旅游与养老服务的基础设施。农业区内发展着有机生态农业，为游客及居民提供观光、体验、采摘等生态旅游项目，充分体验“住农家院、吃农家饭、干农家活、享农家乐”的民俗特色，满足都市人享受田园风光、回归淳朴民俗的需求，并且满足老年人生活节奏慢、风格淳朴、历史沉淀厚的需求，同时，游客与农民的参与可有效增加农业产品的附加值，提高农民增收，带动提升乡村自然与人文水平，促进乡村的社会进步。

③滨海生态旅游示范区：依托海南海口湾国家级海洋公园和海南北港岛国家级海洋公园，开展包括海岸带观光游、海洋文化类旅游、海岸带科普旅游等活动。在保护滨海湿地前提下，通过对滨海湿地资源的合理利用，可将湿地资源优势转为旅游产品优势，取得良好的经济效益。

**(4)湿地创意文化产业示范**

依托羊山独特的湿地资源、丰富的自然景观、深厚的文化沉淀，羊山片区建立了羊山湿地创意文化产业基地，发展定位为“湿地天堂、休闲羊山”，以湿地保护、湿地资源可持续利用为主线，以文化休闲娱乐为主题，充分利用羊山湿地资源、生态环境优势，逐步开发建设国内具有影响力的创意文化产品研发、影视产业原创基地，如影视制作、打外来物种游戏、湿地艺术设计(湿地写生、湿地摄影、湿地涂鸦、湿地动物折纸等)新兴行业，致力于成为全国最美湿地文化创意产业基地，以一批著名品牌带动产业集群，助推湿地产业链条的良性发展。

# 第8章 湿地工程建设程序与要求

## 8.1 湿地工程建设原则

**(1)生态性原则**

从维护湿地生态结构和功能的完整性、防止湿地退化的要求出发，通过适度人工干预，来建设湿地景观，维护湿地生态过程，为湿地生物的生存提供最大的栖息空间；建设优先采用有利于保护湿地环境的生态材料和工艺；岸带宜采用自然或生态的护岸措施。

**(2)经济性原则**

要在保证各项使用功能正常的前提下，尽可能降低造价；既要考虑湿地景观建设的费用，还要兼顾建成后的管理和运行费用；在建设中，合理利用现有湿地景观资源，充分利用湿地提供的水资源、生物资源和矿产资源等。

**(3)整体性原则**

应维持和恢复湿地的连续性和完整性，使湿地植物、水系、地形地貌等组成要素形成一个连续体，保护湿地生态系统的完整性及维持湿地资源的稳定性。

**(4)美学原则**

湿地景观建设的整体风貌应与湿地生态特征相协调、体现自然野趣、地域特色和现有的历史文化和名胜古迹；要按照湿地景观建设的最大绿色原则和健康原则，体现湿地的独特性、景观协调性、可观赏性等，实现人与自然和谐。

## 8.2 湿地工程项目建设程序

首先，作为一个具体的湿地工程项目，包含了从立项、评估、设计、开工、施工、竣工、运行等7个连续阶段，每一个阶段都有各自不同的工作内容和工作目标。一项实物性投资，通过这连续的7个阶段，完成了从“资产投入”至“效益产出”的一个完整的循环。其次，投资项目是一个体系。就其内部来说，包括该项目的建筑、设备设施、资源供应、人员构成、组织机构、管理运行模式等各个方面构成。

建设程序是工程项目建设过程客观规律的反应。遵循建设程序是尊重客观规律，建立正常的建设秩序的需要，是建设项目科学决策，保证投资效果的重要条件，也是工程建设质量的重要保证。目前，我国基本建设程序的主要阶段有：项目建议书阶段，可行性研究阶段，编制设计文件阶段，建设准备阶段，实施阶段，竣工验收阶段和后评价阶段。这几个阶段中都包括许多环节，这些环节又各有其不同的工作内容，它们通过本身固有的规律有机地联系在一起，并有着客观的先后顺序。

**(1) 项目建议书阶段**

项目建议书阶段称为立项阶段。项目建议书是项目建设筹建单位，根据国民经济和社会发展的长远规划、行业规划、产业政策、生产力布局、市场、所在地的内外部条件等要求，明确区位概况和项目定位，经过调查、预测分析后，提出的某一具体项目的建议文件，是基本建设程序中最初阶段的工作，是对拟建项目的框架性设想，也是政府选择项目和可行研究的依据。国家规定，项目建议书经批准后，可以进行详细的可行性研究工作，但项目建议书还不是项目的最终决策。

**(2) 可行性研究阶段**

可行性研究阶段也称为评估阶段。可行性研究是对项目在技术上是否可行和经济上是否合理进行科学的分析和论证。通过对建设项目在技术、工程和经济上的合理性进行全面分析论证和多种方案比较，提出评价意见，推荐最佳方案，在可行性研究的基础上，编制可行性研究报告，并报告审批。

可行性研究还具体分为初步可行性研究和详细可行性研究，以使评估工作更为深入、细致、可信、有效。根据湿地现状做出项目可行性分析，对于不可能实现的工作目标应主动放弃，以免带来建设后更大的损失；对难以实现的工作目标，应在反复研究、充分论证的基础上重新考虑、调整。此外，在大量相关资料分析的基础上，确定项目中湿地现存的主要问题，提出相应的预防方法指导。可行性研究报告被批准后，不得随意修改和变更。

**(3) 设计工作阶段**

设计是对拟建工程的实施在技术上和经济上所进行的全面而详细的安排，是项目建设计划的具体化，是把先进技术和科研成果引入建设的渠道，是整个工程的决定性环节，是组织施工的依据，它直接关系着工程质量和将来的使用效果。设计方要在拿到设计任务书的同时，确定项目建设区位、场地范围以及项目的具体要求，同时进行一定的前期资料收集，进行现场勘测，了解建设区位现在自然生态状况周边流域的水源、河道状况；评估建设场地与周边污染源、城市功能区、居民区之间的距离和周边土地的利用形式以及建设区的道路交通状况；在明确相关信息的同时，完成场地评估，明确工程建设目标。

可行性研究报告经批准的建设项目应委托或通过招标投标选定设计单位，根据投资决策和项目工作目标，进行初步设计、详细设计和施工方案设计。具体提出项目的技术要求、技术指标、技术参数、施工进度计划，总体设计方案和分项设计方案，编制设计文件。根据建设项目的不同情况，设计过程一般划分为两个阶段，即初步设计和施工图设计。技术上复杂而又缺乏设计经验的项目，在初步设计后加技术设计阶段。

**(4) 建设准备阶段**

在建设准备阶段应编制规划项目建设施工的先后顺序及时间表；同时，对项目在前期勘测费用、规划设计费用、施工建设费用、监控管理费用以及针对解决一些不可预见性时间的预留资金等资金项目进行估算，完成资金估算，指导地方财政预算调整。在完成项目施工图样与项目施工时间顺序之后，要进行规划场地的准备与施工，通过招投标，选定施工单位，进行设备材料订货，做好开工前准备。建设准备的主要内容包括：征地、拆迁和场地平整；完成施工用水、电、路等工程；组织设备、材料订货；准备必要的施工图纸；组织施工招标投标、择优选定施工单位，签订承包合同。

**(5) 建设实施阶段**

建设项目经批准新开工建设，项目便进入建设施工阶段。这是工程建设程序中的关键阶段，是对酝酿决策已久的项目具体付诸实施，使之尽快建成投资发挥效益的关键环节。新开工建设的时间，是指项目计划文件中规定的任何一项永久性工程第一次破土开槽开始施工的日期。建设工期从新开工时算起。在这个阶段中建设单位起着至关重要的作用，对工程进度、质量、费用的管理和控制责任重大。在项目实施的过程中，针对平面设计与实际施工出现的问题和矛盾，需要设计人员与施工人员的沟通、改造甚至方案的部分重构，这是项目施工过程中经常遇到的问题，需要实际的现场操作经验才能避免和解决。

**(6) 竣工验收阶段**

施工与生产准备同步，施工结束后进行质量检查，设备、工艺逐项调试，进行试运行，当机器、工艺运转稳定并实现原设计要求后，按规定程序通过项目竣工验收。竣工验收是工程建设过程的最后一环，是全面考核建设成本、检验设计和施工质量的重要步骤，也是项目由建设转入生产或使用的标志。通过竣工验收，一是检验设计和工程质量，保证项目按设计要求的技术经济指标正常生产；二是有关部门和单位可以总结经验教训；三是建设单位对经验收合格的项目可以及时移交固定资产，使其由建设系统转入生产系统或投入使用。

**(7) 后评价阶段**

项目后评价就是在项目建成投入使用一定时期后，对已实施的项目进行全面综合评价，即对投资项目的实际成本—效益进行系统审计，将项目的预期效果与项目实施后的终期实际结果进行全面对比考核，并论证最初决策的合理性和项目的持续能力，为以后的决策提供经验和教训。对建设项目投资的财务、经济、社会和环境等方面的效益与影响进行全面科学的评价。这一阶段主要是为了总结项目建设成功或失误的经验教训，供以后的项目决策借鉴；同时，也可为决策和建设中的各种失误找出原因，明确责任；还可对项目投入生产或使用后还存在的问题，提出解决办法、弥补项目决策和建设中的缺陷。

## 8.3 项目建议书

项目建议书是项目建设单位或项目法人，根据国民经济的发展、国家和地方中长期规划、产业政策、生产力布局、国内外市场、所在地的内外部条件，提出的某一具体项目的建议文件，是对拟建项目提出的框架性的总体设想。项目建议书在整个基本建设程序中的意义为：作为投资抉择前，通过对拟建项目建设的必要性、条件的可行性、利益的可能性的宏观性初步分析与轮廓设想，向决策部门推荐一个具体项目。或者说，项目建议书是为实现中长期计划而选择建设项目的依据。项目建议书经批准后，即纳入了长期基本建设计划，但项目建议书阶段的“立项”，并不表明项目可以马上建设，还需要开展详细的可行性研究。

**(1)项目建议书的主要要求**

为了争取投资机会，项目建议书需要对以下方面进行调查、预测和分析。包括①市场分析和预测；②自然资源状况分析，劳动力状况、地理环境和社会条件等；③国家的产业和投资政策，地区行业规划，生产力布局；④生产技术条件，现有技术的先进性、成本要素、经济规模等；⑤项目总投资估算和对效益的判断。项目建议书提出了具体项目的大致设想，初步分析了项目建设的必要性和可行性。

**(2)项目建议书的主要内容**

项目建议书是由建设单位提出。但也有的项目因建设规模和投资大、技术难度大等，有些部门在提出项目建议书之前还增加了初步可行性研究工作，对拟进行建设的项目初步论证后，再行编制项目建议书。经批准的项目建议书是可行性研究报告编制的依据。

项目建议书的内容一般应包括以下几个方面：①建设项目提出的必要性和依据；②拟建规模、建设方案；③建设的主要内容；④建设地点的初步设想情况、资源情况、建设条件、协作关系等的初步分析；⑤投资估算和资金筹措及还贷方案；⑥项目进度安排；⑦经济效益和社会效益的估计；⑧环境影响的初步评价。

**(3)项目建议书的审批**

项目建议书按要求编制完成后，按照建设总规模和限额的划分审批权限报批：属中央投资、中央和地方合资的大中型和限额以上项目的项目建议书需报送国家投资主管部门(发展和改革委员会)审批；属省政府投资为主的建设项目需报省投资主管部门(发展和改革委员会)审批；属地市政府投资为主的建设项目需报地市投资主管部门(发展和改革委员会)审批；属区县政府投资为主的建设项目需报区县投资主管部门(发展和改革局)审批。

## 8.4 项目可行性研究

项目可行性研究是指在建设项目投资决策前，运用多种科学手段对项目在技术上是否可行和经济上是否合理进行综合分析和论证。通过对建设项目在技术、工程和经济上的合理性进行全面分析论证和多种方案比较，提出评价意见。可行性研究必须从系统总体出发，对技术、经济、财务、环境保护、法律等多个方面进行分析和论证，以确定建设项目是否可行，为正确进行投资决策提供科学依据。可行性研究还能为工程设计等提供依据和基础资料，它是决策科学化的必要步骤和手段。项目建议书的批复是可行性研究的依据之一。

可行性研究报告是建设项目前期工作的核心内容，是项目决策的基础，它为项目决策提供技术、经济、社会和财务方面的评估依据。因此，这一阶段的任务是进行深入的技术经济分析论证。

**(1)可行性研究的工作目标**

深入研究湿地现状、资源供应、工艺技术、投资筹措、组织管理结构和定员方面的各种可能选择的技术方案，进行深入的技术经济分析和比选，推荐一个最佳投资建设方案。

对拟建投资项目提出“可行或不可行”的结论意见。可行性研究的结论，可以是推荐一个最佳并确定是可行的投资方案；也可提出若干可行的投资方案，并说明各方案的利弊和采取的措施；或提出方案不可行的结论。

**(2)可行性研究报告的编制**

根据规定，可行性研究报告的编制必须由经过国家资格审定的适合本项目等级和专业范围的规划、设计、工程咨询单位承担，并按照国家建设主管部门规定的可行性研究报告收费标准进行收费。可行性研究报告一般具备以下基本内容：

①总论：报告编制依据(项目建议书及其批复文件、国民经济和社会发展规划、行业发展规划、国家有关法律、法规、政策等)；项目提出的背景和依据(项目名称、承办法人单位及法人、项目提出的理由与过程等)；项目概况(拟建地点、建设规划与目标、主要条件、项目估算投资、主要技术经济指标)；问题与建议。

②建设规模和建设方案：建设规模、建设内容、建设方案、建设规划与建设方案的比选。

③市场预测和确定的依据。

④建设标准、设备方案、工程技术方案：建设标准的选择、主要设备方案选择、工程方案选择。

⑤原材料、燃料供应、动力、运输、供水等协作配合条件。

⑥建设地点、占地面积、布置方案：总图布置方案、场外运输方案、公用工程与辅助工程方案。

⑦项目设计方案。

⑧节能、节水措施：节能、节水措施，能耗、水耗指标分析。

⑨环境影响评价：环境条件调查、影响环境因素、环境保护措施。

⑩劳动安全卫生与消防：危险因素和危害程度分析、安全防范措施、卫生措施、消防措施。

⑪组织机构与人力资源配置。

⑫项目实施进度：建设工期、实施进度安排。

⑬投资估算：建设投资估算、流动资金估算、投资估算构成及表格。

⑭融资方案：融资组织形式、资本金筹措、债务资金筹措、融资方案分析。

⑮财务评价：财务评价基础数据与参数选取、收入与成本费用估算、财务评价报表、盈利能力分析、偿债能力分析、不确定性分析、财务评价结论。

⑯经济效益评价：影子价格及评价参数选取、效益费用范围与数值调整、经济评价报表、经济评价指标、经济评价结论。

⑰社会效益评价：项目对社会影响分析、项目与所在地互适性分析、社会风险分析、社会评价结论。

⑱风险分析：项目主要风险识别、风险程度分析、防范风险对策。

⑲招标投标内容和核准招标投标事项。

⑳研究结论与建议：推荐方案总体描述、推荐方案优缺点描述、主要对比方案、结论与建议。

㉑附图、附表、附件。

**(3)湿地项目可行性研究报告的具体内容**

①总论：第一，项目概述，包括项目名称，项目主管单位、建设单位及法人代表，项目性质，项目建设地点与范围，项目建设内容与规模，项目建设期限与进度，项目总投资等；第二，建设依据，建设宗旨(原则)，建设目标；第三，主要经济技术指标；第四，结论。

②项目建设背景及必要性：项目建设背景主要是对国家的大政方针、行业政策、地方政府的重视、技术储备等方面进行简要概述。而项目建设必要性，主要从生态环境建设、履行《湿地公约》、生物多样性保护、区域生态安全等方面进行阐述。

③项目建设条件：第一，自然地理条件，包括地理位置、地质地貌、气候特征、土壤条件、水文及湿地环境、植物资源、动物资源；第二，资源条件，包括湿地资源、植物资源、动物资源；第三，项目实施的有利条件，包括政策及组织保障、地方政府重视条件、已具备的基础条件；第四，存在的问题和实施对策。

④项目建设方案：主要包括指导思想、建设原则和项目总体布局。

⑤项目建设内容：湿地保护工程，如保护站点建设、保护设施建设、附属设施建设、防火设施、病虫害(疫情)防治等；湿地恢复工程，如栖息地和生境改善工程、植被恢复工程、退耕(养)还泽(滩)、小型湿地生态补水等；能力建设工程，如科研与监测、宣传教育。

⑥项目建设评价指标：湿地资源开发与保护的评价指标体系应兼顾科学性、综合性、可操作性及可量度性的原则，大体包括下述三个部分：第一部分，自然环境指标。以国家发布的有关环境质量标准为依据，反映湿地自然环境质量变化的指标，主要包括水资源与水文学指标、地面水与地下水环境质量指标、土壤环境质量指标、空气环境质量指标及气候指标等。第二部分，生态环境指标。反映生态系统结构和功能特征的指标，主要包括生物多样性指数生物生产力指标、植被覆盖率、珍稀濒危野生生物物种、生物适合性指数、湿地面积变化指标等。第三部分，社会经济环境指标。反映对社会、经济等方面总体影响的指标，主要包括各种相关经济指标、安全健康指标及美学文化指标等。

⑦投资估算和进度安排：投资估算主要包括投资估算依据、投资估算原则、投资估算说明、投资估算、资金筹措渠道、事业费预算及来源、进度安排。

⑧项目组织保障：第一，组织机构，包括机构设置、机构职责、人员设置；第二，项目管理，包括计划管理、工程管理、资金管理、信息管理；第三，政策保障。

⑨效益评价：效益评价主要包括生态效益评价、社会效益评价、经济效益评价和综合评价。

⑩附图、附表、附件：附图主要包括项目总体位置图、现状图、规划图、建设布局图(注有标高)，局(处)、站(点)址平面布置图、现状图；附表包括项目建设投资估算表，各类生物资源统计表(动植物名录)，各类土地面积利用规划表，主要建筑物、设备(仪器)表等。附件包括项目法人相关证明文件(建设单位法人证书、代码证或上一级主管部门批复的项目法人组建方案文件)，项目土地、房屋使用相关证明文件[土地证、林权证或土地(林地)使用协议或合同]，项目法人机构编制批复文件，项目地方配套资金承诺文件(地方财政或发展和改革委员会配套投资承诺文件原件)，以及涉及该项目的各级地方政府法规等。

**(4)项目可行性研究报告的审批**

国家规定，属中央投资、中央和地方合资的大中型和限额以上项目的可行性研究报告要报送国家改革和发展委员会审批。国家改革和发展委员会在审批过程中要征求归口主管部门和国家专业投资公司的意见，同时要委托有资格的工程咨询公司进行评估。根据行业归口主管部门、投资公司的意见和咨询公司的评估意见，国家改革和发展委员会再行审批。总投资在 2 亿元以上项目，都要经国家改革和发展委员会审查后报国务院审批。总投资在 3 000 万元以内项目，由主管部门审批。可行性研究报告经批准后，不得随意修改和变更。如果在建规模、建设地区、主要协作关系等方面有变动以及突破投资控制数时，应经原批准机关同意。经过批准的可行性研究报告，是初步设计的依据。

## 8.5　项目设计

设计文件是国家安排建设项目投资和组织施工的主要依据，所批准的投资为概算深度。一般大型项目开展两阶段设计，即初步设计和施工图设计，一些技术特殊的项目还要增加技术设计。一般小型项目将两个部分合并设计。设计概算是确定建设项目总投资，安排投资计划的依据。林业行业设计文件的审批一般是初步设计由林业主管部门审批。

### 8.5.1　初步设计

初步设计是设计的第一阶段。它根据批准的可行性研究报告和必要而准备的设计基础资料，对设计对象进行通盘研究，阐明在指定的地点、时间和投资控制数内，拟建工程在技术上的可能性和经济上的合理性；通过对设计对象做出的基本技术规定，编制项目总概算。根据国家规定，如果初步设计提出的总概算超过可行性研究报告确定的总投资估算10%以上或其他主要指标需要变更时，要重新报批可行性研究报告。

**(1)初步设计的主要目标**

湿地保护工程的总目标是减少城市发展对湿地环境的干扰和破坏，加强湿地保护，提高湿地及其周围环境的自然生产力。通过恢复湿地原有的自然功能，使其具备自我更新的能力，并使周围用地的土壤环境状况得到改善，为植被的恢复创造条件，维护湿地生态系统的生态特征和基本功能。最大限度地发挥湿地在改善城市生态环境、美化城市、科学研究、科普教育和休闲娱乐等方面所具有的生态、环境和社会效益，有效地遏制城市建设中对湿地的不合理利用，保证湿地资源的可持续利用，满足城镇居民接近自然的需求从而改善城市的生态环境和市民的生活质量，最终达到人类—湿地—城市和谐共处和发展的目标。

**(2) 初步设计的指导思想**

由于湿地本身具有的独特性，在建设中应强调“全面保护、科学修复、合理利用、持续发展”为指导思想。明确湿地工程规划建设的目标和功能定位；在建设时要统筹当地社会经济发展，湿地现状、建设的内容、建设的经费要与当地的实际情况相适应，防止周边的环境对湿地生态系统产生干扰和破坏以及一些不必要的浪费；湿地工程建设要考虑到未来的发展，实行全面、协调可持续的发展。

**(3) 初步设计的主要内容**

承担项目设计的单位设计水平必须与项目大小和复杂程度相一致。按现行规定，工程设计单位分为甲、乙、丙、丁四级，各行业对本行业设计单位的分级标准和允许承担的设计任务范围有明确的规定，低等级的设计单位不得越级承担工程项目的设计任务。初步设计由投资计划的管理方组织审批，其中大中型和限额以上项目要报国家计委备案。初步设计文件经批准后，总平面布设、主要工艺过程、主要设备、建筑面积、建筑结构、总概算等不得随意修改、变更。

初步设计的主要内容包括：①设计依据、原则、范围和设计的指导思想；②自然条件和社会经济状况；③工程建设的必要性；④建设规模、建设内容、建设方案、原材料、燃料和动力等的用量及来源；⑤技术方案及流程、主要设备选型和配置；⑥主要建筑物、构筑物、公用辅助设施等的建设；⑦占地面积和土地使用情况；⑧总体运输；⑨外部协作配合条件；⑩综合利用、节能、节水、环境保护、劳动安全和抗震措施；⑪生产组织、劳动定员和各项技术经济指标；⑫工程投资及财务分析；⑬资金筹措及实施计划；⑭总概算表及其构成；⑮附图、附表、附件。

### 8.5.2　施工图设计

通过招标、比选等方式择优选择设计单位进行施工图设计。施工图设计的主要内容是根据批准的初步设计，绘制出正确、完整和尽可能详尽的建筑安装图纸。其设计深度应满足设备材料的安排和非标设备的制作，建筑工程施工要求等。

施工图设计是工程的最终设计，设计的每一细节都将真实地体现出来。在施工图设计中，应因地制宜、积极推广和正确选用国家、行业和地方的建筑规范与标准，以及标准设计图。认真遵照国家、行业标准特别是强制性标准，保证工程设计质量；积极使用标准设计，可以节省设计工期、提高设计效率。

## 8.6　工程的建设准备

工程建设准备阶段的内容包括为勘察、设计、施工创造条件所做的建设现场、建设队伍、建设设备等方面的准备工作。

**(1)建设准备的内容**

项目在开工建设之前要切实做好各项准备工作，建设准备的主要工作内容包括：①征地、拆迁和场地平整；②完成“三通一平”，即通路、通电、通水，修建临时生产和生活设施；③组织设备、材料订货，做好开工前准备，包括计划、组织、监督等管理工作的准备，以及材料、设备、运输等物质条件的准备；④准备必要的施工图纸，新开工的项目必须至少有3个月以上(工作量)的工程施工图纸。

**(2)报批开工报告**

按规定进行了建设准备并具备了各项开工条件以后，建设单位要求批准新开工建设时，需向主管部门提出申请。项目在报批新开工前，必须由审计机关对项目的有关内容进行审计证明。审计机关主要是对项目的资金来源是否正当、落实项目开工前的各项支出是否符合国家的有关规定，资金是否存入规定的专业银行进行审计。建设单位在向审计机关申请审计时，应提供资金的来源及存入专业银行的凭证、财务计划等有关资料。国家规定，新开工的项目还必须具备按施工顺序需要，至少有3个月以上的工程施工图纸，否则不能开工建设。

## 8.7 工程的建设实施

建设单位为了保证项目施工顺利进行需从事相关的管理工作，可分为施工准备的管理和施工阶段的管理，其中在施工阶段的管理主要指做好工程建设项目的进度控制、投资控制和质量控制。

**(1)工程建设项目施工准备阶段**

①图纸会审：图纸会审，由建设单位主持，监理单位参加，设计单位向施工单位进行设计技术交底以达到明确要求、彻底弄清设计意图、发现问题、消灭差错的目的。然后再由建设单位、监理单位、设计单位、施工单位共同对施工图进行会审，做出会审(审核)记录，最后共同签章生效。

②审查施工组织设计。

③施工现场准备：施工现场的补充勘探及测量放线，施工道路及管线，施工临时设施的建设，落实施工安全与环保措施。

**(2)工程建设项目组织施工的管理**

①工程建设项目的进度控制：主要包括所动用的人力和施工设备是否能满足完成计划工程量的需要；基本工作程序是否合理、实用，施工设备是否配套，规模和技术状态是否良好，如何规划大型机具、设备、材料运输通道；工人的工作能力如何；工作空间、风险分析；预留的清理现场时间，材料、劳动力的供应计划是否符合进度计划的要求；分包商选择与工程控制计划；临时工程施工计划；合同管理、技术资料管理、竣工、验收计划；可能影响进度的施工环境和技术问题。

②工程建设项目的投资控制：投资控制指的是在工程建设的全过程中，根据项目的投

资目标，对项目实行经常性的监控，针对影响项目投资的各种因素而采取一系列技术、经济、组织等措施，随时纠正投资发生的偏差，把项目投资的发生额控制在合同规定的限额内。作为建设单位，应着重把握以下几方面的内容：项目投资失控的原因，工程建设投资控制的方法与步骤，工程价款的结算，工程变更的控制，索赔。

③工程建设项目的质量控制：事前质量控制即在施工前准备阶段进行的质量控制。它是指在各工程对象正式施工开始前，对各项准备工作及影响质量的各因素和有关方面进行的质量控制，也就是对投入工程项目的资源和条件的质量控制。事中质量控制指在施工过程中进行的质量控制。事中质量控制的策略是全面控制施工过程，重点控制工序质量。事后质量控制指对于通过施工过程所完成的具有独立的功能和使用价值的工程项目及其有关方面的质量进行控制，也就是对已完工程项目的质量检验、验收控制。

## 8.8　工程的竣工验收

**(1) 竣工验收的范围和标准**

根据国家现行规定，凡新建、扩建、改建的基本建设项目和技术改造项目，按批准的设计文件所规定的内容建成，符合验收标准的，必须及时组织验收，办理固定资产移交手续。进行竣工验收必须符合以下要求：项目已按设计要求完成，生产准备工作能适应投产需要，环保设施、劳动安全卫生设施、消防设施已按设计要求与主体工程同时建成使用。

**(2) 申报竣工验收的准备工作**

竣工验收的依据包括批准的可行性研究报告、初步设计、施工图和设备技术说明书、现场施工技术验收规范以及主管部门有关审批、修改、调整文件等。建设单位应认真做好以下竣工验收的准备工作。

①整理工程技术资料：各有关单位(包括设计，施工单位)将以下资料系统整理，由建设单位分类立卷，交生产单位或使用单位统一保管。工程技术资料主要包括土建方面、安装方面及各种有关的文件、合同等；其他资料主要包括项目筹建单位或项目法人单位对建设情况的总结报告、施工单位对施工情况的总结报告、设计单位对设计总结报告、监理单位对监理情况的总结报告、质监部门对质监评定的报告、财务部门对工程财务决算的报告、审计部门对工程审计的报告等资料。

②绘制竣工图纸：竣工图纸与其他工程技术资料一样，是建设单位移交生产单位或使用单位的重要资料，是生产单位或使用单位必须长期保存的工程技术档案，也是国家的重要技术档案。竣工图必须准确、完整、符合归档要求，方能交付验收。

③编制竣工决算：建设单位必须及时清理所有财产、物资和未用完的资金或应收回的资金，编制工程竣工决算，分析预(概)算执行情况，考核投资效益，报主管部门审查。

④竣工审计：审计部门进行项目竣工审计并出具审计意见。

**(3) 竣工验收程序**

根据建设项目的规模大小和复杂程度，整个项目的验收可分为初步验收和竣工验收两个阶段进行。规模较大、较为复杂的建设项目，应先进行初验，然后进行全部项目的竣工验收。规模较小、较简单的项目可以一次进行全部项目的竣工验收。建设项目在竣工验收之前，由建设单位组织施工、设计及使用等单位进行初验。初验前由施工单位按照国家规定，整理好文件、技术资料，向建设单位提出交工报告。建设单位接到报告后，应及时组织初验。建设项目全部完成，经过各单项工程的验收，符合设计要求，并具备竣工图表、竣工决算、工程总结等必要文件资料，由项目主管部门或建设单位向负责验收的单位提出竣工验收申请报告。

**(4)竣工验收的组织**

竣工验收一般由项目批准单位或委托项目主管部门组织。竣工验收由环保、劳动、统计、消防及其他有关部门组成，建设单位、施工单位、勘查设计单位参加验收工作。验收委员会或验收组负责审查工程建设的各个环节，听取各有关单位的工作报告，审阅工程档案资料并实地察验建筑工程和设备安装情况，并对工程设计、施工和设备质量等方面作出全面的评价。不合格的工程不予验收；对遗留问题提出具体解决意见，限期落实完成。

## 8.9 工程项目后评价

项目后评价，是项目结束后进行的评价，指的是对已完成的项目进行全面的分析总结，汲取经验教训，包括项目是否达到了目标，执行过程是否按照原来预定的计划进行，对周围环境的影响以及实践效果进行总结分析，并与相关利益者进行全面的多渠道的沟通交流，获得项目开展过程前、开展中和开展后的信息，从而为项目管理者提升管理和决策水平提供具有建设性的意见和建议。

**(1)项目技术后评价**

项目技术后评价指的是在项目实施前决策环节决定的工艺技术流程和技术装备，在项目实施阶段是否有效地执行，是否达到预期的结果，或者出现什么偏差，在这个环节，就要针对已经在项目执行中暴露出来的纰漏，分析项目开展活动中存在的问题，分析其产生的原因，尤其是深层次具有代表性的问题和解决办法，从而为之后改进设计和更换设备时能够做到适当的改进，选择最经济合理的设备，从而促使前期的投资获得潜在的更大的收益。

**(2)项目财务后评价**

项目财务后评价与之前的财务评估类似，基本评价内容是一致的，不会发生大的变化，主要涉及项目是否盈利，盈利多少的分析，项目清偿能力分析、外汇收支是否平衡等。由于财务评价中包含很多经济指标，受当时物价指标等经济因素的影响，因此，在实际评价过程中应将这些因素嵌入其中，这样才能使得财务后评价更科学、更合理。

**(3)项目经济后评价**

通过编制一些财务表格来反映整个项目的财务支出情况，这些表格一般包括了在国内进行投资的经济效益表、费用流量表以及外汇市场上的外汇流量表、资源流量表等反映经济指标的表，来进行项目后的经济评价，同时，还应对此项目的建设会给项目建设所在地经济社会的发展，对人民收入水平的影响，是否推动科技行发展指标进行全面的分析。

**(4)项目的环境影响后评价**

《环境影响报告书》是检测项目执行过程中是否对环境造成影响的标准参考书，当一个项目完成时，不仅要进行以上几项评价，还要对该项目是否对环境造成影响，以及造成什么样的影响进行评价，对实际产生的结果进行全方位的评析，主要涉及对项目决策中涵盖环境指标的，诸如对决策、规定、规范、参数的可靠性和实际产生的效果进行分析，得出科学的结论。此外，环境影响实施的整个过程应参照国家的《环境保护法》的规定，根据相关部门规定的环境质量标准设定线和污染物排放量以及产业部门规定的环保规定，通过对已完成工程的评价，得出对环境影响现状的同时，更是对今后对环境影响的预测，尤其是那些突发性时间的预测，以及对环境影响的风险分析，如项目建设过程中产生的对人类、对环境、对生态有害的气体和毒品，或者可能存在的潜在的环境污染等，经过项目后环境的评价，应形成一份完成的项目环境评价报告，该报告涉及以下几方面的内容：对项目产生的污染的控制，对该区域环境质量检测的结果、是否合理的利用自然资源、该地区生态平衡是否被打破以及是否相关主体提高了环境的管理能力。

**(5) 项目社会评价**

在总结国内外项目建设的已有经验基础上，吸收和借鉴了国内外比较先进的评价内容和指标后，项目社会评价主要包括对社会效益的评价，以及项目与社会两相适应的分析评价，一方面分析项目对整个社会发展所做出的贡献或者产生什么样的影响，还从侧面检测社会政策执行的效用，探讨项目与社会的适应度，从而防止一些不可预期的事件的发生，从而为相关主体提供分析决策的依据。

# 参考文献


国家林业局，等，2004. 全国湿地保护工程规划摘要[N]. 人民日报，2004-02-02，8版.

安树青，2003. 湿地生态工程：湿地资源利用与保护的优化模式[M]. 北京：化学工业出版社.

艾芸，Cappiella Karen，2008. 将湿地保护纳入流域管理全过程的对策[J]. 湿地科学与管理(4)：12-13.

鲍达明，2007. 全国湿地保护工程规划实施要点[J]. 湿地科学与管理(2)：18-20.

鲍达明，王学雷，吕宪国，2006. 实施流域生态管理的长江中下游湿地保护探讨[J]. 湿地科学(2)：96-100.

陈传胜，尹育知，吴琼，2011. 生态文明城市建设中湿地生态工程构建模式研究[J]. 北方园艺(18)：118-121.

陈丹红，2007. 辽河三角洲湿地保护工程构建与配套机制研究[J]. 辽宁林业科技(2)：42-45.

陈利顶，傅伯杰，2000. 干扰的类型、特征及其生态学意义[J]. 生态学报，20(4)：581-586.

陈宜瑜，1995. 中国湿地研究[M]. 长春：吉林科学技术出版社.

陈宜瑜，王宪礼，肖笃宁，1995. 中国湿地研究[M]. 长春：吉林科学技术出版社.

成水平，吴振斌，况琪军，2002. 人工湿地植物研究[J]. 湖泊科学，14(2)：179-184.

崔保山，刘兴土，1999. 湿地恢复研究综述[J]. 地球科学进展(4)：45-51.

崔保山，刘兴土，2001. 湿地生态系统设计的一些基本问题探讨[J]. 应用生态学报，12(1)：145-150.

崔保山，杨志峰，2001. 湿地生态系统健康研究进展[J]. 生态学杂志，20(3)：31-36.

崔保山，杨志峰，2002. 湿地生态系统评价指标体系理论[J]. 生态学报，22(7)：1005-1011.

崔丽娟，李伟，魏圆云，等，2014. 北京市湿地空间布局研究初探[J]. 湿地科学与管理，10(3)：4-7.

崔丽娟，Stephane Asselin，2006. 湿地恢复手册：原则·技术与案例分析[M]. 北京：中国建筑工业出版社.

崔丽娟，张曼胤，张岩，等，2011. 湿地恢复研究现状及前瞻[J]. 世界林业研究，24(2)：5-9.

崔丽娟，赵欣胜，2004. 鄱阳湖湿地生态能值分析研究[J]. 生态学报，24(7)：1480-1485.

崔丽娟，赵欣胜，张岩，2011. 退化湿地生态系统恢复的相关理论问题[J]. 世界林业研究，24(2)：1-4.

崔晓星，洪剑明，刘成立，等，2011. 北京野鸭湖湿地恢复工程的生物多样性效应研究[J]. 首都师范大学学报(自然科学版)(4)：51-56.

但新球，鲍达明，但维宇，等，2014. 湿地红线的确定与管理[J]. 中南林业调查规划，33(1)：61-66.

但维宇，刘世好，但新球，等，2014. 湿地公园宣教设计：受众分析与公众生态教育[J]. 中南林业调查规划(4)：61-66.

但新球，但维宇，佘本锋，2014. 湿地公园规划设计[M]. 北京：中国林业出版社.

但新球，冯银，但维宇，等，2011. 湿地公园宣教与展示设计：系统构架与技术措施[J]. 中南林业调查规划，30(3)：36-40.

但新球，吴后建，2009. 湿地公园建设理论与实践[M]. 北京：中国林业出版社.

党丽霞，2013. 我国湿地恢复的研究进展[J]. 现代农业(11)：77-78.

段晓峰，许学工，2006. 黄河三角洲地区资源-环境经济系统可持续性的能值分析[J]. 地理科学进展，25(1)：45-55.

高常军，周德民，栾兆擎，2010. 湿地景观格局演变研究评述[J]. 长江流域资源与环境，19(4)：460-464.

高峻，孙瑞红，李艳慧，2014. 生态旅游学[M]. 天津：南开大学出版社.

郭伟，高红燕，2016. 浅谈湿地生态系统的科研与监测[J]. 林业科技情报，48(3)：3-5.

国家林业局，2000. 中国湿地保护行动计划[M]. 北京：中国林业出版社.

国家林业局《湿地公约》履约办公室，2001. 湿地公约履约指南[M]. 北京：中国林业出版社.

国家林业局，2010. 国家湿地公园总体规划导则(林湿综字〔2010〕7号)[Z]. 北京：国家林业局.
国家林业局，国家发展改革委，财政部，2016. 全国湿地保护"十三五"实施规划[Z]. 北京：国家林业局.
国家林业局，2004. 自然保护区工程设计规范：LY/T 5126-2004[S]. 北京：中国林业出版社.
韩世钢，郝芷仪，党安定，2009. 3S技术在湿地监测与管理中的应用探讨[J]. 陕西林业，12(6)：24.
韩亚彬，杨贺道，2008. 谈黑龙江南瓮河国家级自然保护区科研监测规划[J]. 林业勘查设计(3)：44-45.
韩阳，2006. 城市公园湿地保护规划研究[D]. 长沙：湖南大学.
黄娟，王世和，钟秋爽，2009. 植物生理生态特性对人工湿地脱氮效果的影响[J]. 生态环境学报，18(2)：471-475.
黄翀，刘高焕，王新功，等，2012. 黄河流域湿地格局特征、控制因素与保护[J]. 地理研究(10)：1764-1774.
黄煜军，2014. 基于低碳理念的湿地公园规划研究[D]. 长沙：中南林业科技大学.
洪艳，陶伟，2006. 游客对解说媒体的需求研究——以西汉南越王博物馆为例[J]. 旅游学刊，21(11)：43-48.
简敏菲，鲁顺保，朱笃，2010. 鄱阳湖典型湿地表土沉积物中重金属污染的分布特征[J]. 土壤通报，41(4)：981-984.
鞠美庭，王艳霞，孟伟庆，等，2009. 湿地生态系统的保护与评估[M]. 北京：化学工业出版社.
江香梅，周敏荣，李田，2009. 鄱阳湖退化湿地生态系统恢复策略初探[J]. 江西林业科技，12(6)：50-53.
克雷格·S·坎贝尔，迈克尔·H·奥格登，2004. 湿地与景观[M]. 北京：中国林业出版社.
柯善北，2017. 顶层设计为"地球之肾"撑起制度保护伞《湿地保护修复制度方案》解读[J]. 中华建设(7)：36-37.
李朝秀，2008. 湿地保护和利用的典范——"西溪模式"[J]. 浙江林业(8)：12-13.
李成芳，李锐锋，2006. 科技体验——推动我国科普进步的有效方式[J]. 武汉科技大学学报(社会科学版)，8(4)：83-86.
李静，孙虎，邢东兴，等，2003. 西北干旱半干旱区湿地特征与保护[J]. 中国沙漠(6)：67-71.
李羚，2004. 人工湿地处理污水技术及其在我国的应用现状和对策[J]. 现代城市研究(12)：33-39.
李为建，2011. 湿地保护与水域生物多样性[C]//北京园林学会. 首都园林绿化与生物多样性保护论文集. 北京.
李向群，黄晓诗，叶岚心，2015. 湿地生态工程发展及建设[J]. 时代农机(8)：167-167.
李远，2009. 展示设计[M]. 北京：中国电力出版社.
林丹，张小风，杨承清，2009. 论城市湿地景观生态规划设计的目标体系[J]. 江西农业大学学报，8(2)：127-130.
刘超翔，胡洪营，黄霞，2003. 滇池流域农村污水生态处理系统设计[J]. 中国给水排水，19(2)：93-94.
刘红玉，吕宪国，刘振乾，等，2000. 辽河三角洲湿地资源与区域持续发展[J]. 地理科学(6)：545-551.
刘红玉，赵志春，吕宪国，1999. 中国湿地资源及其保护研究[J]. 资源科学(6)：34-37.
刘康，李团胜，2004. 生态规划——理论、方法与应用[M]. 北京：化学工业出版社.
刘亮亮，袁书琪，2009. 遗产型城市游憩公园自导式解说系统规划初探[J]. 资源开发与市场，25(6)：554-556.
刘强，叶思源，2009. 湿地创建和恢复设计的理论与实践[J]. 海洋地质动态，25(5)：10-14.
卢昌义，2006. 湿地生态与工程[M]. 厦门：厦门大学出版社.
陆健健，1996. 中国滨海湿地的分类[J]. 环境导报，13(1)：1-2.
陆江艳，2003. 展示空间艺术设计研究[D]. 武汉：武汉理工大学.
吕宪国，李文呈，1997. 论中国湿地保护的优先科研领域[J]. 地理科学，17(S)：414-418.
马广仁，2016. 国家湿地公园生态监测技术指南[M]. 北京：中国环境出版社.

马广仁，2017. 国家湿地公园宣教指南[M]. 北京：中国环境出版社.
马学慧，2005. 湿地的基本概念[J]. 湿地科学与管理，1(1)：56-57.
马占云，2006. 东北湿地水热特征及生态气候识别研究[D]. 哈尔滨：东北师范大学.
牛蓿，2008. 北京城市公园旅游解说系统研究——以陶然亭公园为例[J]. 首都师范大学学报(自然科学版)，29(6)：74-82.
戚毅，2008. 体验式展示馆展示空间设计研究[D]. 南京：南京艺术学院.
秦毓茜，2007. 漫谈湿地功能[J]. 农业与技术，27(1)：88-90.
邱东茹，吴振斌，1997. 富营养化浅水湖泊沉水水生植被的衰退与恢复[J]. 湖泊科学，9(1)：82-88.
任利霞，朱颖，2015. 湿地公园科普宣教规划方法探讨——以苏州阳澄湖半岛湿地公园为例[J]. 苏州科技学院学报(工程技术版)，28(2)：48-53.
沈德中，1998. 污染土壤的植物修复[J]. 生态学杂志，17(2)：59-64.
汤显强，李金中，李学菊，2007. 7 种水生植物对富营养化水体中氮磷去除效果的比较研究[J]. 亚热带资源与环境学报，2(2)：8-14.
万东梅，高纬，赵匠，2002. 大鸨的巢位选择研究[J]. 应用生态学报，13(11)：1445-1448
万海峰，2017. 他山之石：国际湿地保护模式与借鉴[J]. 中华建设(7)：22-25.
汪达，汪明娜，2003. 论湿地的现状及保护[J]. 水利发展研究(12)：32-36.
王国雨，慈维顺，2012. 湿地资源功能及我国湿地现状[J]. 天津农林科技(3)：36-38.
王福田，2012. 湿地保护与恢复工程评估研究[D]. 北京：中国林业科学研究院.
王浩，2008. 城市湿地公园规划[M]. 南京：东南大学出版社.
王虹扬，黄沈发，何春光，2006. 中国湿地生态系统的外来入侵种研究[J]. 湿地科学，4(1)：7-12.
王红春，胡堂春，2010. 郑州黄河湿地自然保护区植被恢复原则与模式的研究[J]. 林业资源管理(1)：79-83.
王建华，吕宪国，2007. 城市湿地概念和功能及中国城市湿地保护[J]. 生态学杂志(4)：555-560.
王建华，田景汉，李小雁，2009. 基于生态系统管理的湿地概念生态模型研究[J]. 生态环境学报(2)：738-742.
王京国，白山，王毅杰，2010. 湿地的功能与湿地资源的保护对策[J]. 吉林林业科技，39(2)：54-56.
王凯，于宪军，尤燕，等，2006. 图牧吉国家级自然保护区科研监测规划[J]. 内蒙古林业调查设计，29(5)：63-64.
王亮，2008. 湿地生态系统恢复研究综述[J]. 环境科学与管理(8)：152-156.
王学雷，许厚泽，蔡述明，2006. 长江中下游湿地保护与流域生态管理[J]. 长江流域资源与环境(5)：564-568.
温荣伟，王金坑，方婧，等，2016. 基于生态系统管理的滨海湿地保护与管理制度研究[J]. 环境与可持续发展(6)：48-51.
吴必虎，金华荏，张丽，1999. 旅游解说系统的规划和管理[J]. 旅游学刊(1)：44-46.
吴树彪，董仁杰，2008. 人工湿地污水处理应用与研究进展[J]. 水处理技术(8)：5-9.
吴振斌，陈辉蓉，贺锋，2001. 人工湿地系统对污水磷的净化效果[J]. 水生生物学报，25(1)：28-35.
伍亚婕，2008. 试论博物馆陈列中的互动体验展示[D]. 上海：复旦大学.
肖协文，于秀波，潘明麒，2012. 美国南佛罗里达大沼泽湿地恢复规划、实施及启示[J]. 湿地科学与管理(3)：31-35.
徐晶，2006. 我国历史博物馆体验式展示方式研究[D]. 南京：南京艺术学院.
许木启，黄玉瑶，1998. 受损水域生态系统恢复与重建研究[J]. 生态学报，18(5)：547-557.
闫芊，何文珊，陆健健，2005. 湿地生态工程范例分析及一般模式[J]. 湿地科学，3(3)：222-227.

杨洁，李鹏宇，谢光园，2015. 我国城市湿地公园建设现状与对策[J]. 湖南农业科学(9)：129-133.
杨京平，卢建波，2002. 生态恢复工程技术[M]. 北京：化学工业出版社.
杨永兴，2002. 国际湿地科学研究的主要特点、进展与展望[J]. 地理科学进展，21(2)：111-120.
姚靖，陈永华，2010. 湿地生态系统保护研究进展[J]. 湖南林业科技，37(6)：39-44.
余树勋，2009. 园林设计心理学初探[M]. 北京：中国建筑工业出版社.
余作岳，彭少麟，1996. 热带亚热带退化生态系统植被恢复生态学研究[M]. 广州：广东科学技术出版社.
叶显恩，周兆晴，2008. 桑基鱼塘，生态农业的典范[J]. 珠江经济(7)：91-96.
殷书柏，李冰，沈方，等，2015. 湿地定义研究[J]. 湿地科学，13(1)：55-65.
殷书柏，李冰，沈方，2014. 湿地定义研究进展[J]. 湿地科学，12(4)：504-514.
殷书柏，吕宪国，武海涛，2010. 湿地定义研究中的若干理论问题[J]. 湿地科学，8(2)：182-188.
张健，窦永群，桂仲争，等，2010. 南方蚕区蚕桑产业循环经济的典型模式——桑基鱼塘[J]. 蚕业科学(3)：470-474.
张锦，张惠娟，瑙珉，等，2008. 内蒙古乌拉特国家级自然保护区科研监测现状与发展对策[J]. 野生动物学报，29(5)：267-268.
张雷，李成业，2007. 谈东方红湿地自然保护区的科研与监测工程建设[J]. 林业科技情报，39(4)：14-15.
张立，2013. 美国佛罗里达生态工程典范之三：世界人工淡水湿地——大沼泽生态恢复区[J]. 湿地科学与管理(3)：42-43.
张明珠，卢松，刘彭和，等，2008. 国内外旅游解说系统研究述评[J]. 旅游学刊，23(1)：91-96.
张文贤，张存，柳斌，等，2009. 西藏巴结湿地生态系统特征及其保护对策[J]. 安徽农业科学(34)：17050-17051.
张晓龙，李培英，李萍，等，2005. 中国滨海湿地研究现状与展望[J]. 海洋科学进展(1)：87-95.
张晓健，2010. 湿地保护与生态恢复工程项目后评价研究项目后评价研究[D]. 天津：天津大学.
张学知，2010. 衡水湖湿地生态系统恢复原理与方法[J]. 南水北调与水利科技(1)：122-125.
章家恩，徐琪，1997. 现代生态学研究的几大热点问题透视[J]. 地理科学进展，16(3)：29-37.
章家恩，徐琪，1999. 恢复生态学研究的一些基本问题探讨[J]. 应用生态学报，10(1)：109-113.
章先仲，2005. 建筑项目建设程序实务手册[M]. 北京：知识产权出版社.
赵峰，鞠洪波，张怀清，等，2009. 国内外湿地保护与管理对策[J]. 世界林业研究，22(2)：22-27.
赵倩，2013. 基于生态恢复的河流湿地建设与评价研究[D]. 大连：大连理工大学.
赵威，2010. 湿地保护工程的遥感监测与抽样体系构建[D]. 临安：浙江农林大学.
赵晓英，孙成权，1998. 恢复生态学及其发展[J]. 地球科学进展，13(5)：474-479.
赵永全，何彤慧，夏贵菊，等，2014. 湿地植被恢复与重建的理论及方法概述[J]. 亚热带水土保持(1)：61-66.
赵志龙，张镱锂，刘林山，等，2014. 青藏高原湿地研究进展[J]. 地理科学进展(9)：1218-1230.
郑作河，2008. 东平湖湿地保护与开发研究[D]. 泰安：山东农业大学.
周进，Tachibana，李伟，2001. 受损湿地植被的恢复与重建研究进展[J]. 植物生态学报，21(5)：561-572.
周霞，赵英时，梁文广，2009. 鄱阳湖湿地水位与洲滩淹露模型构建[J]. 地理研究，28(6)：1721-1730.
Anderson A R，1995. Impacts of conifer plantations on blanket bogs and prospects of restoration[M]//Wheeler B D，Shaw S C，Fojt W J，et al. Restoration of temperate wetlands. Chichester：John Wiley & Sons.
Baron J S，Poff N L，Angermeier P L，2002. Meeting ecological and societal needs for freshwater [J]. Ecological Applications，12(5)：1247-1260.
Bigford T E，1996. The Northeast shelf ecosystem：Assessment，sustainability and management[M]. NewYork：Blackwell Science.

Chris B, 2000. European wet grasslands[M]. Chichester: John Wiley & Sons.
Coles B J, 1995. Archaeology and wetlands restoration [M]//Wheeler B D, Shaw S C, Fojt W J. Restoration of temperate wetlands. Chichester: John Wiley & Sons.
Christos S, Vassilios A, 2007. Effect of temperature, HRT, vegetation and porous media on removal efficiency of pilot-scale horizontal subsurface flow constructed wetlands [J]. Ecological Engineering, 29(2): 173-191.
Cowardin L M, Carter V, Golet F C, et al., 1979. Classification of Wetlands and Deepwater Habitats in the United States [M]. Washington: U. S. Fish & Wildlife Service.
Dale P E R, Connelly R, 2012. Wetlands and human health: An overview [J]. Wetlands Ecology and Management, 20(3): 165-171.
Dikshit A K, Loucks D P, 1996. Estimating non-point pollutant loadings-Ⅱ: A case study in the Fall creek watershed, New York [J]. Journal of Environmental Systems, 25(1): 81-95.
Faber P, 1983. Marsh restoration with natural revegetation: A case study in San Francisco bay [J] //Coastal zone. Proceedings of the 3rd symposium on coastal and ocean management. San Diego.
Falk D A, Palmer M A, Zedler J B, 2006. Foundations of restoration ecology [M]. Washington: Island Press.
Fisher S G, 1982. Temporal succession in a desert stream ecosystem following flash flooding [J]. Ecological Monographs(52): 93-110.
Gearheart R A, Wilbur S, Williams J, 1983. Final report city of arcata marsh pilot project[M]. Arcata: City of Arcata Department of Public Works.
Gensior A, Zeitz J, Dietrich O, 1998. Fen restoration and reed cultivation: First results of an interdisciplinary project in Northestern Germany: Abiotic aspects [M]//Malterer T J, Johnson K W, Stewart J. Peatland restoration and reclamation. Duluth: International Peat Society.
Goodenough A E, 2010. Are the ecological impacts of alien species misrepresented: A review of the "native good, alien bad" philosophy [J]. Community Ecology, 11(1): 13-21.
Grenfell M C, Ellery W N, Garden S E, et al. 2007. The language of intervention: A review of concepts and terminology in wet-land ecosystem repair [J]. Water SA, 33(1): 43-50.
Guardo M, Fink L, Fontaine T D, 1995. Large-scale constructed wetlands for nutrient removal from storm water runoff: An everglades restoration project[J]. Environmental Management, 19(6): 879-889.
Harwell M A, Long J F, Bartuska A M, 1996. Ecosystem management to achieve ecological sustainaility: The case of South Florida [J]. Environmental Management, 20(4): 497-521.
Henry C P, Amoros C, 1995. Restoraton ecology of riverine wetlands (Ⅰ): A scientific base [J]. Environmental Management, 19(6): 891-902.
Henry C P, Amoros C, Giuliani Y, 1995. Restoration ecology of riverine wetlands(Ⅱ): An example in a former channel of the Rhone River[J]. Environmental Management, 19(6): 903-913.
Kroon F, 2011. Wetland habitats: A practical guide to restoration and management [J]. Australasian Journal of Environmental Management, 18(4): 265-266.
Maltby E, Turner R, 1983. Wetlands of the world[J]. Geographical Magazine, 55(1): 12-17.
Mitsch W J, Gosselink J G, 2000. Wetlands [M]. New York: Van Nostrand Reinhold Company.
Mitsch K J, Wu X Y, Robert W, 1998. Creating and restoring wetland [J]. Biology Science, 48(12): 1019-1030.
National Wetlands Working Group, 1988. Wetlands of Canada[M]. Montreal: Ottawa and Polyscience Publ.
Odum E P, 1998. Experimental study of self-organization in estuarine ponds[M]//Mitsch W J, Jorgensen S E. Ecological engineering. New York: John Wiley & Sons.

Odum H T, 1993. 系统生态学[M]. 蒋有绪, 译. 北京: 科学出版社.

Pandey J S, Khanna P, 1997. Sensitivity analysis of a mangrove ecosystem model[J]. Journal of Environmental Systems, 26(1): 57-72.

Prach K, Hobbs R J, 2008. Spontaneous succession versus technical reclamation in the restoration of disturbed sites [J]. Restoration Ecologyx (16): 363-366.

Race M S, 1986. Wetlands restoration and mitigation policies: reply [J]. Environmental Management, 10(5): 571-572.

Shaw S P, Fredine C G, 1956. Wetlands of the United States: Their Extent and Their Value for Waterfowl and Other Wildlife[R]. U. S. Department of Interior Fish and Wildlife Service, Circular 39, Washington D. C.

Wheeler B D, 1995. Restoration of temperate wetlands [J]. Journal of Ecology, 84(2): 323.

Wu JG, Vankat J L, Gao W, 1992. Ecological succession theory and model[M]// Current advance in ecology. Beijing: China Science and Technology Press.

Zedler J B, 2000. Progress in wetland restoration ecology [J]. Trends in Ecology & Evolution(15): 402-405.

# 附　录

## 附录 A：湿地特征及土地利用类型监测记录表

表Ⅴ-A-1 规定了湿地类型、面积、分布、土地利用类型监测时，所需记录的内容及附表格式。

**表Ⅴ-A-1　湿地类型、面积、分布、土地利用类型**

湿地名称：________________　监测日期：____年___月___日　监测人员：________

| 编号 | 斑块名称 | 湿地类型 | 湿地面积（$m^2$） | 非湿地区面积（$m^2$） | 湿地率（%） | 土地利用类型 | 自然岸线 | | 备注 |
|---|---|---|---|---|---|---|---|---|---|
| | | | | | | | 类型 | 比率(%) | |
| | | | | | | | | | |
| | | | | | | | | | |
| | | | | | | | | | |
| | | | | | | | | | |
| | | | | | | | | | |
| | | | | | | | | | |
| | | | | | | | | | |
| | | | | | | | | | |
| | | | | | | | | | |
| | | | | | | | | | |
| | | | | | | | | | |
| | | | | | | | | | |
| | | | | | | | | | |
| | | | | | | | | | |
| | | | | | | | | | |
| | | | | | | | | | |
| | | | | | | | | | |
| | | | | | | | | | |

注：1. 在县（市、区）内从北向南、从西向东顺序编号；2. 土地利用类型一般要求给出土地利用现状图及各类型面积及分布情况，非湿地利用区土地利用类型，参照《土地利用现状分类与全国土地分类（试行）对应表》。

表Ⅴ-A-2 规定了土地利用类型实地调查时，所需记录的内容及附表格式。

**表Ⅴ-A-2　土地利用现状实地调查**

湿地名称：______________　监测日期：____年___月___日　监测人员：________

| 地类编号 | 地类名称 | 地类符号 | 土地利用现状 | 线状地物 | | | | 零星地类 | | | 备注 |
|---|---|---|---|---|---|---|---|---|---|---|---|
| | | | | 名称 | 宽度（m） | 长度（m） | 面积（$m^2$） | 名称 | 符号 | 面积（$m^2$） | |
| | | | | | | | | | | | |
| | | | | | | | | | | | |
| | | | | | | | | | | | |
| | | | | | | | | | | | |
| | | | | | | | | | | | |
| | | | | | | | | | | | |
| | | | | | | | | | | | |
| | | | | | | | | | | | |
| | | | | | | | | | | | |
| | | | | | | | | | | | |
| | | | | | | | | | | | |
| | | | | | | | | | | | |
| | | | | | | | | | | | |
| | | | | | | | | | | | |
| | | | | | | | | | | | |
| | | | | | | | | | | | |
| | | | | | | | | | | | |
| | | | | | | | | | | | |
| | | | | | | | | | | | |
| | | | | | | | | | | | |
| | | | | | | | | | | | |
| | | | | | | | | | | | |
| | | | | | | | | | | | |
| | | | | | | | | | | | |

注：1. 线状地物的宽度变化大时应分段实地丈量：其长度在地形图或影像平面图上量取；2. 零星地类记载小于地形图上最小图斑面积的各种地类；3. 土地利用状况各地可根据实际需要填写，如作物种植状况、耕作制度、灌溉方式、植被、地貌等。

# 附录 B（资料性附录）：水文与水环境监测记录表格式

表Ⅴ-B-1规定了湿地水文监测时，所需记录的内容及附表格式。

**表Ⅴ-B-1 水文监测记录**

湿地名称：________________ 监测日期：____年___月___日

监测人员：________________ 监测位置：________________

| 日 期 | 水位（m） | 流量（$m^3/s$） | 流速（$m^3/s$） | 地表水深（m） | 潜水埋深（m） |
| --- | --- | --- | --- | --- | --- |
| | | | | | |
| | | | | | |
| | | | | | |
| | | | | | |
| | | | | | |
| | | | | | |
| | | | | | |
| | | | | | |
| | | | | | |
| | | | | | |
| | | | | | |
| | | | | | |
| | | | | | |
| | | | | | |
| | | | | | |
| | | | | | |
| | | | | | |
| | | | | | |
| | | | | | |
| | | | | | |
| | | | | | |
| | | | | | |
| | | | | | |
| | | | | | |
| | | | | | |

表Ⅴ-B-2 规定了湿地水环境物理指标时，所需记录的内容及附表格式。

**表Ⅴ-B-2 水环境物理指标监测记录**

湿地名称：__________ 监测日期：____年___月___日 报表日期：____年___月___日

监测单位：__________ 监测人员：__________ 天气状况：__________

| 样品编号 | 监测位置 | 水环境现场记录 | | | | | | |
|---|---|---|---|---|---|---|---|---|
| | | 温度（℃） | pH 值 | 溶解氧（mg/L） | 浊度（NTU） | 电导率（μS/cm） | 透明度（m） | 叶绿素 a 含量（mg/g） |
| | | | | | | | | |
| | | | | | | | | |
| | | | | | | | | |
| | | | | | | | | |
| | | | | | | | | |
| | | | | | | | | |
| | | | | | | | | |
| | | | | | | | | |
| | | | | | | | | |
| | | | | | | | | |
| | | | | | | | | |
| | | | | | | | | |
| | | | | | | | | |
| | | | | | | | | |
| | | | | | | | | |
| | | | | | | | | |
| | | | | | | | | |
| | | | | | | | | |
| | | | | | | | | |
| | | | | | | | | |
| | | | | | | | | |
| | | | | | | | | |
| | | | | | | | | |
| | | | | | | | | |
| | | | | | | | | |
| | | | | | | | | |
| | | | | | | | | |

注：浊度根据监测判断，分为清澈、略浊、中度浑浊、浑浊。

表Ⅴ-B-3 规定了水环境化学指标监测时，所需记录的内容以及附表格式。

**表Ⅴ-B-3　水质监测记录**

湿地名称：________　监测日期：____年___月___日　报表日期：____年___月___日

监测单位：________　监测单位：__________　分析人员：__________

| 样品编号 | 监测位置 | 水环境化学指标分析 | | | | | | 备注（水质类别） |
|---|---|---|---|---|---|---|---|---|
| | | 化学需氧量（mg/L） | 总氮（mg/L） | 铵态氮（mg/L） | 硝态氮（mg/L） | 总磷（mg/L） | 正磷酸盐（mg/L） | |
| | | | | | | | | |
| | | | | | | | | |
| | | | | | | | | |
| | | | | | | | | |
| | | | | | | | | |
| | | | | | | | | |
| | | | | | | | | |
| | | | | | | | | |
| | | | | | | | | |
| | | | | | | | | |
| | | | | | | | | |
| | | | | | | | | |
| | | | | | | | | |
| | | | | | | | | |
| | | | | | | | | |
| | | | | | | | | |
| | | | | | | | | |
| | | | | | | | | |
| | | | | | | | | |
| | | | | | | | | |
| | | | | | | | | |
| | | | | | | | | |
| | | | | | | | | |
| | | | | | | | | |
| | | | | | | | | |
| | | | | | | | | |

注：水质类别评价中以总氮、总磷为主要污染因子进行指数综合评价，评价标准依据为《地表水环境质量标准》（GB 3838—2002），分为Ⅰ～Ⅴ及劣Ⅴ类6个水质类别。

# 附录 C（资料性附录）：气象监测记录表格式

表Ⅴ-C-1 规定了湿地气象指标监测中，所需记录的内容以及附表格式。

**表Ⅴ-C-1 气象指标监测记录**

湿地名称：＿＿＿＿＿＿ 气象站位置：＿＿＿＿＿＿ 气象站型号：＿＿＿＿＿＿

气象站运行情况：＿＿＿＿＿＿ 监测单位：＿＿＿＿ 监测人员：＿＿＿＿ 天气状况：＿＿＿＿

| 日 期 | 降水量（mm） | 蒸发量[kg/（m·h）] | 气温（℃） | 地表温度（℃） | 气温日较差（℃） | 空气湿度（%） | 备 注 |
|---|---|---|---|---|---|---|---|
| | | | | | | | |
| | | | | | | | |
| | | | | | | | |
| | | | | | | | |
| | | | | | | | |
| | | | | | | | |
| | | | | | | | |
| | | | | | | | |
| | | | | | | | |
| | | | | | | | |
| | | | | | | | |
| | | | | | | | |
| | | | | | | | |
| | | | | | | | |
| | | | | | | | |
| | | | | | | | |
| | | | | | | | |
| | | | | | | | |
| | | | | | | | |
| | | | | | | | |
| | | | | | | | |
| | | | | | | | |
| | | | | | | | |
| | | | | | | | |

# 附录 D（资料性附录）：植物样方（带）监测记录格式

表Ⅴ-D-1 规定了植物监测时，用样方（带）法所需记录的内容以及附表格式。

**表Ⅴ-D-1 植物样方（带）监测记录**

湿地名称：__________ 监测日期：______年____月____日 样点编号：__________

经纬度：E__________N__________ 海拔高度（m）：__________ 样方面积：______m×______m

生境特点：__________ 干 扰：__________ 生 境：__________

群落类型（森林、灌丛、草地）：__________ 监测人员：__________

| 物种编号 | 层次 | 中文名 | 拉丁名 | 数量（株） | 物候期 | 盖度（%） | 高度（cm） | 密度（株/$m^2$） | 保护级别 | 受威胁因素级别 | 备注 |
|---|---|---|---|---|---|---|---|---|---|---|---|
| | | | | | | | | | | | |
| | | | | | | | | | | | |
| | | | | | | | | | | | |
| | | | | | | | | | | | |
| | | | | | | | | | | | |
| | | | | | | | | | | | |
| | | | | | | | | | | | |
| | | | | | | | | | | | |
| | | | | | | | | | | | |
| | | | | | | | | | | | |
| | | | | | | | | | | | |
| | | | | | | | | | | | |
| | | | | | | | | | | | |
| | | | | | | | | | | | |
| | | | | | | | | | | | |
| | | | | | | | | | | | |
| | | | | | | | | | | | |
| | | | | | | | | | | | |
| | | | | | | | | | | | |
| | | | | | | | | | | | |
| | | | | | | | | | | | |

注：1. 生境：石/土山、沟谷、山脊、村边、路旁；2. 层次：乔木层、灌木层、草本层；3. 数量：物种的株（木本）、丛（草本）数；4. 物候期：发芽期、展叶期、开花期、结果期、落叶期、休眠期；5. 盖度：直接填百分比数值；6. 保护级别：1—国家Ⅰ级，2—国家Ⅱ级，3—省级；7. 受威胁因素：过度利用、生境破坏、病虫害等及潜在的威胁。

# 附录 E（资料性附录）：鸟类监测记录格式

表Ⅴ-E-1 规定了湿地鸟类监测时，用样点法所需记录内容与附表格式。

**表Ⅴ-E-1　鸟类样点调查**

湿地名称：________________　监测日期：______年____月____日　样点编号：______________

经纬度：E__________N__________　海拔高度（m）：____________　样方面积（$m^2$）：__________

生境类型：________________　干扰：________　天 气：________　监测人员：______________

| 物种编号 | 中文名 | 拉丁名 | 数量(只) | 行为 | 分布 | 保护级别 | 备注 |
|---|---|---|---|---|---|---|---|
| | | | | | | | |
| | | | | | | | |
| | | | | | | | |
| | | | | | | | |
| | | | | | | | |
| | | | | | | | |
| | | | | | | | |
| | | | | | | | |
| | | | | | | | |
| | | | | | | | |
| | | | | | | | |
| | | | | | | | |
| | | | | | | | |
| | | | | | | | |
| | | | | | | | |
| | | | | | | | |
| | | | | | | | |
| | | | | | | | |
| | | | | | | | |
| | | | | | | | |
| | | | | | | | |
| | | | | | | | |
| | | | | | | | |
| | | | | | | | |
| | | | | | | | |

注：1. 生境类型：河流、库塘、湖泊、沼泽、滩涂、乔木林等多种类型；2. 干扰：工程施工、钓鱼、游客、捕捞等；3. 行为：觅食、鸣唱、游水、停栖等；4. 保护级别：1—国家Ⅰ级，2—国家Ⅱ级，3—省级。

表Ⅴ-E-2规定了湿地鸟类监测时，用样带法所需记录内容与附表格式。

**表Ⅴ-E-2 鸟类样带调查**

湿地名称：______________ 监测日期：_____年___月___日 样点编号：__________________
经纬度：E______N________ 海拔（m）：__________________ 样方面积（$m^2$）：_____________
生境类型：______________ 干扰：________ 天 气：________ 监测人员：__________________

| 物种编号 | 中文名 | 拉丁名 | 数量（只） | 行为 | 分布 | 保护级别 | 备注 |
|---|---|---|---|---|---|---|---|
| | | | | | | | |
| | | | | | | | |
| | | | | | | | |
| | | | | | | | |
| | | | | | | | |
| | | | | | | | |
| | | | | | | | |
| | | | | | | | |
| | | | | | | | |
| | | | | | | | |
| | | | | | | | |
| | | | | | | | |
| | | | | | | | |
| | | | | | | | |
| | | | | | | | |
| | | | | | | | |
| | | | | | | | |
| | | | | | | | |
| | | | | | | | |
| | | | | | | | |
| | | | | | | | |
| | | | | | | | |
| | | | | | | | |
| | | | | | | | |

注：1. 生境类型：河流、库塘、湖泊、沼泽、滩涂、乔木林等；2. 干扰：工程施工、钓鱼、游客、捕捞等；3. 行为：觅食、鸣唱、游水、停栖等；4. 保护级别：1—国家Ⅰ级，2—国家Ⅱ级，3—省级。

# 附录 F（资料性附录）：外来入侵物种监测记录格式

表V-F-1 规定了外来入侵植物监测过程中，记录内容及附表格式。

**表V-F-1　外来入侵植物监测**

湿地名称：________________　监测日期：____年___月___日

监测方法/工具：__________　监测位置：________　监测人员：__________

| 物种编号 | 中文名 | 拉丁名 | 原产地 | 数量 | 入侵面积（$hm^2$） | 入侵方式 | 危险程度 |
|---|---|---|---|---|---|---|---|
| | | | | | | | |
| | | | | | | | |
| | | | | | | | |
| | | | | | | | |
| | | | | | | | |
| | | | | | | | |
| | | | | | | | |
| | | | | | | | |
| | | | | | | | |
| | | | | | | | |
| | | | | | | | |
| | | | | | | | |
| | | | | | | | |
| | | | | | | | |
| | | | | | | | |
| | | | | | | | |
| | | | | | | | |
| | | | | | | | |
| | | | | | | | |
| | | | | | | | |
| | | | | | | | |
| | | | | | | | |
| | | | | | | | |
| | | | | | | | |
| | | | | | | | |

注：1. 入侵方式：水流带入、鸟兽带入、有意引进、人类活动、自然传播、其他；2. 危害程度：1—严重，2—中度，3—轻度。

表Ⅴ-F-2 规定了外来入侵动物监测中，记录内容及附表格式。

**表Ⅴ-F-2　外来入侵动物监测**

湿地名称：________________　监测日期：____年___月___日

监测方法/工具：__________　监测位置：________　监测人员：__________

| 物种编号 | 中文名 | 拉丁名 | 原产地 | 数量 | 入侵面积（$hm^2$） | 入侵方式 | 危害程度 |
|---|---|---|---|---|---|---|---|
| | | | | | | | |
| | | | | | | | |
| | | | | | | | |
| | | | | | | | |
| | | | | | | | |
| | | | | | | | |
| | | | | | | | |
| | | | | | | | |
| | | | | | | | |
| | | | | | | | |
| | | | | | | | |
| | | | | | | | |
| | | | | | | | |
| | | | | | | | |
| | | | | | | | |
| | | | | | | | |
| | | | | | | | |
| | | | | | | | |
| | | | | | | | |
| | | | | | | | |
| | | | | | | | |
| | | | | | | | |
| | | | | | | | |
| | | | | | | | |
| | | | | | | | |
| | | | | | | | |
| | | | | | | | |

注：1. 入侵方式：水流带入、鸟兽带入、有意引进、人类活动、自然传播、其他；2. 危害程度：1—严重，2—中度，3—轻度。

# 附录 G（资料性附录）：湿地开发利用和受威胁状况监测记录格式

表Ⅴ-G-1 规定了湿地内人口、社会经济、渔业捕捞、养殖业以及禁止性行为监测时所需记录的内容以及附表格式。

**表Ⅴ-G-1 湿地内经济、农业、人口及人类活动等监测记录**

湿地名称：______ 监测日期：____年___月___日

数据有效时间：______—______年______ 监测人员：______

| 日期 | 人口 | | 社会经济 | | | 渔业捕捞 | | 养殖业（有或无） | 禁止性行为 | 备注 |
|---|---|---|---|---|---|---|---|---|---|---|
| | 常住人口（人） | 人口密度（人/$km^2$） | 生态旅游产值（万元） | 湿地农林业产值（万元） | 原住民人均收入（万元） | 捕捞种类（种） | 捕获量（t） | | | |
| | | | | | | | | | | |
| | | | | | | | | | | |
| | | | | | | | | | | |
| | | | | | | | | | | |
| | | | | | | | | | | |
| | | | | | | | | | | |
| | | | | | | | | | | |
| | | | | | | | | | | |
| | | | | | | | | | | |
| | | | | | | | | | | |
| | | | | | | | | | | |
| | | | | | | | | | | |
| | | | | | | | | | | |
| | | | | | | | | | | |
| | | | | | | | | | | |
| | | | | | | | | | | |
| | | | | | | | | | | |
| | | | | | | | | | | |
| | | | | | | | | | | |

注：1. 所有数据调查需附加盖负责单位公章的数据文件；2. 养殖业一栏填写有或无；3. 禁止性行为参考《全国湿地保护条例》及各地方颁布的湿地保护条例中规定的禁止性行为，包括房地产建设、高尔夫建设、污染物排放等，填写有或无，如有，则记录清楚；4. 社会经济均以万元为单位记录。

表Ⅴ-G-2 规定了湿地农业生产、水资源利用及基础设施建设监测记录的内容以及附表格式。

**表Ⅴ-G-2　湿地农业生产、水资源利用及基础设施建设监测记录**

湿地名称：________________　监测日期：______年______月____日

数据有效时间：________—________年________　监测人员：________________

| 日期 | 农业生产 | | | | 水资源利用 | | | | | 基础设施建设 | | |
|---|---|---|---|---|---|---|---|---|---|---|---|---|
| | 湿地农业面积（$hm^2$） | 产量（t） | 化肥施用量（t） | 农药使用量（t） | 总取水量（t） | 工业取水量（t） | 农业取水量（t） | 生活取水量（t） | 生态用水量（t） | 设施名称 | 地点 | 规模 |
| | | | | | | | | | | | | |
| | | | | | | | | | | | | |
| | | | | | | | | | | | | |
| | | | | | | | | | | | | |
| | | | | | | | | | | | | |
| | | | | | | | | | | | | |
| | | | | | | | | | | | | |
| | | | | | | | | | | | | |
| | | | | | | | | | | | | |
| | | | | | | | | | | | | |
| | | | | | | | | | | | | |
| | | | | | | | | | | | | |
| | | | | | | | | | | | | |
| | | | | | | | | | | | | |
| | | | | | | | | | | | | |
| | | | | | | | | | | | | |
| | | | | | | | | | | | | |
| | | | | | | | | | | | | |
| | | | | | | | | | | | | |
| | | | | | | | | | | | | |
| | | | | | | | | | | | | |
| | | | | | | | | | | | | |
| | | | | | | | | | | | | |
| | | | | | | | | | | | | |
| | | | | | | | | | | | | |
| | | | | | | | | | | | | |

注：所有数据调查需附加盖负责单位公章的数据文件。

# 附录 H（资料性附录）：湿地土壤监测记录格式

**表 V-H-1　土壤基本情况调查**

湿地名称：________________________________　监测日期：______年____月____日

监测方法/工具：__________________　监测位置：__________　监测人员：__________________

| 编号 | 调查样点位置 | 土壤类型 | 土壤含水量（$g/cm^3$） | 泥炭层厚度（cm） | 主要植被 |
|---|---|---|---|---|---|
| | | | | | |
| | | | | | |
| | | | | | |
| | | | | | |
| | | | | | |
| | | | | | |
| | | | | | |
| | | | | | |
| | | | | | |
| | | | | | |
| | | | | | |
| | | | | | |
| | | | | | |
| | | | | | |
| | | | | | |
| | | | | | |
| | | | | | |
| | | | | | |
| | | | | | |
| | | | | | |
| | | | | | |
| | | | | | |
| | | | | | |
| | | | | | |
| | | | | | |
| | | | | | |

注：土壤含水量分为干燥、湿润、潮湿及饱和。可据此判断土壤类型，如无法判断，可采集土壤样本带回实验室找专业人员鉴定。

**表V-H-2　土壤理化性质调查**

湿地名称：________________________　监测日期：______年____月____日

监测方法/工具：______________　监测位置：____________　监测人员：________________

| 编号 | 调查样点位置 | 土壤pH值 | 有机质(g/kg) | 全磷(g/kg) | 全氮(g/kg) | 全钾(g/kg) | 备注 |
|---|---|---|---|---|---|---|---|
| | | | | | | | |
| | | | | | | | |
| | | | | | | | |
| | | | | | | | |
| | | | | | | | |
| | | | | | | | |
| | | | | | | | |
| | | | | | | | |
| | | | | | | | |
| | | | | | | | |
| | | | | | | | |
| | | | | | | | |
| | | | | | | | |
| | | | | | | | |
| | | | | | | | |
| | | | | | | | |
| | | | | | | | |
| | | | | | | | |
| | | | | | | | |
| | | | | | | | |
| | | | | | | | |
| | | | | | | | |
| | | | | | | | |
| | | | | | | | |
| | | | | | | | |
| | | | | | | | |
| | | | | | | | |
| | | | | | | | |
| | | | | | | | |
| | | | | | | | |

# 附录 I（资料性附录）：湿地沉积物监测结果记录格式

表Ⅴ-I-1 规定了湿地沉积物时所需记录的内容以及附表格式。

**表Ⅴ-I-1　沉积物基本情况调查**

湿地名称：＿＿＿＿＿＿＿＿　监测日期：＿＿＿年＿＿月＿＿日　采样方法：＿＿＿＿＿＿

监测位置：＿＿＿＿＿＿＿＿　采样点水深（m）：＿＿＿＿＿＿　其他说明：＿＿＿＿＿＿

采样人员：＿＿＿＿＿＿＿＿＿＿＿＿＿＿＿＿＿＿＿＿＿＿＿＿　监测人员：＿＿＿＿＿＿

| 编号 | 调查样点位置 | pH 值 | 有机质含量（g/kg） | 沉积物颗粒 | 颜色气味 | 总氮（g/kg） | 总磷（g/kg） | 重金属离子含量（g/kg） | | | | |
|---|---|---|---|---|---|---|---|---|---|---|---|---|
| | | | | | | | | 铜 | 铅 | 锌 | 汞 | 镉 |
| | | | | | | | | | | | | |
| | | | | | | | | | | | | |
| | | | | | | | | | | | | |
| | | | | | | | | | | | | |
| | | | | | | | | | | | | |
| | | | | | | | | | | | | |
| | | | | | | | | | | | | |
| | | | | | | | | | | | | |
| | | | | | | | | | | | | |
| | | | | | | | | | | | | |
| | | | | | | | | | | | | |
| | | | | | | | | | | | | |
| | | | | | | | | | | | | |
| | | | | | | | | | | | | |
| | | | | | | | | | | | | |
| | | | | | | | | | | | | |
| | | | | | | | | | | | | |
| | | | | | | | | | | | | |
| | | | | | | | | | | | | |
| | | | | | | | | | | | | |
| | | | | | | | | | | | | |
| | | | | | | | | | | | | |
| | | | | | | | | | | | | |
| | | | | | | | | | | | | |

注：1. 沉积物粒度：淤泥、泥沙、细砂、砂石；2. 颜色、气味：自然、灰色、黑色（或无味、略臭、臭、恶臭）。

# 附录 J（资料性附录）：湿地空气环境监测记录格式

**表 V-J-1　空气环境监测记录**

湿地名称：____________　监测人员：____________　设备运行状况：____________

| 监测点 | 监测时间 | 空气温度（℃） | 空气湿度（%） | 负氧离子浓度 | $PM_{2.5}$ | 降水量（mm） | 备注 |
|---|---|---|---|---|---|---|---|
| | | | | | | | |
| | | | | | | | |
| | | | | | | | |
| | | | | | | | |
| | | | | | | | |
| | | | | | | | |
| | | | | | | | |
| | | | | | | | |
| | | | | | | | |
| | | | | | | | |
| | | | | | | | |
| | | | | | | | |
| | | | | | | | |
| | | | | | | | |
| | | | | | | | |
| | | | | | | | |
| | | | | | | | |
| | | | | | | | |
| | | | | | | | |
| | | | | | | | |
| | | | | | | | |
| | | | | | | | |
| | | | | | | | |
| | | | | | | | |
| | | | | | | | |
| | | | | | | | |
| | | | | | | | |

# 附录 K（资料性附录）：浮游生物监测记录格式

**表 V-K-1 浮游植物采样鉴定记录**

湿地名称：________________　采样日期：____年___月___日　天气：________

采样方法/工具：________________　监测位置：________　水深（m）：____

采样面积（$m^2$）：________________　计数框面积（$m^2$）：___　样品采集类型：□定性 □定量

采样批次编号：________________　采样人员：________　鉴定人员：________

采样设备：□颠倒采水器　□卡盖式采水器　□浅水Ⅲ型浮游生物网　□其他

| 物种编号 | 中文名 | 拉丁名 | 数量 | 密度（ind/$m^2$） | 生物量（g/$m^2$） | 备注 |
|---|---|---|---|---|---|---|
| | | | | | | |
| | | | | | | |
| | | | | | | |
| | | | | | | |
| | | | | | | |
| | | | | | | |
| | | | | | | |
| | | | | | | |
| | | | | | | |
| | | | | | | |
| | | | | | | |
| | | | | | | |
| | | | | | | |
| | | | | | | |
| | | | | | | |
| | | | | | | |
| | | | | | | |
| | | | | | | |
| | | | | | | |
| | | | | | | |
| | | | | | | |
| | | | | | | |
| | | | | | | |
| | | | | | | |

**表V-K-2　浮游动物采样鉴定记录**

湿地名称：________________________　采样日期：____年____月____日　天气：________

采样方法/工具：________________　监测位置：________________　水深（m）：________

采样量（L）：________________　计数框体积（mL）：____　样品采集类型：□定性　□定量

采样批次编号：________________　采样人员：________　鉴定人员：________

采样设备：□浅水Ⅰ型浮游生物网　□浅水Ⅱ型浮游生物网　□其他

| 物种编号 | 中文名 | 拉丁名 | 数量 | 密度（$ind/m^2$） | 生物量（$g/m^2$） | 备注 |
|---|---|---|---|---|---|---|
| | | | | | | |
| | | | | | | |
| | | | | | | |
| | | | | | | |
| | | | | | | |
| | | | | | | |
| | | | | | | |
| | | | | | | |
| | | | | | | |
| | | | | | | |
| | | | | | | |
| | | | | | | |
| | | | | | | |
| | | | | | | |
| | | | | | | |
| | | | | | | |
| | | | | | | |
| | | | | | | |
| | | | | | | |
| | | | | | | |
| | | | | | | |
| | | | | | | |
| | | | | | | |
| | | | | | | |
| | | | | | | |
| | | | | | | |
| | | | | | | |
| | | | | | | |

# 附录 L（资料性附录）：鱼类监测记录格式

**表 V-L-1 鱼类监测记录**

湿地名称：__________ 监测日期：____年____月____日 监测位置：__________

监测方法/工具：__________ 天气状况：__________ 监测人员：__________

| 物种编号 | 中文名 | 拉丁名 | 数量 | 分布 | 保护级别 | 干扰 | 备注 |
|---|---|---|---|---|---|---|---|
| | | | | | | | |
| | | | | | | | |
| | | | | | | | |
| | | | | | | | |
| | | | | | | | |
| | | | | | | | |
| | | | | | | | |
| | | | | | | | |
| | | | | | | | |
| | | | | | | | |
| | | | | | | | |
| | | | | | | | |
| | | | | | | | |
| | | | | | | | |
| | | | | | | | |
| | | | | | | | |
| | | | | | | | |
| | | | | | | | |
| | | | | | | | |
| | | | | | | | |
| | | | | | | | |
| | | | | | | | |
| | | | | | | | |
| | | | | | | | |
| | | | | | | | |
| | | | | | | | |
| | | | | | | | |

注：1. 干扰包括：工程施工、钓鱼、游客、捕捞等；2. 保护级别：1—国家Ⅰ级，2—国家Ⅱ级，3—省级。

# 附录 M（资料性附录）：底栖动物监测记录格式

**表 V-M-1　大型底栖动物现场采样记录**

湿地名称：____________　采样日期：____年___月___日　天气：____________

监测位置：____________　水深（m）：__________　采样面积（$m^2$）：________

采样工具：□D 形抄网　□索伯网　□采泥器　□拖网　□其他　样品采集类型：□定性 □定量

采样方法：□天然基质法　□人工基质法　采样人员：______　采样批次编号：__________

| 物种编号 | 中文名 | 拉丁名 | 分布 | 密度（$ind/m^2$） | 生物量（$g/m^2$） | 备注 |
|---|---|---|---|---|---|---|
| | | | | | | |
| | | | | | | |
| | | | | | | |
| | | | | | | |
| | | | | | | |
| | | | | | | |
| | | | | | | |
| | | | | | | |
| | | | | | | |
| | | | | | | |
| | | | | | | |
| | | | | | | |
| | | | | | | |
| | | | | | | |
| | | | | | | |
| | | | | | | |
| | | | | | | |
| | | | | | | |
| | | | | | | |
| | | | | | | |
| | | | | | | |
| | | | | | | |
| | | | | | | |
| | | | | | | |
| | | | | | | |

# 附录 N（资料性附录）：两栖动物、爬行动物监测记录格式

表Ⅴ-N-1 规定了湿地两栖、爬行动物监测时，用样线法所需记录的内容与附表格式。

**表Ⅴ-N-1　两栖动物、爬行动物样线法监测记录**

湿地名称：________________ 监测日期：______年____月____日 天气：____________

监测位置：________________ 样线长度（m）：____________ 样线宽度（m）：______

监测起止时间：______________ 监测方法/ 工具：____________ 监测人员：__________

| 物种编号 | 中文名 | 拉丁名 | 数量 | 分布 | 形态 | 生境 | 干扰 | 备注 |
|---|---|---|---|---|---|---|---|---|
| | | | | | | | | |
| | | | | | | | | |
| | | | | | | | | |
| | | | | | | | | |
| | | | | | | | | |
| | | | | | | | | |
| | | | | | | | | |
| | | | | | | | | |
| | | | | | | | | |
| | | | | | | | | |
| | | | | | | | | |
| | | | | | | | | |
| | | | | | | | | |
| | | | | | | | | |
| | | | | | | | | |
| | | | | | | | | |
| | | | | | | | | |
| | | | | | | | | |
| | | | | | | | | |
| | | | | | | | | |
| | | | | | | | | |
| | | | | | | | | |
| | | | | | | | | |
| | | | | | | | | |

注：1. 形态：1—卵块，2—蝌蚪，3—幼体，4—成体，5—尸体；2. 生境：1—草地，2—沼泽，3—洼地，4—裸地，5—林地，6—水塘。

表Ⅴ-N-2 规定了湿地两栖动物监测时，样方法所需记录内容与附表格式。

**表Ⅴ-N-2　两栖动物样方法监测记录**

湿地名称：__________　监测日期：____年___月___日　天气：________

监测位置：__________　样方大小：________　监测方法/ 工具：______

监测起止时间：__________　监测人员：________

| 物种编号 | 中文名 | 拉丁名 | 数量 | 分布 | 形态 | 生境 | 干扰 | 备注 |
| --- | --- | --- | --- | --- | --- | --- | --- | --- |
| | | | | | | | | |
| | | | | | | | | |
| | | | | | | | | |
| | | | | | | | | |
| | | | | | | | | |
| | | | | | | | | |
| | | | | | | | | |
| | | | | | | | | |
| | | | | | | | | |
| | | | | | | | | |
| | | | | | | | | |
| | | | | | | | | |
| | | | | | | | | |
| | | | | | | | | |
| | | | | | | | | |
| | | | | | | | | |
| | | | | | | | | |
| | | | | | | | | |
| | | | | | | | | |
| | | | | | | | | |
| | | | | | | | | |
| | | | | | | | | |
| | | | | | | | | |
| | | | | | | | | |
| | | | | | | | | |
| | | | | | | | | |
| | | | | | | | | |
| | | | | | | | | |

注：1. 形态：1—卵块，2—蝌蚪，3—幼体，4—成体，5—尸体；2. 生境：1—草地，2—沼泽，3—洼地，4—裸地，5—林地，6—水塘。

表Ⅴ-N-3 规定了湿地两栖动物、爬行动物监测时，用围栏陷阱法所需记录的内容与附表格式。

**表Ⅴ-N-3　两栖动物、爬行动物围栏陷阱法监测记录**

湿地名称：____________　监测日期：____年____月____日　天气：________

监测位置：______　监测方法/工具：______　监测人员：________　陷阱编号：______

陷阱类型：______　陷阱控制范围：______陷阱布设开始时间：______陷阱布设结束时间：______

| 物种编号 | 中文名 | 拉丁名 | 数量 | 分布 | 形态 | 生境 | 干扰 | 备注 |
|---|---|---|---|---|---|---|---|---|
| | | | | | | | | |
| | | | | | | | | |
| | | | | | | | | |
| | | | | | | | | |
| | | | | | | | | |
| | | | | | | | | |
| | | | | | | | | |
| | | | | | | | | |
| | | | | | | | | |
| | | | | | | | | |
| | | | | | | | | |
| | | | | | | | | |
| | | | | | | | | |
| | | | | | | | | |
| | | | | | | | | |
| | | | | | | | | |
| | | | | | | | | |
| | | | | | | | | |
| | | | | | | | | |
| | | | | | | | | |
| | | | | | | | | |
| | | | | | | | | |
| | | | | | | | | |
| | | | | | | | | |
| | | | | | | | | |
| | | | | | | | | |

注：1. 形态：1—卵块，2—蝌蚪，3—幼体，4—成体，5—尸体；2. 生境：1—草地，2—沼泽，3—洼地，4—裸地，5—林地，6—水塘。

# 附录 O（资料性附录）：昆虫多样性监测附表格式

**表 V-O-1　昆虫多样性现场采样及室内鉴定记录**

湿地名称：____________________　采样日期：______年____月____日　天气：__________

监测位置：________　采样批次编号：________　采样面积（$m^2$）：______　采样人员：________

采样设备：□飞行截捕器 □盆式或窗式捕虫器 □灯诱 □网捕 □寻集/敲集 □扫网 □其他

有无明水：□有　□无　采样方法：□大生境采样　□小生境采样　样品采集类型：□定性　□定量

采样方法有效面积（$m^2$）：________

| 物种编号 | 中文名 | 拉丁名 | 数量 | 密度（$ind/m^2$） | 生物量（$g/m^2$） | 备注 |
|---|---|---|---|---|---|---|
| | | | | | | |
| | | | | | | |
| | | | | | | |
| | | | | | | |
| | | | | | | |
| | | | | | | |
| | | | | | | |
| | | | | | | |
| | | | | | | |
| | | | | | | |
| | | | | | | |
| | | | | | | |
| | | | | | | |
| | | | | | | |
| | | | | | | |
| | | | | | | |
| | | | | | | |
| | | | | | | |
| | | | | | | |
| | | | | | | |
| | | | | | | |
| | | | | | | |
| | | | | | | |
| | | | | | | |